大国

中国制造的
新质生产力
转型密码

智造

李序蒙 ｜ 著
姚泽鑫
汪小娟

深圳出版社

比亚迪：产业变革中的创新

传音：聚焦利基市场创新

新质生产力转型

新质生产力时代

安克：创新创造

大疆：新兴全球

图书在版编目（CIP）数据

大国智造：中国制造的新质生产力转型密码 / 李序蒙 , 姚泽鑫 , 汪小娟著 . -- 深圳：深圳出版社 , 2025. 6. -- ISBN 978-7-5507-4231-4

Ⅰ . TH166

中国国家版本馆 CIP 数据核字第 20252353B3 号

大国智造：中国制造的新质生产力转型密码

DA GUO ZHI ZAO: ZHONGGUO ZHIZAO DE XINZHISHENGCHANLI ZHUANXING MIMA

责任编辑	甘思蓉　许锹仑
责任校对	李　想
责任技编	郑　欢
装帧设计	字在轩

出版发行	深圳出版社
地　　址	深圳市彩田南路海天综合大厦 （518033）
网　　址	www.htph.com.cn
订购电话	0755-83460239（邮购、团购）
设计制作	深圳市字在轩文化科技有限公司
印　　刷	深圳市华信图文印务有限公司
开　　本	787mm×1092mm　1/16
印　　张	25.75
字　　数	360 千字
版　　次	2025 年 6 月第 1 版
印　　次	2025 年 6 月第 1 次
定　　价	68.00 元

写在下一波浪潮的开端

Anker、TP-Link、Soundcore、eufy、TECNO、Infinix、realme、xTool……这些陌生的英文品牌，其实都来自中国。他们深耕在自己的领域，低调地成长为行业的隐形冠军，在世界舞台上大放异彩。

当出海成为商业世界讨论的热门话题，当人们开始思考企业国际化发展道路，寻找全球化发展对策时，蓦然回首，才惊讶地发现已经有许多来自中国的企业成长为世界品牌。

提起中国制造，人们总是会想到无可匹敌的价格优势，以极低的价格开拓市场；或者是世界工厂，中国制造的产品最后贴上国际品牌的标签，扮演着幕后英雄的角色。但这次，走向世界的中国品牌展现了不一样的竞争力。

与以往理解的中国制造不同，这些走向世界的中国产品充满创新、创意，设计美观，具有技术含量，不再只是依靠低价优势来赢得市场竞争，而是能够直击消费者内心深处的痛点，赢得他们的认可与信任。海外消费者甚至愿意付出高价去选择中国品牌的产品。

对于这些走向世界的中国品牌，我们更愿意称之为"中国智造"。从新能源汽车、智能手机这些万亿级的赛道，到无人机、E-bike，到清洁机器人、家庭储能，到耳机、运动相机等多种多样的消费电子产品，中国智造不断涌现，从中国走向世界，进入千千万万的家庭。

人工智能浪潮、新能源革命，一波又一波的技术浪潮，叠加风云突变的国际局势，掩盖了一个悄然发生的蜕变——从中国制造到中国智造。现在，是时候关注中国智造了！

如今的中国制造正处在一个十字路口。全球供应链重构似乎成为不可逆转的趋势，引起产业界和学术界的广泛讨论。面对这种时代巨变，我们需要以更宏大的视角来审视中国的国家竞争力。

制造业也在持续发生重大的变革。当我们在谈论推动制造业的数字化和智能化转型升级的时候，新能源革命与人工智能浪潮再度汹涌而来，发展历史悠久的汽车产业也开始迎来百年未有之大变局。

马斯克的特斯拉、Space X、星链等产品的颠覆性，不仅是产品创新的颠覆性，还在于制造过程的颠覆性。特斯拉的制造方式完全打破了传统汽车的生产模式，大压铸，一体化成型，尽可能少的零部件和线束数量，尽可能地实现自动化生产。按照马斯克的梦想，就像造玩具车一样造电动车。这种制造模式的创新不亚于诞生于20世纪初的"福特制"（Fordism）。

值得庆幸的是，这次改变规则的不只是美国的梦想家，还有中国智造的创新者。他们有的是从OEM[①]/ODM[②]走向品牌打造，有的是打破产业的边界进行创新，有的是放弃稳定高薪工作的技术骨干投身创业，有的则是满腔热情的大学生希望用技术改变世界。他们渴望改变人们对中国制造的

[①]OEM：原始设备制造商，Original Equipment Manufacturer，也称为定点生产，俗称代工（生产）。

[②]ODM：原始设计制造商，Original Design Manufacture。

刻板印象，撕掉"低价"和"抄袭"的标签，希望通过新技术带来满足用户需求的创新产品，向世界展示中国的新质生产力。

处在复杂的时代变迁之中，我们需要从领先的创新实践中总结规律，以应对未来的不确定性。是时候研究中国智造了！

从中国制造走向中国智造，诞生的不仅仅是产品的智能化创新，还有在全球竞争中形成的中国式创新方法和管理模式。这些方法和模式在经典教科书中不曾出现过，但又在管理和创新的原理上有相通之处，值得细细解读。

比亚迪（比亚迪股份有限公司）的垂直整合模式，看上去不符合产业分工的规律，却实现了新能源汽车的产品创新和规模的快速扩张。

大疆（深圳市大疆创新科技有限公司）让"中国创新"席卷硅谷和好莱坞，在无人机市场实现了市场份额和盈利能力的双重领先，并且基于技术不断实现新品类的扩张，其模式非常值得复盘。

还有一些新的模式，传音（深圳传音控股股份有限公司）发挥了中国电子信息产业和渠道建设的相对先发优势，在"一带一路"国家实现手机市场的逆袭。

安克（安克创新科技股份有限公司）是移动互联网时代原生的跨境电商品牌，数字化技术贯穿企业价值链的各个环节，但从事的却是硬件产品创新，展示一种全新的品牌模式——数字原生创新品牌。

在本书的开篇，我们会为大家呈现中国智造的时代图景。中国智造的产品创新百花齐放，有技术带来的惊喜，也有传统产品的智能化，还有走向大众的专业产品，以及引领产业变革的创新。

中国智造的涌现，集中体现了中国高质量发展的最新成果，是新质生产力的最佳实践。中国智造凸显了新质生产力的创新主导特征，追求新质生产力的高质量发展成果，提供了许多改造传统产业的实践案例，也激发了适应新质生产力的管理创新。

本书探讨的是从中国制造走向中国智造的新质生产力转型问题。从中国制造走向中国智造，中国企业开始从微笑曲线的底部走向附加值更高的研发设计和品牌打造环节，并向价值链高端延伸。

这种转型并非简单的过程。一方面，企业要直接面向终端消费者，涉及价值链上更多的环节。以往作为世界工厂的中国企业只需要负责产品生产环节，产品的定义和向终端客户的价值传递等都是由品牌商负责的工作。另一方面，研发设计和品牌运作需要全新的能力，而且难度和发起点都要比以往的制造业务更高。

本书综合考虑中国智造的力量来源、产业维度、创新的发起点、产品定位等因素，选择深度复盘四家创新企业，尽可能多地涵盖新质生产力转型的产业背景和创新战略：大疆在产业发展早期进入市场，实现突破式创新；在产业发展成长期进入市场的安克则是聚焦用户的差异化创新；传音在产业发展成熟期开始创业，选择的是利基市场（区域细分市场）的本土化创新；比亚迪则是在产业的成熟期入场，在（可能的）产业发展末期推动产业的变革。

我们将回到这些企业发展的历程中进行深度复盘，回到他们所处的时代背景，分析他们是如何通过技术创新满足市场需求，进而实现持续创新和成长。在把握他们发展脉络的同时进行管理学解读，总结出新质生产力的转型策略，以及支持策略成功的核心能力。

创作本书之时，人工智能的浪潮正在加速推进。我们希望赶在下一波浪潮的开端，让人们看到从中国制造走向中国智造的时代变化，以及中国在这种大转型中形成的独特能力。通过本书的创作，我们希望为在变局中持续创新的中国企业摇旗呐喊，也为他们提供些许新的思考。

001 | 第一章
新质生产力时代

第一节　不一样的中国智造　　　　　　　　002

一、技术带来的惊喜　　　　　　　　　　002

二、传统产品智能化　　　　　　　　　　011

三、专业产品大众化　　　　　　　　　　016

四、引领产业的变革　　　　　　　　　　022

第二节　新质生产力转型　　　　　　　　024

一、展现新质生产力　　　　　　　　　　024

二、走向新质生产力　　　　　　　　　　029

三、中国模式的创新　　　　　　　　　　034

039 | 第二章
大疆：新技术开创新市场

第一节　打动世界的产品　　042

一、硅谷式的创业剧本　　042

二、创新需要时代机遇　　045

三、小众技术的大众化　　049

第二节　规模与利润兼得　　054

一、好产品没有国界　　054

二、市场份额与技术扩散　　058

三、利润，让创新可持续　　062

第三节　创新者的游戏　　066

一、产品，而不是模式　　066

二、创新竞赛的胜负手　　068

三、领导者的自我颠覆　　073

第四节　创新的二次扩散　　085

一、封闭到开放式创新　　085

二、核心技术的产品化　　089

三、从产品到解决方案　　096

第五节　快速创新的组织　　109

一、让工程师成为明星　　109

二、扩张需要体验和服务　　111

三、快速创新的制造能力　　115

本章小结　　119

121 | 第三章
安克：创新创造独特价值

第一节　直面消费者的机会　　124

一、渠道变革带来机遇　　124

二、性价比的真正含义　　128

第二节　做透一个垂直品牌　　135

一、产品是所有的前提　　135

二、品牌注重每个环节　　140

三、追求高质量的增长　　145

第三节　客户经营的数字化　　149

一、数字原生垂直品牌　　149

二、创新来自客户之声　　153

三、客户经营的数字化　　158

四、领先用户参与创新　　163

五、数字化的创新营销　　167

第四节　突破已有竞争格局　　170

一、垂直品牌的三部曲　　170

二、突破已有竞争格局　　177

三、扩张：浅海与长尾　　185

四、吸引创造者的平台　　190

本章小结　　196

199 | **第四章**
传音：聚焦利基市场创新

第一节 从渠道建设开始 202
一、发现被忽略的蓝海 202
二、长跑型企业的追求 205
三、再现深度分销模式 213
四、给用户带来安全感 218

第二节 本土化的产品创新 221
一、基础设施的补充 221
二、文化隐藏着需求 224
三、被忽视的人种学 227
四、真实需求的创新 229
五、本土化创新机制 232

第三节 同当地"共创、共享" 236
一、成为当地人的品牌 236
二、同当地"共创、共享" 240
三、复制移动互联生态 244
本章小结 251

255 | **第五章**
比亚迪：产业变革中的创新

第一节 战略的辩证法 258
一、价值转移的战略窗 258
二、制造也能自主创新 267

三、多元化和垂直整合 273

第二节 技术服务于战略 277
一、破除"技术恐惧症" 277
二、技术服务于战略 282
三、创新的"人海战术" 294

第三节 垂直整合的创新 300
一、实现低成本创新 300
二、敏捷的集成创新 304
三、深层次突破创新 311
四、产业链自主可控 319
本章小结 329

331 | 第六章
新质生产力转型

第一节 客户价值与中国品牌 332
一、客户价值的跃迁 332
二、走向中国品牌 339

第二节 创新的两种实现 350
一、创新模式和发起点 350
二、始于技术的破坏性创新 358
三、围绕客户的渐进性创新 366

第三节 转型何以成为可能 371
一、中国制造提供基础 371

二、客户经营领先一步   374

三、被忽视的软件能力   378

四、新时代的人口红利   383

第四节   撬动战略的杠杆   **386**

一、中国式企业家精神   386

二、撬动战略的杠杆   388

参考文献   395

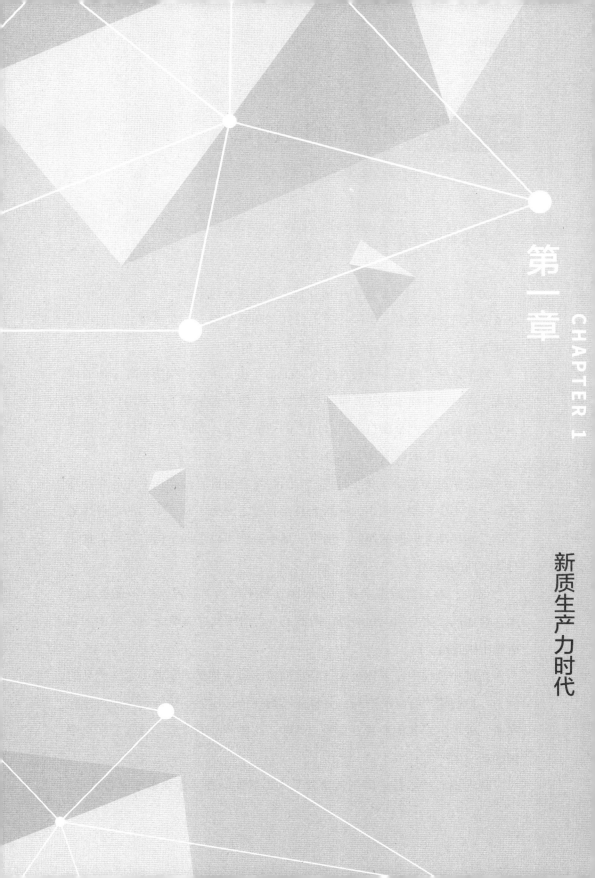

第一章

CHAPTER 1

新质生产力时代

第一节	不一样的中国智造

一、技术带来的惊喜

20 世纪末，对外开放的中国在技术浪潮里乘风破浪，成为信息技术产业革命的重要推动者。中国凭着人口红利和勤劳努力，在很短的时间内成为世界工厂，乘着互联网的末班车进入了快车道。

当苹果的乔布斯亮出划时代的 iPhone 手机，中关村很快出现了他的模仿者。这一次不同于以往简单地模仿制造，模仿者学到了洞察用户、经营客户的精髓，他们誓要打造适合国人的智能手机。那时的中国已经是世界工厂，中国制造的转型升级成为许多中国企业家和创新者的课题。

智能手机和移动互联网时代，中国的发展与世界最高水平的硅谷并驾齐驱，在不少软硬件应用的创新上甚至有过之而无不及。中国的老百姓最早享受到移动互联网的便利，携带一部手机就可以走遍全国，享受衣食住行等方面的便利。

很快，人工智能带来新一波浪潮，势不可当。一波又一波的技术浪潮，叠加风云突变的国际局势，掩盖了一个悄然发生的蜕变——从中国制造到中国智造。

在这一过程中，中国企业已经走向技术自主创新，掌握了定义产品的能力，打造用户青睐的产品，并且能够娴熟地运用数字化平台与用户建立联系，成为世界各地消费者喜爱的品牌。这些产品的背后，蕴含着来自中国的新质生产力。

缺乏核心技术是中国制造常常受人诟病的问题。在众多中国智造里，首先给人们带来惊喜的是技术创新。技术的进步带来更多的可能，解锁了许多以往人们无法涉足的应用场景，为工作、生活带来前所未有的便利和体验。

在大疆的无人机出现之前，无人机还是很小众的产品，需要专业玩家自己安装调试。即使用户掌握了控制直升机航模的飞行技巧，"炸机"①也是时常发生的事情。大疆的技术让无人机实现自主悬停，无人机不仅能稳定在空中，还能自动避障。同时，无人机搭载了高清摄像头，加上实现防抖的云台技术，让普通人也能拍摄以往可能要耗资百万的航拍画面，实现对无人机的轻松操控，享受无人机带来的便利和快乐。

随着技术的不断迭代，大疆的无人机越做越小，越做越智能，玩法也更加多样。一架收纳起来只有手机大小的无人机，普通人可以随身携带，在野外的山林间随时升空拍摄。智能化的设计还让无人机实现了手势控制，人只要摆出简单的手势，就能进行飞行控制和拍照，感受"黑科技"的魅力。戴上大疆的 FPV 眼镜，还能从无人机的视角看世界，身临其境地感受驾驶飞机的惊奇体验。

航拍只是无人机最贴近普通人生活的应用，无人机的意义不仅仅停留在消费电子产品带来的体验和娱乐，更重要的是提供了稳定摆脱万有引力束缚的能力，将人们的活动范围从二维的平面扩展到三维的立体空间，为农业、林业、测绘、公共安全、电力、能源等专业领域带来更多可能性。无人机技术可以赋能不同行业，提高效率和保障安全，带来更多生产和生活的便利。

在无人机领域，大疆自主掌握了大量关乎用户体验的核心技术，比如无人机的飞控系统、云台技术、图像传输、智能跟随等，具有很深的技术"护城河"。在消费级无人机领域，大疆长期占据全球市场 70% 左右的市

① 炸机：航模术语，一般指因为操作不当或机器故障等因素导致飞行航模不正常坠地。

场份额①，是全球知名的无人机品牌。

图1-1　手掌大小的大疆无人机②

　　智能手机和移动互联网重新塑造了人们的生活方式。随着社交媒体的兴起与普及，拍照和摄影已经成为人们日常的生活方式。美食、旅行、日常生活，通过镜头记录美好，分享给亲朋好友，"所见即所得"的影像需求逐渐成为生活的刚需。

　　尽管智能手机为拍照和摄影带来了便利，但是用四条线框定一幅画面的照片形式，无形中设置了"构图"能力的门槛，考验不少用户的拍照技

①数据来源：Drone Industry Insights。
②快科技.一大波大疆新品亮相IFA揽获20余项"Best of IFA"奖项[EB/OL].（2024-09-09）
　[2024-10-31].https://finance.sina.cn/tech/2024-09-09/detail-incnpyik1888274.d.html.

术。2015年成立的影石Insta360[①]（简称"影石"）就让用户突破了这些"条条框框"。

影石为消费者带来的是全景相机，这种相机能够捕捉到360°的画面范围，记录当下周围发生的一切，而不仅仅是由四条线构成的某个生活画面。通过影石的人工智能剪辑软件，用户可以快速剪辑视频和修改照片，不需要为选择照片和调整构图而烦恼。

用户在回看用全景相机拍摄的视频画面时能身临其境。此外，生活中有很多出人意料的美妙瞬间，当我们想用手机记录这些瞬间的时候总是手忙脚乱，经常来不及抓拍。影石的全景相机能够时时刻刻记录下周围的环境，不让用户错过任何精彩瞬间。用户只要举起带有影石全景相机的自拍杆，或者把全景相机挂在自行车上，就相当于带着一位随行的跟拍人员。

全景相机拍摄出来的画面十分炫酷，也带来更多样的影像玩法，这是普通相机无法提供的视觉体验。影石还开创了独特玩法——"子弹时间"：用户用一根专用甩杆绑住全景相机，提前开始录制，然后在空中打圈。之后用手机连接相机，通过 Insta360 App 的编辑制作慢动作视频，时间仿佛静止甚至倒流。让普通人也能做出电影中才有的震撼效果。

在消费级市场大获成功之后，影石也开始将自己的智能影像设备产品带到专业的行业场景，比如把全景技术应用于 VR 看房、安全防范、视频会议、街景地图等应用领域。

影石掌握着全景图像拼接技术、AI 影像处理技术、防抖技术、计算摄影技术、模块化防水相机设计技术等多项自主研发的技术。根据弗若斯特沙利文咨询公司的行业研究报告，影石于 2018 年成为全景相机市场占有

---

① 全名是"影石创新科技股份有限公司"。

率全球冠军，2021 年的全景相机市场占有率达到 41%。影石的产品尽管售价不菲，却远销美、日、德等 200 多个国家和地区，深受全球用户喜爱，全球硬件用户超数百万，连续多年高速增长。

图 1-2　主打 8K 视频拍摄的全景相机影石 Insta360 X4 拍摄的运动画面[①]

　　扫地机器人是能够自动完成地板清洁工作的智能家用机器人。这个小家伙能够自行规划行走路线，自动将地面的灰尘和杂物吸入垃圾收纳盒，完成工作后还能自主回到基站充电。如今，扫地机器人已经出现在全球各地的家庭中，帮助人们节省时间，提高清洁效率。

①数字尾巴.影石 Insta360 X4 发布：8K 画质，我司出品影石 X 系列最强全景运动相机来了！[EB/OL].（2024-04-17）[2024-10-31].https://baijiahao.baidu.com/s?id=1796534790819265355&wfr=spider&for=pc.

扫地机器人最早是由瑞典家电公司伊莱克斯于 1996 年发明的产品。21 世纪初，美国公司 iRobot 成功实现商业化，并在后来成为这个行业的霸主，直到中国公司的出现。在发达市场，安克旗下的智能家居品牌 eufy 紧跟在 iRobot 后面奋起直追。短短几年时间，科沃斯①、石头科技②、追觅③、云鲸智能④等中国品牌迅速崛起，他们不仅在国内打得热火朝天，还将"战火"推向海外市场。

只是这次的剧本有所不同。以往中国企业抢占海外竞争对手市场的方式往往是价格战。扫地机器人是智能化产品，光靠低价还远远不够。中国制造的供应链优势只是这些品牌的"基本功"，真正让中国本土品牌赢得胜利的是产品力和创新速度。

产品创新的基础是技术，扫地机器人智能化技术如今已是中国品牌的标配，比如基站自清洁能力、自主路径规划、高精度地图构建和智能避障等。扫地机器人之所以如此智能，主要是因为机器人具有视觉导航（VSLAM）和激光雷达导航（LDS SLAM），能看见周围环境，而 SLAM（Simultaneous Localization and Mapping，即时定位与地图构建）技术则能实现路线规划。中国品牌靠着这些技术创新成功绕开了 iRobot 的视觉专利壁垒，实现了弯道超车。

中国的扫地机器人品牌看上去就像是按照消费电子产品的逻辑和节奏在开展商业活动和市场竞争。在产品定义上，这些企业都非常懂得挖掘用户痛点，在强化清洁功能的基础上聚焦用户场景，不断推陈出新，产品的

①全名是"科沃斯机器人股份有限公司"，英文名称为 Ecovacs Robotics。该公司成立于 1998 年，总部位于苏州，是专注于家庭服务机器人研发的中国品牌。
②全名是"北京石头世纪科技股份有限公司"，英文名称为 Roborock。该公司成立于 2014 年 7 月，总部位于北京，是一家专注于技术创新的智能硬件厂商。
③全名是"追觅科技（苏州）有限公司"，英文名称为 Dreame。该公司由俞浩于 2017 年 12 月 18 日创立，总部位于苏州。
④全名是"云鲸智能科技（东莞）有限公司"。该公司成立于 2016 年，总部位于东莞。

迭代时间也越来越短。

2019 年，行业的后来者云鲸智能直接推出能够自动清洗拖布的自清洁基站产品 J1。2021 年，科沃斯带来五合一全能基站产品 N9+ 扫地机，集"充电、补水、洗拖布、烘干、集尘"五大自动化设计于一体，用户几个月才需要清理一次集尘袋，非常便利。2023 年，追觅 X20 全球首创仿生机械臂，解决了边角清扫问题。同年，石头科技的 P10 不仅极具性价比，还具有 AI 智控升降结构，在不执行擦地任务或侦测到地毯时会主动抬升拖布，避免弄湿地面、地毯，精准解决海外用户的痛点。

这次，中国企业不再是在低端市场"拼刺刀"，而是通过差异化占据扫地机不同价格段的细分市场。当海外品牌的主流价位多在 300 美元时，中国品牌凭借技术和产品创新，直接将价格抬高到 1000 美元以上，比如科沃斯 X2 OMNI（1150 美元）、追觅的 L20 Ultra（1199 美元）、石头科技的 S7 MaxV Ultra（1399 美元）。来自中国的扫地机器人不仅销量高，口碑也好，在亚马逊平台的评分都很高。在美国亚马逊平台搜索扫地机器人，销量前十的产品 80% 是中国品牌。[1]

在扫地机器人之后，中国企业又瞄准了海外用户的泳池、庭院、花园，不断深入人们生活的每个角落，为人们带来更多智能化的便利。

在欧美发达国家，许多家庭都拥有自己的庭院和泳池，泳池面积通常都不小。泳池清洁是十分烦琐的工作，需要清除水面漂浮物，清洗泳池底部、墙壁和水位线，人工清洁难度很大。欧美发达国家的劳动力成本高昂，聘请专业人士完成一次清洁的费用不小，每个月平均需要清洁两次。

---

[1] 刘天雨 . 席卷全球，中国扫地机"何以扫天下"[EB/OL].（2024-07-18）[2024-10-31]. https://mp.weixin.qq.com/s?__biz=MzIwMDY2NTgwMA==&mid=2247520590&idx=2&sn=e2f8d7214 b5482101d56c77606547f89&chksm=97477464ebc04181aef2e43f8347c2a85996b2c82f6f77af2b4 e205764a0c063f7a214eec4b6#rd.

这就促成了市场对泳池机器人的需求。

实际上，泳池机器人已有不止 40 年的历史，但直到人工智能、机器人等新技术的突破才开始让这个品类变得有吸引力，其中就有来自深圳的元鼎智能的 Aiper[①] 泳池机器人。

这款泳池机器人能够自由上浮下沉，三维感知，实现立体清洁，还能适应不同样式的泳池。Aiper 可以清理水面垃圾，像扫地机一样清理水底杂物，还能竖着在泳池墙壁清洁和沿着水位线停留清洁。除此之外，Aiper 还集成了水质检测与治理功能，确保水质符合健康标准。用户只需要将 Aiper 放进水里，机器人就会自动工作，用户通过 App 就能在手机上控制机器人。Aiper 还推出了太阳能泳池机器人，即使家里停电了，泳池机器人也能在阳光下正常工作。

2023 年，元鼎智能创造了年出货量超 100 万台的成绩，线下门店超过 7000 家，成为中国泳池清洁机器人销售冠军，占全球泳池机器人市场份额第二名。[②]

---

① Aiper 品牌所属的公司全名是"深圳市元鼎智能创新有限公司"，成立于 2015 年。
② 维科网机器人．6000 万美元，砸向泳池机器人赛道！[EB/OL].（2024-07-17）[2024-10-31].
https://mp.weixin.qq.com/s/T1mcuVcGyOBk07H71ZmMKw.

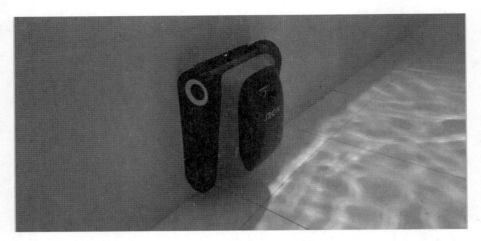

图1-3 Aiper 泳池机器人 [1]

对于拥有庭院的家庭而言，庭院的杂草处理是他们日常生活中的家务活。脱胎于九号[2]平衡车的未岚大陆公司推出了割草机器人品牌Navimow。这款机器人跟扫地机器人相似，用户可以在手机 App 上提前规划好路线和设定割草高度，让机器人全程无线工作，自动割草。Navimow 跟扫地机一样配有基站，机器人完成工作后可以回去充电。

Navimow 配有摄像头和传感器，通过 AI 技术能够实现厘米级定位，具有避障功能，还能在没有信号的角落通过纯视觉方案实现无图行动。比起之前流行的埋线式割草机，Navimow 不需要人工布线，能够适应多种庭院环境，而且除草效率更高。如果要处理一个 300 平方米的草坪，埋线式割草机需要花费 5 个多小时完成布局，Navimow 只需要几十分钟，效率提

---

[1] 图片来源：Aiper 官网 Aiper Scuba S1 介绍。
[2] 全名是"九号有限公司"，外文名为 Ninebot Limited。公司成立于2012年，总部位于北京，是一家专注于智能短交通和服务类机器人领域的创新企业。

升了约 6 倍。^①

欧美国家的人工费用高，庭院除草比泳池清洁有更高的市场需求。一位美国博主专门算过，购买一台 Navimow（999—1299 美元）相当于一年雇佣除草工人费用的一半，而且机器人还是一次购买即可使用多年。^②

OpenAI 的 ChatGPT 掀起的人工智能浪潮刚刚开始，大模型带来的冲击仍在继续。在人工智能技术开始受到广泛关注之前，中国企业已经利用人工智能为千家万户带去了智能化产品，让人们感受到技术带来的惊喜。

二、传统产品智能化

随着移动互联网的成熟和智能手机市场增长见顶，消费电子品牌纷纷寻找新的增长点。许多品牌将眼光投向了传统品类，推动传统产品走向智能化，最典型的案例莫过于"生态链"的概念。小米、华为等知名手机品牌都已经打造自己的生态链，让许多传统家电实现了网联化和智能化，比如电视机、空气净化器、空调等，形成一套完整的智能家居服务。如今，智能化开始进一步渗透到其他意想不到的传统产品领域，重新塑造我们的生活模式。

骑行作为一种健康、绿色的出行方式，依旧是世界上很多人的出行选择，尤其是在欧美发达国家。荷兰、丹麦等国的自行车随处可见，荷兰甚

① 夏舍予. 抢占欧美"后花园"！国产机器人打响出海战，对话未岚大陆 CTO [EB/OL].（2022-09-06）[2024-10-31]. https://new.qq.com/rain/a/20220906A07ZN000.
② 科技每日推送. 国产割草机器人，疯狂收割欧美业主们的钱包 [EB/OL].（2024-07-18）[2024-10-31]. https://mp.weixin.qq.com/s?__biz=MjM5NzAwNzMyMA==&mid=2660147202&idx=1&sn=75a87020aaafc528f17792ddced22e29&chksm=bcac0f57c8af05fd94ccfc10e2f7a47366f71a43dc97e12b7142f39622928970b71b0acf8f45#rd.

至有可以通行全国的自行车专用道。欧洲交通费用高昂，骑行还是一种低成本的通勤方式，不少欧美国家的政府还提供政策补贴。此外，欧洲国家的名胜古迹会为了保护道路而禁止机动车进入，因而自行车也成了快递员的主要工具。

E-bike（电助力自行车）是传统自行车电动化和智能化的体现。E-bike是搭载三电系统（电池、电机、电控）的自行车，能够根据骑行者的踩踏力度和路况提供具有适应性的助力，从而提高骑行效率、便捷性和舒适度。E-bike主要还是靠人骑行驱动，本质上是自行车，而非电瓶车。

一位自行车骑行爱好者在刚入门时使用的产品功率大约在100W—150W之间，按照主流市场的法律规定，E-bike的电机最高可以提供250W的动力，可以让新手的机械总功率达到400W，相当于准专业运动员的水平。

对于没有基础的新手，骑行传统自行车30公里就很辛苦了，但换成E-bike则能轻松完成60公里以上的骑行。E-bike让普通骑手也能很好应对多种骑行场景，比如上下班通勤、郊游的起伏路段、山地等。可以说，E-bike降低了普通人享受自行车骑行的门槛，无论高矮胖瘦，都可以加入其中。

传统自行车走向智能化，自然离不开中国力量的推动。中国作为自行车制造大国，加上拥有消费电子的产业链优势和新能源领域的先发优势，使中国企业在E-bike产品上拥有天然的优势。2022年，中国E-bike整车出口高达996.13万辆。[1] 中国E-bike品牌"墙里开花墙外香"，在快速增长的欧美发达市场错位竞争，提供多样的产品选择。

Urtopia品牌[2] 在智能化探索上非常超前，主打高端产品，产品均价

---

[1] 郭照川. E-bike出海，是谁在看好新产业？[EB/OL].（2023-09-04）[2024-10-31]. https://m.thepaper.cn/newsDetail_forward_24450821.

[2] Urtopia品牌所属的公司全名是"嘉兴哲轮科技有限公司"，成立于2021年。

在 3000 美元以上。Urtopia Carbon 1 采用轻量化的碳纤维车架（竞品通常是采用铝合金），整车重量只有 15kg，能够被轻松举起，可以放在汽车顶部的行李架上。这款 E-bike 搭载了 Urtopia 自主研发的智能系统，具有车载导航、指纹解锁、防盗报警、语音控制、蓝牙音箱等功能，还能通过 OTA[1] 升级。

Urtopia Carbon 1 在设计时预留了应用接口，同时支持实时联网和语音控制，还超前地接入了 ChatGPT，具备查询导航、爆胎更换指引、天气预报等功能，让骑行者实现边骑行边聊天，可以说是最早运用 ChatGPT 的人工智能硬件产品。

图 1-4　可以单手举起的 Urtopia 自行车 [2]

①OTA：Over-The-Air，空中升级。
②Urtopia Blog. Always Curious, Always Share Ambassador's Story: Stefan Gehrke [EB/OL].
　[2024-10-31]. https://newurtopia.com/blogs/blog/stefan-gehrke.

　　Velotric 品牌 ① 希望成为 "E-bike 领域的比亚迪、大众、Toyota"，主攻北美的入门级产品市场，希望给当地提供更有性价比的产品，产品价格在 1399—1699 美元。Velotric 拥有自主研发的三电系统和底层软件，不仅能够降本，还能对整车架构进行系统性研发，从而提升骑行性能。

　　Velotric 面对不同细分场景打造不同系列产品，比如适合通勤的 Discover 系列，适合户外越野的 Nomad 系列，兼具轻量、运动的 Thunder 系列。Velotric 还考虑女性用户的需求，提供多种涂装配色。

　　深圳十方运动品牌 ② 的 TENWAYS 同样主打性价比，以 1399—2199 欧元的价格主攻欧洲中端市场。TENWAYS 的定位是城市自行车，满足人们在城市的日常通勤和运动需求。

　　TENWAYS 的 CGO600 车身重 15kg，发动机动力足且噪声小，设计注重运动姿势的舒适性，适合日常通勤，在欧洲十分畅销。CGO600 Pro 则增加了多项功能，比如配备容量更大的可拆卸电池，一次充电续航可达到 100 公里；轮胎不仅有反光条和防穿刺保护，还带有集成前灯的照明系统；等等。

　　大鱼智行 ③ 早在 2014 年就进入 E-bike 市场，主打折叠自行车，占据欧美折叠类产品超过一半的市场份额。大鱼智行的产品售价在 500—1000 美元，具有很强的性价比优势。大鱼智行注重智能和设计：智能方面，拥有智能锂电技术、DTST 助力传感系统、姿势感应技术等核心技术，融合平衡车陀螺仪姿态感应算法与自行车力矩传感器驱动算法，让自行车兼具动力和舒适性；设计方面，车身采用镁合金压铸一体成型工艺，带来更多动线设计感。

---

①Velotric 品牌所属的公司全名是"深圳唯乐高科技有限公司"，成立于 2020 年。
②深圳十方运动品牌所属的公司全名是"深圳市十方运动科技有限公司"，成立于 2021 年。
③大鱼智行的公司全名是"深圳市大鱼智行科技有限公司"。

E-bike 行业还处于快速增长阶段，许多中国品牌在欧美市场群雄逐鹿，甚至连无人机巨头大疆也开始入局，在 2024 年推出了自己的 E-bike 产品。在这个赛道，还有许许多多优秀的中国企业为自行车这个传统品类带来创新和创意，让更多人享受到骑行的乐趣。

事实上，传统产品的智能化机会无处不在，就连自行车头盔都能成为智能化产品。LIVALL 品牌的智能头盔具有智能灯光、语音对讲、蓝牙语音电话、摔倒报警与 SOS 自动求救等功能。LIVALL 升级后的新品 EVO21 能够自动开关机和休眠。这款产品广受用户好评，还获得了 iF 设计奖（iF Design Awards）金奖。在之后的升级产品中，LIVALL 还通过算法加入了刹车警示灯功能，能根据骑行速度控制灯的开关，尤其是夜骑场景在刹车时自动亮灯，保障用户安全。

灯具是家庭当中最普通不过的产品，Govee[①] 的智能灯具却让照明这种单一功能变得充满动感和想象力。Govee 挖掘到照明的不同场景，通过智能化的方式为不同场景调制不同颜色的灯光。用户可以通过手机 App 控制灯光，具有很强的互动性和娱乐性。

普通的落地灯智能化后能够发出不同颜色的光，甚至发出绚丽、炫酷的色彩。庭院户外灯不仅可以照明，还能根据家庭活动变换颜色，营造欢乐的氛围。炫酷的电竞灯效是游戏玩家的最爱。在节假日，简易安装的条形灯带让家庭充满节日的气息。电视后的氛围灯随着电影画面变换灯效，带来独特的观影体验。在好莱坞大片《沙丘 2》上映时，Govee 还推出沙丘风格的灯光效果，引起海外社交媒体的广泛讨论。

Govee 的产品不仅多次冲进亚马逊照明品类最佳销量榜，还是唯一入选亚马逊会员日（Prime Day）北美热销榜单的照明品牌。

---

①Govee 品牌所属公司全名是"深圳智岩科技股份有限公司"，成立于 2017 年。

基于对用户需求的洞察，对智能化新技术的运用，不同细分领域都在生产智能新品。中国企业传统产品智能化案例还有很多，比如日用清洁的电动牙刷、无痛脱毛的脱毛仪，辅助照顾宠物的智能猫砂、饮水机、喂食器等，小家电领域的花样就更多了。

三、专业产品大众化

在中国智造中，有些新的产品或品类是来自专业市场的技术或产品。消费者此前往往难以接触到这些专业级的产品，更不用说用于日常生活了。历史上许多产品创新也会经历这样的过程，计算机原来是服务于科研机构、高校、大公司的产品，后来逐渐走向小型化、家庭化、个人化。此前提到的大疆无人机，最早也是局限在一群专业航模爱好者中。这种产品从专业市场走向消费级市场的案例，既是一种产业演进的现象，又是一种企业创新的思路。

首先不得不提的是新能源行业的溢出效应（Spillover Effect）。在国家大力支持和众多新能源企业的努力下，中国在新能源领域取得的成就有目共睹，锂电池、新能源汽车、储能等产业蓬勃发展。随着高能量密度锂电池技术的成熟和规模化应用，储能领域衍生出的便携式储能设备开始走进普通人的家庭。

便携式储能设备主要由电池组、逆变器、控制板、BMS系统组成，能够提供稳定的交流电、直流电输出，配有多种接口，支持主流电子设备。简单理解便携式储能设备就是一个大号的充电宝，充电宝通常用来给手机等消费电子产品充电，而便携式储能设备不仅能为这类消费电子小产品充电，还能为电烤炉、电风扇、移动冰箱、移动空调等高耗能电器提供电力。

便携式储能产品主要应用于户外或应急场景。户外场景比如自驾游、徒步、野营、垂钓、极限运动等，应急场景比如地震、台风等自然灾害导致的停电时期。便携式储能产品在地震多发的日本就很受欢迎。

以前的应急电源主要是使用汽油燃料的发电机，这种方式不仅噪声大，不环保，会产生废气，还需要定期清洁保养。便携式储能产品工作噪声小，重量更轻，不常使用的话只需要半年充一次电，还可以通过太阳能发电为内置电池充电，更有效地利用清洁能源。

全球便携式储能市场主要分布在美国、日本和欧洲，而提供产品的主要是中国品牌。根据高工产研的数据，2023年上半年，便携式储能产品市场份额排名前五的品牌有4家来自中国深圳，分别是正浩创新、华宝新能、德兰明海、安克，而唯一跻身前五的美国企业 Goal Zero 也主要由中国代工。①

---

① 徐诗琪. 便携储能市场迎变局：正浩超华宝新能销量居首，全球前五有4家来自深圳 [EB/OL].
（2023-11-01）[2024-10-31]. https://new.qq.com/rain/a/20231101A09L6000.

图 1-5 华宝新能展示的便携式储能产品应用场景[1]

---

[1] 图片来源：华宝新能品牌介绍。

骨传导耳机是专业产品大众化的另一个案例。所谓骨传导耳机，就是通过振动人体的骨骼结构传播声音，是固体传声；而一般的耳机，不管是入耳式还是头戴式的，主要是以外耳道空气作为声音传播介质。

骨传导技术此前更多应用于消防救援或战地前线等场景，因为消防员、士兵在执行任务时需要在保持通话收音的同时能够听到环境音，使用空气介质的耳机很难实现。

耳机是用户享受音乐最常用的消费电子产品，同时也是跟用户距离最近的产品。头戴式耳机往往比较重，对耳朵包裹严实，戴久了会闷。入耳式耳机非常讲究耳机设计和耳蜗的匹配，否则要么容易掉落，要么不舒适。非入耳式的耳机提供了完全不同的解决方案。

中国的韶音几乎就是骨传导耳机的代名词。韶音将骨传导耳机这种专业产品带向消费市场，一开始的切入点就是运动人群。骨传导耳机是酷爱运动人士的福音，尤其是专业运动员。在马拉松赛事上，所有运动员被要求不能佩戴入耳式或头戴式耳机，否则会被判罚。骨传导耳机则被允许使用，因为运动员可以听到外部声音，从而避免意外发生。

韶音的产品线也是根据场景来划分的，包括跑步骑行、健身徒步、游泳、办公通信，但还是以运动场景为主。虽然不少耳机都有防水功能，但能够在水下使用的产品实属罕见。令人意想不到的是，韶音 2024 款的 Open Swim Pro 实现了水上水下蓝牙耳机播放，用户在游泳时也可以享受音乐。

最早掌握骨传导技术的是日本、韩国的科技公司，但他们并没有考虑将这种技术运用到消费级产品上，而是放在实验室里。韶音开始骨传导耳机研发的时候，其实已经落后海外 10 年。经过努力追赶，现在的韶音在底层技术积累上已经领先日韩 5 年以上，如今全球范围内的对手只剩下荷兰飞利浦和日本逸鸥。

图 1-6　韶音科技的骨传导耳机[①]

很难想象，3D 打印、激光雕刻与切割、CNC 加工，这些加工工厂里才会出现的工艺，如今已经进入人们的日常生活，融入普通家庭的创意工具、大人跟小孩互动的玩具和教育用具当中。实现这种转变的是中国的创新企业，比如创想三维、快造科技、深圳市创客工场旗下的激光工具品牌 xTool 等。

xTool 的产品让我们看到工业加工工具也可以做出消费电子、创意家电的感觉。xTool 的产品外观是一个工整的彩色方形盒子，而没有一般工业加工工具专业、粗犷的既视感。对于材料的加工，比如激光切割、雕刻，会在盒子内部进行，透过盒子上方彩色、透明的保护盖可以看到内部

①韶音品牌动态.开放式耳机市场再迎力作 Shokz 韶音春季新品重磅发布[EB/OL].（2024-04-12）
［2024-10-31］. https://www.shokz.com.cn/artical/72.

的机器加工过程，给用户带来很强的体验感。

  xTool 提出"让创造变简单，让创意变现实"的愿景，致力于为个体创作、家庭教育、商业创新等场景提供具有激光切割、3D 打印等工艺的创造类工具和软件。用户可以在电脑软件上完成个性化设计，然后通过手机 App 对机器进行操作，机器会自动完成加工，让用户在家里就能创作精美的作品。虽然进入市场的时间较晚，但 xTool 已经在海外积累了超高的人气，打造了多款爆款产品。

图 1-7　xTool F1 的批量加工 ①

————————————

① 图片来源：xTool 官网信息。

中国是制造业门类最全的国家，丰富多样的制造场景蕴藏着无数的加工工艺和制造工具，当这些深藏工厂的专业技术和工具走向生活，会有更多的产品创新和创意出现。

四、引领产业的变革

汽车是现代工业技术的集大成者，被誉为"现代工业皇冠上的明珠"，其庞大的产业链是国家制造实力的综合体现。新能源汽车被视为智能手机之后又一个巨大的产业机会，也正在成为智能手机之后中国本土自主品牌集体爆发的领域。

令人惊喜的是，中国企业是这次巨大产业变革的推动者。中国企业不再是扮演国际品牌幕后英雄，深藏于产业链中只做隐形冠军，而是开始面向消费者，直接为消费者定义未来的汽车，围绕用户出行场景推出许多智能化的创新。

在新能源汽车的强势带动下，中国 2023 年的汽车整车出口量达到 491 万辆，增长率高达 57.9%，一举超过日本成为全球第一大汽车出口国。[1]同年，比亚迪的乘用车全年销量高达 301.29 万辆，[2]超过了特斯拉的 180.86 万辆，[3]首次问鼎全球新能源汽车市场销冠。

在经历两年的高速增长后，2023 年比亚迪的乘用车销量增长率还能实现超过 60% 的惊人增速，成功实现当年 300 万辆的宏伟目标。[4]这个成绩

---

[1] 数据来源：中国汽车工业协会。
[2] 数据来源：比亚迪 2023 年财报。
[3] 数据来源：特斯拉 2023 年年报。
[4] 数据来源：比亚迪 2023 年财报。

不仅让比亚迪一举登顶中国汽车年度销量第一，还代表中国汽车自主品牌首次跻身全球汽车销量前十，完成历史性的突破。

2023 年新能源汽车销量全球前十的企业中就有 6 家中国车企，包括比亚迪、广汽埃安、上汽通用五菱、理想汽车、长安汽车、吉利汽车等。2023 年新能源乘用车销量前十名的车型中，除了特斯拉的 Model Y 和 Model 3 两款车型外，其余的全部是来自中国品牌的车型（见表 1-1）。

中国新能源汽车品牌的创新和竞争仍在继续，不断推动汽车从燃油车向新能源汽车的转型，加快全球"碳中和"目标的实现。同时，中国车企也带来更多智能化的驾驶体验，丰富了座舱的生活感受，为庞大的汽车用户群体提供更多新的选择，重新定义人们的出行方式。

表 1-1 2023 年新能源乘用车销量全球排名前十的车型

排名	车型	企业	2023 年全年销量（辆）
1	特斯拉 Model Y	特斯拉汽车	1211601
2	宋（BEV+PHEV）	比亚迪汽车	636533
3	特斯拉 Model 3	特斯拉汽车	529287
4	秦 Plus（BEV+PHEV）	比亚迪汽车	456306
5	元 Plus EV/Atto 3	比亚迪汽车	418994
6	海豚 EV	比亚迪汽车	354591
7	海鸥 EV	比亚迪汽车	254179
8	宏光 MINIEV	上汽通用五菱	237919
9	广汽 Aion Y	广汽乘用车	235861
10	汉（BEV+PHEV）	比亚迪汽车	228007

数据来源：CleanTechnica，车型包括纯电和插电式混合电动车。

第二节　新质生产力转型

一、展现新质生产力

许多来自中国的品牌都非常国际化，以至于外国人都以为那些是来自硅谷的产品，比如 TP-LINK、Anker 等中国品牌。传音控股旗下的三大手机品牌 TECNO、itel、Infinix，在国内知名度很低，在非洲却被不少当地用户认为是国民品牌。这种现象让我们看到了中国品牌在国际化、本土化方面的成功。

近年来，出海开始成为中国企业关注的话题。当人们开始思考企业国际化发展道路，寻找全球化发展对策时，蓦然回首，才惊讶地发现许多中国品牌已经在海外市场大放异彩。只不过，他们并没有在国内做过多宣传，而是长期在自己的领域深耕，成长为行业的隐形冠军。

中国智造的涌现，是中国高质量发展的最新成果的展示，代表了中国新质生产力的最佳实践。**中国智造展现了新质生产力的创新主导特征，带来了新质生产力的高质量发展成果，诞生了适应新质生产力的管理创新，提供了许多改造传统产业的实践案例。**

党的二十大报告提出"高质量发展是全面建设社会主义现代化国家的首要任务"。习近平总书记又在二十届中央政治局第十一次集体学习时提出"发展新质生产力是推动高质量发展的内在要求和重要着力点"，"新质生产力是创新起主导作用，摆脱传统经济增长方式、生产力发展路径，具有高科技、高效能、高质量特征，符合新发展理念的先进生产力质态"。

中国智造为新质生产力提供了丰富的实践案例和研究对象。首先，**中**

国智造展现了新质生产力的创新主导特征。中国智造的企业都是以技术创新为基础展开的，中国企业已经从被动制造走向了自主研发，掌握了创新的软硬件技术。

新能源领域，中国企业掌握了新能源汽车最关键的电池技术，全球新能源汽车的动力电池超过六成来自中国，[①]推动全球汽车行业走向新能源时代；无人机领域，大疆以其领先的技术和市场地位，几乎成了行业的代名词。进入人工智能时代，中国企业已经基于人工智能技术推出了智能化产品，比如扫地机、全景相机等。中国智造的产品围绕客户需求，融合了新一代信息技术、新材料、半导体等多种新技术，凭借强大的产品力赢得全球消费者的青睐。

其次，中国智造是追求高质量发展成果的新质生产力。中国企业在过去往往追求价格优势，希望凭借低价取胜，靠"性价比"赢得竞争。如今，中国智造逐渐形成了品牌优势，追求的是超越客户期待的体验，打造高品质的产品，提供一流水准的服务。

智能手机市场，中国品牌不断打造出令人惊喜的创新产品，从立足本土到走向世界。小米、OPPO、VIVO、荣耀等手机品牌在国内市场取得成功后纷纷走向国际市场，逐渐成为全球品牌，得到海外消费者的认可。中国厂商的折叠屏越做越轻薄，设计越来越亮丽，让进入产业成熟期的智能手机市场重新焕发活力。如今，全球范围内除了美国的苹果和韩国的三星，其他品牌难以抗衡中国手机品牌。

即使市场竞争万分激烈，一些年轻的中国智能手机品牌也能异军突起，在海外细分市场站稳脚跟，之后再回到国内市场。一加手机天生就是全球化品牌，自问世以来就受到"极客群体"的青睐，在发达国家市场出

---

① 数据来源：SNE research。

现了排队购买一加手机的景象。即使全球智能手机市场一片红海，兼顾设计和性价比的 Realme "真我" 手机品牌也从印度的年轻人市场中异军突起，之后也在许多国家的年轻人中迅速圈粉。

图 1-8　海外消费者排队购买一加手机[1]

比亚迪在登顶全球新能源汽车销售冠军的同时，还推出了百万级别的高端品牌仰望。从注重性价比的平民品牌向上突破转变为百万级高端品牌是一件极其困难的事情，更何况是在国际品牌众多的汽车市场。这种定价需要过硬的产品质量和领先的技术作为支撑。

---

[1]Jeff Parsons. Gadget fans queue around the block for a phone that's not an iPhone [EB/OL].（2019-05-17）[2024-10-31]. https://metro.co.uk/2019/05/17/gadget-fans-queue-around-block-phone-not-iphone-9591158/.

发达国家的线下渠道，比如沃尔玛、百思买、塔吉特，以及一些专业电子产品卖场对产品质量有着非常高的要求，进驻卖场需要经过严格的审核。如今，随着中国品牌在许多国家当地市场的认可度和知名度的不断提高，中国智造的产品也得到了许多欧美线下知名渠道商的认可。

全球知名品牌研究机构凯度和科技巨头谷歌每年都会共同开展中国品牌全球化研究，他们从有意义、差异化和活跃度三个维度评价品牌力：有意义指品牌在满足消费者功能需求的同时还要与他们建立情感联系；差异化则要提供品牌独特性，引领潮流；活跃度是在消费者做购买决策时让品牌能够迅速进入他们的选项中。[①]

这项研究发现海外消费者更重视品牌价值。近一半的消费者会放弃以往常买的品牌转而选择其他品牌价值更高的品牌，哪怕其他品牌价格更高也愿意尝试。全球消费者愿意为品牌价值付出更多费用，在选择中国品牌时也遵循一样的规律——价值优于价格。

再次，新质生产力由技术革命性突破、生产要素创新性配置、产业深度转型升级而催生。**新质生产力带来对传统产业的升级改造、内涵优化和效率提升，中国智造为传统产业的智能化升级，提供了大量的真实案例。**

一方面，中国智造对传统产业的智能化升级体现在产品创新上，比如之前提到的家电、家居，甚至是自行车等传统产品的智能化。在智能化、网联化技术的加持下，产品变得比以往更容易使用，操作也更人性化，为人们的生活带来更多的便利和快乐。

另一方面，中国智造还重新塑造了制造业，从传统制造走向智能制造。中国制造经历过消费电子制造的洗礼，在很短的时间内从劳动密集型

---

① 凯度，Google. 从好奇走向信任，见证中国"智造"新魅力 [EB/OL]. (2024-06-20) [2024-10-31]. https://mp.weixin.qq.com/s/iiD45_qmzun87GU9jjXsRg.

的制造走向了资本、技术密集型的制造。消费电子品牌不仅要求产品的高质量，还需要企业更加敏捷地应对市场需求的变化，中国制造商纷纷主动投身自动化、信息化和数字化。中国的智能制造能力为中国智造的产品创新提供了能力基础。

最后，**中国智造还发展出代表新质生产力的管理创新**。新质生产力是以劳动者、劳动资料、劳动对象及其优化组合的跃升为基本内涵，以全要素生产率大幅提升为核心标志，特点是创新，关键在质优，本质是先进生产力，中国智造下的管理创新是新质生产力的重要组成部分。作为管理学研究者，我们经常感慨管理学的发展赶不上企业创新的变化，及时总结新质生产力的管理模式很有必要。

在客户需求洞察上，安克在持续打造爆款产品的过程中形成了一套需求洞察的方法 VOC（Voice of Customer，客户之声[①]）。

产品研发方面，华为在引入 IBM 咨询机构的基础上，结合自身实践打造出了 IPD（Integrated Product Development，集成产品开发），这套方法和流程提高了创新的成功率和产品研发效率。

品牌打造方面，中国品牌出海已经形成了自己的 DTC（Direct-to-Consumer，直接面向客户）系统打法，比如：利用独立站实现在线销售；利用社交媒体进行互动，形成品牌影响力；利用网红带货，进行产品"种草"等行之有效的商业策略。

中国智造在实现产品创新的过程中还形成了一些流程创新、组织创新，这些中国企业的创新成果、创新方法和创新经验应该得到更多的关注、探讨、总结和分享。这也是本书的目的和主要任务。

[①] 安克财报翻译为"客户心声"。VOC 的方法和组织构建主要来自 Shulex VOC 的创始人何湃在播客中的讲解，他是与安克合作开发 VOC 方法的专家。播客主题为《出海尖子生 Vol.1 先进方法 | 安克创新是如何通过打造学习型组织和用好 VOC 成为跨境电商出海第一品牌的？》。

二、走向新质生产力

从中国制造到中国智造，是中国企业实现新质生产力转型的过程。中国智造的企业兼具技术创新实力和品牌影响力，基于技术创新的产品力能够切实满足客户需求，品牌影响力能让他们在众多竞品中脱颖而出，赢得客户信任。从中国制造到中国智造的新质生产力转型可以用微笑曲线来展示——中国企业从组装、加工环节走向附加值更高的研究开发和品牌运维环节（见图1-9）。

这种转变并非简单的过程。一方面，企业要涉及价值链上更多的环节，原来中国制造企业只需要负责产品生产，至于产品的定义，触达终端用户等工作都是由下游的客户（品牌商）负责。另一方面，研究开发和品牌运维需要全新的能力，包括核心技术、营销能力等，难度比以往的业务活动更高。从微笑曲线的底部走向价值链高端，中国企业需要面对的问题包括：对客户需求的洞察、技术自主可控、数字化时代的国际品牌的打造等。

对客户需求的洞察通常是实现产品创新最大的难题。创新的不确定性主要源于难以把握客户需求。中国企业以往从事的是制造环节，产品定义是由品牌客户决定的，由品牌客户完成对最终用户需求的洞察，形成产品定义，并将产品定义转化为明确的技术规格参数。中国的制造商只需要按照要求按时生产出符合质量要求的产品，这种模式本身就极大地降低了创新的不确定性。

2B 和 2C 的区别

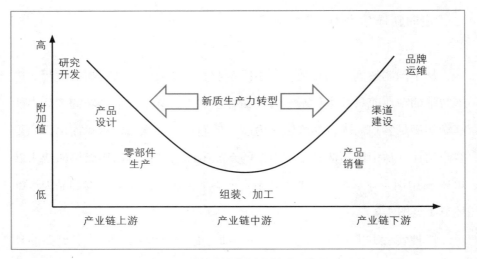

图 1-9 微笑曲线中的新质生产力转型

技术的获取和自主可控，并且保持技术领先是另一大艰巨挑战。经过40 多年的追赶，中国在技术创新领域已经取得了不小的进步，为中国智造打下了基础。然而，在许多高端技术领域，中国还处在落后水平。另外，技术迭代速度的加快也是中国企业面临的挑战，尤其是在高新技术领域。

品牌建设，如何连接用户是从中国制造走向中国智造需要面对的第三个问题。从产品设计开始，到向客户传递价值，跟客户建立长期的互动关系，在客户心中形成品牌认知和形象等，都是企业需要思考的问题。企业在满足消费者需求的基础上还要跟客户建立情感联系。

数字化时代为品牌建设带来了新的机遇和挑战。品牌建设需要企业对多种数字化技术融会贯通，综合运用社交媒体平台、电商平台、视频内容创作平台等多个平台。中国的零售业态在短短 30 年时间内从"渠道为王"走向了电商时代，在数字化营销方面反而后来居上。移动终端的网购、美团的本地生活、拼多多的游戏购物、小红书的种草、抖音的直播带货，中国零售商已经重新塑造了客户旅程（Customer Journey）[1]，为世界商业提供了许多创新实践。中国企业如何利用这种先发优势？

最后是关于新质生产力转型的战略。 新质生产力是中国经过长期发展形成的，新质生产力转型得益于中国发展的时代机遇。中国在作为世界工厂的过程中积累的制造能力和完备的产业链，都为实现新质生产力转型提供了坚实的基础。除此之外，还有哪些技术的进步和时代需求的改变，为新质生产力转型提供了历史机遇？中国企业又是依靠哪些能力抓住时代机遇，实现企业创新和战略成长，进而成为全球化品牌的？

从中国制造走向中国智造的新质生产力转型是如何发生的？在转型的过程中，中国企业面对的问题和挑战，以及在实现新质生产力转型过程中采用的企业战略和策略，都是本书关注的问题。

要回答这些问题，我们需要回到企业发展的历程中进行深度复盘。复制一家企业的成功几乎是不可能的事情。然而，管理活动有其原理，每个行业都有其内在规律，总结经验、把握底层逻辑能够帮助企业抓住转型机遇，避免重大决策失误。

不同行业、不同企业的发展则互相有借鉴作用，重现历史能够启发后人，以往鉴来。我们希望回归到企业经营的场景中去复盘企业面临的问题、领导者的决策，解读每次决策事件背后的管理学原理，进而提供新质生产力转型的方法。

通过观察中国智造的代表案例，我们总结出中国智造的潮流主要由以下四种力量汇聚而来：

---

[1] Mark J.Greeven, Katherine Xin, Geogre S.Yip. How Chinese Retailers Are Reinventing the Customer Journey Five Lessons for Western Companies [J]. Harvard Business Review, 2021.99（5）: 84-95.

中国智造的第一种来源是传统制造企业走向产品品牌。许多原来从事 OEM 或 ODM 的厂商跃跃欲试，他们要么直接从国际品牌的幕后英雄转向打造自主品牌，比如手机行业里的传音、扫地机器人品牌科沃斯、便携式储能品牌的华宝新能和德兰明海；要么将专业市场的技术带到消费级市场，比如韶音科技。

来自知名企业的技术人才创业是中国智造的第二种重要力量。打造多款创新消费电子爆款产品的安克创始人阳萌原来是谷歌的算法工程师；扫地机器人品牌石头科技的创始人昌敬曾在微软、腾讯、百度等多家互联网大厂担任高级产品经理等职务，自己也曾打造过成功的软件产品；便携式储能品牌正浩创新的创始人王雷之前则是大疆的电池研发部负责人；创意灯具品牌 Govee 智岩科技的创始人吴文龙曾是安克的联合创始人之一，也是安克的前 CTO[①]。

大学生创业是中国智造的第三种力量，也是中国创新的希望。大疆创新的创始人汪滔、影石的创始人刘靖康、追觅的创始人俞浩、云鲸科技的创始人张峻彬等都是在大学时期就开始进行技术研发和创业。他们都是名校的高科技人才，而且他们的创业都有鲜明的技术色彩，注重技术和产品力。

产业巨头的跨界是中国智造的第四种力量。比亚迪是其中的佼佼者，比亚迪原来是手机产业的电池巨头和零部件供应商，后来投身汽车产业，经过 20 年的发展成为新能源汽车行业的领导者。智能手机品牌小米则是新能源产业的新贵，仅仅 3 年时间，小米就推出了第一款纯电车型，并且创造了现象级的营销成就。

本书依据中国智造的 4 种力量选取了 4 家代表性企业，综合考虑了产业维度、创新起点、产品定位等，尽可能多地涵盖新质生产力转型中的管

---

①CTO：首席技术官。

理学问题（见表 1-2）。这 4 家企业分别是：比亚迪股份有限公司（简称
"比亚迪"）、深圳市大疆创新科技有限公司（简称"大疆"）、安克创新
科技股份有限公司（简称"安克"）、深圳传音控股股份有限公司（简称
"传音"）。这 4 家企业都是同时具有研究开发的产品创新能力和品牌影响
力，处于微笑曲线的高端价值环节。

表1-2　4家代表性研究企业

研究企业	创新起点	创业者来源	产品定位	产业规模
大疆	技术方向	大学创业	高价品牌	细分赛道
比亚迪	技术方向	产业跨界	性价比 / 高端	万亿规模
安克	需求方向	大厂技术人才	高价品牌	细分赛道
传音	需求方向	ODM—品牌	中低端	万亿规模

从产业维度看，比亚迪在汽车产业，传音在手机产业，这些都是万亿
级的大产业。相比于汽车和手机，大疆在无人机产业，安克在消费电子和
智能家居的细分品类，他们所在的产业规模都相对较小。

从企业创新起点看，安克和传音是从消费者需求出发的创新，市场需
求洞察先于技术创新，围绕用户需求和痛点进行技术整合和布局，进而实
现产品创新。比亚迪和大疆的创新起点则是技术突破，他们处于行业快速
成长的早期或者行业变革期，通过自身的新技术打造颠覆性的产品。需求
洞察和技术创新都是企业长期发展需要具备的，并不是非此即彼，顺序上
可以有先后。

从产品定位看，大疆和安克都是从发达市场开始，能够以超强的产

品力给用户带去惊喜，从而获得更高的溢价。比亚迪和传音则是从新兴市场崛起，他们首先需要为大众提供买得起的产品。比亚迪肩负着推动汽车领域的新能源转型的使命，更低价的新能源汽车是抢夺燃油车市场份额的有效策略。传音的低价则是由于市场的特殊性，新兴市场并没有很高的消费能力。比亚迪和传音在低端市场站稳脚跟后，也在不断向高端市场进军。

三、中国模式的创新

21 世纪以来，中国的管理学界就开始关注中国式管理，寻找在中国本土诞生的管理模式。从这 4 家企业的发展历程中，我们看到了中国企业已经在企业管理上创造了自己独特的模式。

比亚迪一开始从事的是手机产业的电池和零部件生产，能够在这两个领域都做到世界头部已经是很了不起的成就。更令人惊讶的是，比亚迪还实现了从消费电子产业到汽车产业的顺利跨界，并且顺利抓住汽车走向电动化的产业变革机遇，在新能源汽车领域登顶，这在世界范围都是非常少有的案例。

大疆创新是中国版本的"硅谷"故事。硅谷通常被视为新技术的源头，中国则是把硅谷的新技术快速规模化和降低技术成本，推动技术的普及。大疆一家企业就演完了硅谷和中国制造的剧本，把小众的无人机技术带到了消费级市场。大疆的品类扩张也让我们看到了技术创新企业的组织扩张道路，对后来中国的高技术人才创业和技术创新企业的成长提供借鉴。

安克展现了一种数字时代下硬件产品创新的新模式，系统地回答了数字经济时代从产品创新到品牌打造的问题，提供了客户经营的数字化模式。安克似乎具有某种"点石成金"的能力，他们进入充电类产品、智能音频、智能家居等多个行业，并且在每个行业都能打造出消费者喜爱的产品。

传音是非常低调的手机品牌，在竞争激烈的手机市场走出了一条完全不同的道路。传音深耕新兴市场，在非洲市场可以说把本土化做到极致，为走向"一带一路"国家市场的中国企业提供了成功的先行示范。

这些模式具有中国本土的独特性。一方面，他们各自面对着不同的时代发展机遇和挑战，在各自的领域有着自己的愿景和抱负，最终在激烈的竞争中完成了管理的创新。这些机遇和挑战与中国市场密不可分。另一方面，这些企业的成功很大程度上得益于中国多年发展形成的国家能力，比如制造能力、产业链齐全的优势等，这种国家能力和比较优势能够助力企业实现战略成功，需要更多管理研究者引起注意。

这些中国模式虽然具有中国的独特性，但其背后的逻辑并没有脱离基本的管理学常识和原理，因而也具有普适性。在全面理解这些案例背后的问题和对策后，这些创新模式能够为国内外企业提供借鉴，帮助更多中国企业实现新质生产力转型。本书的研究方法主要为案例研究，确切地说是基于企业发展史的案例研究①，以管理学视角展开新质生产力转型的画卷。

企业创新与发展是有其内在逻辑的，外部环境在不断变化，组织在不

①这种方法最早可以追溯到阿尔弗雷德·钱德勒（Alfred D.Chandler）的《战略与结构：美国工商企业成长的若干篇章》（*Strategy and Structure: Chapters in the History of the American Industrial Enterprise*），这本于1962年出版的管理学经典选择了美国最早成功的大型企业作为研究对象，包括杜邦公司、通用汽车、新泽西标准石油公司和西尔斯公司。在这本书中，钱德勒提出了"结构追随战略"的经典观点。

如今，案例分析是管理学研究和教学的主流，基于企业发展史的案例研究却很少被延续。管理情境是案例研究关注的重点，企业发展史更像是某个具体问题的背景资料，作为决策演练的依据，而不是拿着放大镜去条分缕析、抽丝剥茧地分析每项决策的联系，形成解释一家企业完整发展脉络的理论分析。另一方面，在经济管理研究的分支上，商业史的研究属于历史学研究，学者们更倾向于考证某个历史阶段的某个商业主题，很少对一家企业发展历程中的决策细节深入到管理学原理的分析，也没有建构管理学理论的追求。我们希望重新找回这套方法，基于企业发展史的案例研究能够更加全面、深刻地理解一家企业。

断成长，每个业务都不是凭空产生的，其成败都有缘由，并与企业此前的发展和积累高度相关。如果不关注一家企业的过去，我们在分析它的现在的时候就会错失一些关键的因素，尤其是创始人的动机对企业战略意图的影响。过往的成败经历会影响一位企业家的认知和战略决策，过往的发展会形成组织能力，为抓住下一个战略机会埋下伏笔。

这4家企业中，比亚迪有近30年的发展史，大疆和传音有近20年，安克相对较短，有13年的历史。我们会先对企业发展进行阶段的划分。在划分依据上，一是按照业务进行划分，比如比亚迪从事手机产业和汽车产业两个业务；二是对同一业务的不同阶段进行划分，比如从技术研发到第一款产品、第一条产品线成形，产品的迭代等。

比亚迪和传音的产品线相对较集中，尽管具体的产品型号数不胜数。大疆和安克的产品线则相对较多，而且不仔细复盘很难看出产品线之间的关联性和内在逻辑。不管复杂程度如何，基于发展史的案例研究，一方面要对每个业务单元进行历史复盘，理解每一项业务的成功关键；另一方面则要从企业整体发展的角度去厘清多条业务线之间的内在联系，展示组织扩张的逻辑。

如何理解业务成功的关键？我们认为一个业务的成功，底层逻辑是满足客户的某种需求，从而创造价值。这种客户需求往往是一个时代的共性，从而形成一个时代机遇，企业通过抓住这个时代机遇实现超过竞争对手数倍的成长。

因此，我们需要探究三个关键问题：1. 时代机遇：这个业务所处的时代背景是什么，孕育了什么样的历史机遇，背后代表的是哪种需求；2. 企业关键区隔行为：分析企业的创新行动，企业采取了哪些创新行动满足这种需求，从而赢得客户，成功抓住了时代机遇；3. 竞争优势：企业的这些创新行动构建了怎样的竞争优势？这些竞争优势为后来抓住新的时代机遇提供了什么基础？针对每个业务，通过这三个问题的回答，我们既理解了单个业务的成败关键，又将多个业务的发展连接在一起。

这项研究是由纵横两个维度构成的（见表1-3），纵向是基于企业发展史的案例研究，横向是每个具体发展阶段的管理学问题和解读。因此，除了基于企业发展史的案例研究，我们还会综合采用产业分析方法去理解时代背景，引入创新管理、战略管理、品牌管理、营销管理的理论去解读企业的关键区隔行为。在分析每家企业后，我们会形成一套新质生产力转型的理论框架去描述转型的过程和实现模式，探究转型成功的基础。

表1-3 企业创新发展历程及其管理学问题

企业发展史		案例分析
公司	发展阶段	管理学问题
大疆	创业阶段	技术研发到产品化的路径
	第一条产品线	新技术应用如何拓展成为市场主流
	产品迭代	创新产业的竞争逻辑和取胜关键
	产品线扩展	技术创新企业的组织扩张方式 快速扩张中的非技术创新因素（营销、运营）
安克	跨境电商阶段	渠道变革如何提供打造品牌的机会 性价比的误解和澄清
	第一个品牌的建立	打造品牌的具体工作 数字原生垂直品牌的新概念
	多品牌阶段	品类扩张战略 如何将打造品牌的能力复制到新品类
传音	渠道布局阶段	利基市场战略的概念 中国的深度分销模式及其复制
	本地化创新阶段	聚焦利基市场的本地化产品创新策略
	品牌与多元化	利基市场的品牌建设 中国生态链模式的复制

续表

企业发展史		案例分析
公司	发展阶段	管理学问题
比亚迪	手机产业阶段	技术变革中的价值转移概念，以及战略启示 制造环节的自主创新，如何挑战技术领先者 多元化和垂直整合之间的管理联系
	新能源汽车阶段	进入成熟产业的战略机会 技术和战略的关系 中国在产业变革中的竞争优势 垂直整合的集成创新模式

　　最后，在研究数据方面，本次研究以二手数据为主，按照优先级从高到低排序分别包括：1. 企业创始人和核心高管公开发表的演讲、深度访谈中企业家的表达和论述；2. 企业官方发布的权威公开资料，包括企业招股说明书、年度财务报告、产品广告和宣传资料等；3. 媒体和新媒体资料，包括相关产品的新闻报道、视频报道、新媒体的产品评测等，其中，以权威媒体资料和深度追踪报道为优先分析对象，产品评测视频只用作理解产品细节和技术细节；4. 社交媒体公开资料，主要包括论坛、视频平台中用户对这些企业产品的使用体验和评价，这部分资料作为媒体资料的验证，提供用户看待公司的视角。

卓越汇分析框架

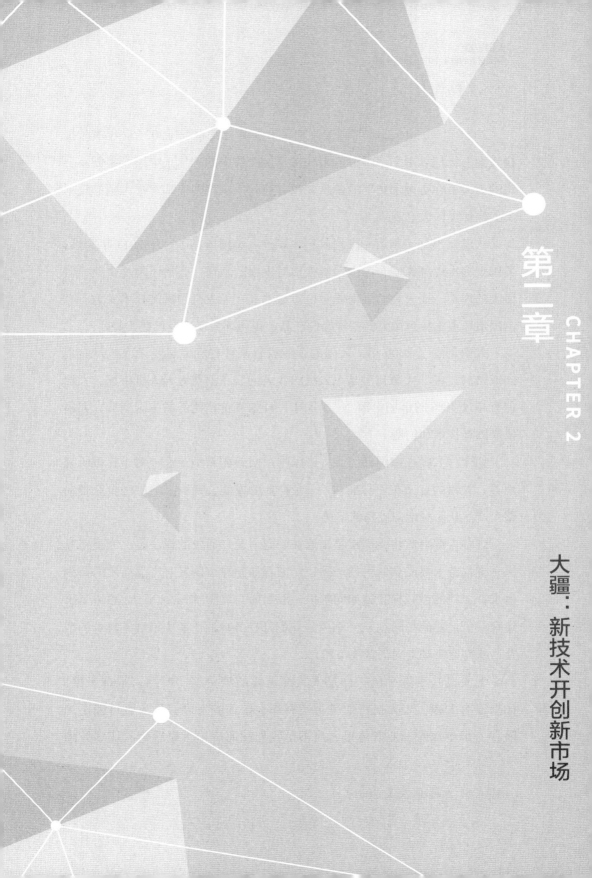

第二章

CHAPTER 2

大疆：新技术开创新市场

2024 年 7 月 10 日，美国参议院军事委员会发布了《2025 财年国防授权法案》标记版本。原本可能出现在这份文件中的"禁止中国大疆创新公司的无人机在美国销售"的条款并没有被列入。许多人都欢呼大疆的技术实力倒逼美国放弃制裁。

这已经不是美国第一次想阻止大疆进入美国市场了。从 2017 年开始，美国就多次以国家安全为由希望推动对大疆的禁售。政治风险是企业经营最大的风险，而大疆的屡次脱险也彰显了其在无人机领域的技术实力。在美国市场很难找到像大疆一样好的产品，更何况大疆还有价格优势。

大疆创立于 2006 年，大疆的企业成长某种程度上也是无人机行业走向成熟的过程。大疆几乎是无人机的代名词。在消费级无人机市场，大疆拥有超过 70% 的市场份额。[①] 不同于以往依靠价格优势的中国制造，大疆依靠的是技术和创新。

如今，大疆在中国已经是一家家喻户晓的创新型企业。对于管理研究而言，大疆的意义在于它推动了一个产业的发展，是少有的中国企业带动整个产业从萌芽走向成熟的案例。

许多人都喜欢将大疆跟苹果放在一起讨论。通常的说法是：大疆跟苹果一样打造了高品质的科技产品；汪滔有如同乔布斯般对产品品质的苛刻追求；大疆的创新模式就如同苹果一般封闭，试图掌控一切。大疆跟苹果还有一个重要的相同点——那就是他们都在各自的产业中推动了技术的普及，从专业市场走向消费级市场。

无人机并不像手机一样是人人都需要的消费电子产品。很难想象，如果没有大疆，无人机行业是否还有那么快速的发展。无人机可能还局限在一个小众的专业群体里，而不是我们在商店柜台里看到的那些炫酷

---

① 数据来源：Drone Industry Insights。

的消费级产品。

无人机对人们生活的意义不只是航拍和玩具，还为提升生产力提供了更多的可能性。无人机技术为各行各业的生产力提升打开了想象空间，从农业的播种、施肥、施药到电力能源的巡检，到安全部门的执法，到消防救灾等，无人机将每个行业的活动空间从二维拓展到三维。无人机可以替代以往许多危险的人工作业，提高效率，降低成本。

这种推动新产业发展的案例非常值得关注，不同于安克以客户需求为起点的创新，大疆的创新是先实现了技术突破，再去寻找客户需求和应用场景。技术的突破和创新很多时候将过去的不可能变成可能，就如同汽车替代马车一样，为人们的生活带来的改变是超乎想象的。

一、硅谷式的创业剧本

汪滔的创业经历，让我们想起了在硅谷的见闻，梦想、退学、创业、失败、风险投资、创新孵化和独角兽企业。

汪滔的飞行梦想来自童年的一本直升机科普故事漫画书。从那以后，汪滔对天空充满好奇，开始着迷于航模读物。高中一次考试汪滔得到高分，他的父母奖励了他一台梦寐以求的遥控直升机。然而，这份上万元的高档礼物却很难控制，飞行也缺乏稳定性，很快就因没电摔坏了。从此，汪滔下定决心，要打造一台完美的飞行器。

为了实现梦想，汪滔选择了华东师范大学的电子系。然而，在大学度过三年后，汪滔发现根本没有学到多少无人机相关知识。大三时汪滔做了一个大胆的选择——从国内名校退学，寻找能帮自己实现梦想的学校。在被麻省理工学院、斯坦福大学等世界顶级学校拒绝后，香港科技大学电子与计算机工程学系向他抛来了橄榄枝。

在香港求学期间，汪滔在两次机器人大赛中分别取得了香港冠军和亚太区第三名的好成绩。为了实现飞行梦想，汪滔的本科毕业设计选择了远超这个阶段学生科研能力的选题：直升机自主悬停技术。学校为课题提供了1.8万港币的启动经费。

然而，在毕业演示时，直升机却从空中摔了下来。

汪滔毕业课题的最终评价仅仅得到一个C。尽管如此，香港科技大学机器人技术教授李泽湘仍旧看到了汪滔的特别之处。他选择接受汪滔成为自己的研究生，并大力支持他创业。

"汪滔的毕业设计是新工科教育的另一大核心：发现和定义问题，并整合各种技术和资源去解决问题。之前，毕业设计都是老师给问题，学生答题，最后以成绩结束。学生对此类问题没有主人翁精神，缺乏认同和成就感，也很难以此为起点，进入更高、更深层次的探索，如创业。"[1]李泽湘说出了从技术到商业的转变路径。

事实上，李泽湘不仅是电子和工程学的教授，也是一位创业者，一位懂商业的技术专家。除了教授身份，李泽湘还在 1999 年创办了固高科技，一家专业从事运动控制和智能制造技术的高科技企业。

在李泽湘的支持和建议下，汪滔在与香港一江之隔的深圳开始了创业。深圳当时已经走在成为全球制造中心的路上。在深圳华强北，汪滔可以找到任何他需要的零件。

2006 年，汪滔与和他一起做毕业设计的两位同学来到深圳，创办了大疆。他们将华强北的零件 DIY 组装成无人机，搭载自己研发的飞控系统。这些可以平稳飞行的无人机，得到了许多航模爱好者的认可。

创业初期，汪滔在舅舅所在的杂志社提供的不到 20 平方米的办公室里办公，员工加起来只有五六人。由于在居民区，大疆招人非常困难，面试者一进门看到是小作坊，基本上就掉头离开了。

航模本来就是小众行业，当时的受众更多的是专业玩家。汪滔一时找不到技术的具体应用场景，公司很快陷入经营困境。毫无管理经验的汪滔也不懂如何跟团队沟通，导致两位一起创业的合伙人相继离开。2006 年年底，汪滔父亲的朋友为大疆投资了 50 万元，暂时解决了汪滔的燃眉之急。

---

① 郑栾 . 封面人物丨汪滔贴地飞行 [EB/OL].（2023-11-23）[2024-10-31]. https://new.qq.com/rain/a/20231123A09IZA00.

好景不长，2007 年的大疆再次陷入困境，汪滔几乎变成了光杆司令，团队就剩下他和出纳。员工拿着大疆的东西到外面生产销售，甚至还有人买通内部员工用大疆的设备做产品测试。汪滔想请律师告他，但是律师一开口就要 70 万元的律师费。

无助的汪滔只好求助自己的导师李泽湘。据李泽湘回忆，当时他正在哈工大深圳研究生院上课，汪滔孤身一人，无助地在门外等待了两个小时。谈到对大疆的帮助，李泽湘说得云淡风轻："也做不了什么。就是帮他分析分析问题，找些人，给他一些钱。"

人和钱，恰恰都是创业的关键。

2007 年恰好迎来哈工大深圳研究生院的第一批学生毕业，在学院上课的李泽湘动员这些学生加入大疆。2008 年，李泽湘和哈工大机器人专业的老师一起投资了 100 万元。大疆逐渐走上正轨。

毫无疑问，李泽湘既是汪滔的伯乐，也是贵人。硅谷的创业正是如此，斯坦福大学的老师支持学生创业，甚至提供资金支持。硅谷的很多投资人之前是业界的成功人士，他们希望将自己创新的成功经验传授给后辈。李泽湘就像硅谷的天使投资人，提供钱、经验和人脉。

汪滔的成功，也让立志推动新工科教育的李泽湘改进了教学方法。他后来还组建了松山湖国际机器人产业基地，目的是发现、培育和投资更多的年轻硬件创业者。

"汪滔之后，我就再也不给学生布置毕业设计问题了，而是要他们以小组的形式通过大量市场调研去发现和定义问题，并整合跨学科技术和供应链资源去解决问题。而在他之后，我指导毕业设计的 10 个学生里，9 个走上了创业之路。"①李泽湘开创了"导师＋学生"的天使投资模式，成了"创业教父"。在大疆创新之后的李群自动化、逸动科技等独角兽企业都有李泽湘的支持。

创业是九死一生的选择，大疆后来的成功也离不开汪滔的坚持。即使经历过毕业设计的失利，创业初期几次濒临倒闭，汪滔依旧没有放弃他的无人机梦想。面对困难，汪滔显得很坚定，他说："只有抱着'把事情做好的决心'坚持下去，才能在创业的道路上走得更远。"②斯坦福大学的老师告诉我们，硅谷不怕创业者失败过，相反，他们对从来没有失败过的人反而感到一丝担忧。因为创新和创业本来就是高风险的事业，失败了就再来，而且失败不等于一无所获，创新者其实收获了教训和经验。

二、创新需要时代机遇

对于普通消费者而言，无人机上手即飞的体验非常便利。然而，只是让无人机自主悬停在空中就不是一项简单的技术。无人机需要知道自己的空中位置和姿态，工程师需要测量出无人机处在三维空间中的 15 个状态。

别忘了还有复杂多变的风！环境中的风，无人机悬叶产生的气流，都会让无人机产生偏移。这就需要飞行控制器根据测量的 15 个状态进行调

---

① 郑栾．封面人物 | 汪滔贴地飞行 [EB/OL]．(2023-11-23)[2024-10-31]. https://new.qq.com/rain/a/20231123A09IZA00.
② 邓圲，吕绍刚．大疆创新创始人汪滔：做打动世界的产品 [EB/OL]．(2015-05-24)[2024-10-31]. http://finance.people.com.cn/n/2015/0524/c1004-27046807.html.

整。看似简单的动作，背后需要复杂的技术和传感器。①

想要真正了解汪滔和大疆的贡献，就需要先理解什么是无人机，以及无人机的技术发展历程。无人机，顾名思义就是没有载人的飞行器。飞行器主要分为固定翼、直升机和多旋翼三种类型。大疆早期做的是航模直升机的飞行控制系统，后来的主要产品则是多旋翼无人机。

固定翼是自稳定系统，当处在空中时能够在助推发动机稳定工作下抵抗气流干扰保持稳定。直升机和多旋翼的动力原理相似，二者在空中不稳定，如果不施加控制就会被风吹翻。直升机通过完整的驱动系统，桨面不仅能产生向上的推力，还有向下的推力，从而让直升机稳定在空中。相比前两种，机械结构简单的多旋翼缺乏完整的稳定系统和驱动系统，因而很难控制。这就是为什么直升机航模那么容易摔机。

想让多旋翼无人机稳定在空中，就需要给它一套控制系统，通过惯性导航系统了解无人机的姿态，从而进行调整。在 20 世纪 90 年代之前，惯性导航系统重达十几公斤，多旋翼无人机的载荷较小，根本不能承受这个重量。固定翼和直升机能够满足很多需求，因此很少有人会花时间去解决多旋翼的自动控制问题。汪滔一直想攻克的就是直升机航模的自动控制系统。

一个行业的兴起，一个行业领导者的崛起，往往得益于技术进步。微机电系统（MEMS）的成熟则是大疆的时代机遇。20 世纪 90 年代以来，微机电系统技术日渐成熟，重量仅为几克的 MEMS 惯性导航系统成为可能。之后的算法和快速运算的单片机进一步解决了 MEMS 传感器数据的

---

① 关于多旋翼无人机的技术部分，主要参考知乎博主杨硕的文章。杨硕也是李泽湘的学生，在大疆创新历任算法工程师、Phantom 产品项目经理、RoboMaster 赛事技术总监、部门负责人等职位，后赴美国卡内基梅隆大学攻读博士，现已加入特斯拉机器人团队。

杨硕. 详解多旋翼飞行器上的传感器技术 [EB/OL]. (2016-12-29) [2024-10-31]. https://zhuanlan.zhihu.com/p/21276204。

噪声问题。再过几年又突破了控制算法。真正稳定的多旋翼无人机自动控制器直到 2005 年才面世，成立于 2006 年的大疆可以说是生逢其时。

表 2-1　三种飞行器的对比

类型	固定翼	直升机	多旋翼
产品	民航飞机、战斗机	直升机	四个或者四个以上旋翼的直升机
原理	翅膀形状固定，靠流过机翼的风提供升力	靠一个或者两个主旋翼提供升力，小尾翼抵消主旋翼产生的自旋力	多个主旋翼提供升力
设计	动力系统包括螺旋桨和助推发动机	动力系统包括发动机、整套复杂的桨调节系统、桨	机械结构非常简单，动力系统只需要电机直接连桨就行
优点	续航时间最长、飞行效率最高、载荷最大	可以垂直起降，续航时间适中，载荷也适中	机械简单，能垂直起降
缺点	起飞的时候必须要滑跑，降落的时候必须要滑行	极其复杂的机械结构导致了比较高的维护成本	续航时间最短，载荷也最小

数据来源：根据杨硕文章整理。[1]

2007 年，大疆发布直升机飞控 XP2.0，这是大疆飞控第一次实现超视距飞行，突破视野疆界。2008 年，为了支援汶川地震救灾，大疆发布了第一架自动化电动无人直升机 EH-1，通过收集现场第一手图像资料，为救援人员寻找道路提供帮助。

2008 年，大疆的第一款成熟产品直升机飞行控制系统 XP3.1 成功面

---

[1] 杨硕. 民用小型无人机的销售现状和前景怎么样？[EB/OL].（2016-12-29）[2024-10-31]. https://www.zhihu.com/question/23676158/answer/26514753.

市，并申请了专利。汪滔多年的坚持得到了回报。XP3.1成功实现了直升机模型在无人操作的情况下自主悬停。

XP3.1的测试也展现了汪滔的雄心。2009年，大疆选择了距珠穆朗玛峰北坡直线距离仅20公里的全球海拔最高的寺庙西藏绒布寺进行测试。搭载了XP3.1的"珠峰号"无人直升机首次实现了在海拔5000米珠峰地区的飞行测试和航拍。"珠峰号"能够实现半径1公里左右的半自动遥控飞行，还能实现10公里范围的导航点全自主飞行。

凭借XP3.1飞控系统的出色表现，大疆很快收到了订单。每台XP3.1售价高达2万元，大疆开始实现盈亏平衡，公司算是活下来了。那时候能实现自主悬停技术的产品非常稀缺，一个单品甚至能卖到20万元，赚钱显得很容易。

从孩提时的梦想，到大疆的飞控系统实现直升机自主悬停，汪滔一直没有放弃自己的梦想。大疆的成长阶段恰好处于中国经济和科技进入高速发展的时期。21世纪初的中国，互联网创业异常火爆，那时候的技术人才生逢其时。多少青年热血沸腾，投身互联网创业。汪滔却有着自己的坚持，他依旧像个小孩一样，希望打造一台能飞的直升机。

无人机产业很长一段时间都是一个无人问津的细分领域。正是由于微机电系统的成熟和一代又一代研究人员的积累，才迎来了无人机这种体积小巧、机械结构简单、垂直起降、悬停稳定的飞行器的诞生。硬件生态的成熟加上汪滔不断精进的算法，恰好把握住了技术发展的关键点。

企业活下来是成功的第一步，想成为行业的领导者，汪滔还需要做更多的战略选择。

三、小众技术的大众化

尽管大疆的飞控系统很赚钱，但汪滔立马就断了团队赚快钱的念头。那时候的产品主要卖给国企，购买者的需求是将产品演示给领导看，领导看完后就放一边了。这种方式赚钱很轻松，但汪滔称之为"easy money"。

显然，这种需求并不是可持续的，因为作为产品的无人机并没有实实在在地满足客户的痛点，反而有点弄虚作假的成分。更重要的是，汪滔对产品有着更高的追求。

汪滔说："这不符合我的方向。我是做产品的人，我只想把产品做好，让更多人来使用。"[①]

汪滔希望做出好产品，他选择继续改进自己的飞控产品。2010 年，大疆打造出了第一款面向消费者的产品 Ace one。这款搭载了成熟飞控技术的产品仅仅需要不到 2 万元，市面上的同类产品价格则要几万元。大疆凭借 Ace one 迅速打败了德国和美国的两家竞争对手，顺利打开海外市场。

对于消费者而言，无人机是什么？能用来干什么？在技术成熟后，具体的应用场景也就随之而来。

2009 年，一部印度电影《三傻大闹宝莱坞》引起人们对于教育的共鸣。电影里，四旋翼无人机的发明是一个悲剧故事，主角操作带着摄像头的无人机垂直起飞，却发现长期投身无人机研发导致无法毕业的同学上吊自杀了。四旋翼无人机也是从这部电影开始出现在公众的视野。

2010 年，法国 Parrot 公司的四旋翼无人机 AR.Drone 亮相。这款产品轻便灵活，能够实现悬停，通过 Wi-Fi 传输图像到手机，还能通过 iPhone

---

[①]马钺．大疆汪滔：这个社会太愚蠢 包括很多很出名的人[EB/OL]．（2016-09-20）[2024-10-31]．https://finance.sina.com.cn/manage/crz/2016-09-21/doc-ifxvyrit2909456.shtml.

或 iPod touch 进行操控。Parrot 的目标是打造 AR（增强现实）平台，希望开发者基于此打造 AR 游戏。

2012 年，宾夕法尼亚大学的维杰·库马在 TED 大会上介绍了他们团队打造的超小型四旋翼飞行器。这些灵活的飞行器能够组团飞行，相互感应，从而完成特别行动，比如建筑工地的工作、紧急救援等。这场演讲大受欢迎，让人们了解了无人机背后的原理和应用前景。

多旋翼无人机已经慢慢成为市场主流，大疆也感受到了这种趋势。

大疆从新西兰的代理商那里了解到，代理商每个月出售的直升机飞控系统仅有几十个，而平衡环却达到 200 个。通过进一步了解，大疆发现他们出售的平衡环 95% 都被安装在多旋翼无人机上。对于用户来说，四旋翼无人机相比直升机价格更便宜，而且更容易编程。

多旋翼无人机的飞控系统主要由一家德国公司出售，用户需要自行购买零部件，然后组装成产品，再到这家德国公司下载对应的代码。这种 DIY 的产品不仅对用户的动手能力有所要求，产品使用门槛很高，而且零部件东拼西凑，产品的可靠性很差，影响使用体验。

感受到行业的暗流涌动，大疆面临着关键的战略选择：一是继续做飞控，飞控是无人机的核心模块，类似于手机的芯片；二是做整机，那么要做什么类型的整机，固定翼、直升机还是多旋翼。当时团队对这两个问题都有所争论。

无人机在 2010 年还是新兴产业。对于大疆而言，他们自身就处于创新的无人区，没有太多成功的经验可以参考。多旋翼无人机看上去很流行，但也处于发展早期，没有人能看到终局，一切都还不确定。最终，汪滔并没有执着于原来的直升机，而是选择了打造多旋翼无人机整机。

当时多旋翼无人机的主要用途是航拍，除了无人机本体，用户还需要去购买摄像头，然后 DIY 进行安装。另外，DIY 无人机东拼西凑的零部件，质量可能参差不齐，组装起来的无人机也体验不佳。汪滔对产品有着极致的追求，他希望为用户打造一体化的解决方案。

汪滔觉得大疆有点像汽车产业发展早期的福特公司。在福特之前，美国有数百家汽配厂，可能有几十家汽车组装厂。很多配件厂是为马车打造配件的，核心模块缺乏可靠性。当福特出现后，其他汽车组装厂就逐渐被打败了。[1]

大疆的核心技术是飞控，他们需要将直升机的飞控技术运用到多旋翼无人机上。除此之外，对于航拍无人机，用户最关注的体验是什么呢？汪滔更多时候被认为是技术狂人，然而从对产品的追求和关乎产品体验的技术把握上看，他无疑是非常具有天赋的产品经理。汪滔抓住了非常关键的问题：稳定拍摄和传输。

航拍无人机的结构可以简单看作多旋翼无人机下面挂一台相机。无人机在拍摄的过程中必然会造成相机的抖动。如何让相机在飞行的无人机上保持稳定并完成拍摄任务是一大技术难题。无人机飞在空中跟飞手的距离很远，实现远距离传输是另一大问题。

从 2010 年开始，汪滔就亲自带领团队进行技术攻关。经过三年的努力，大疆成功开发了云台系统和传输系统。汪滔认为，技术的优势是像拼图一样一个一个拼出来的，最终拼出完整的系统优势和核心的技术壁垒。[2]

2012 年，大疆在全球推出了首款消费级的航拍一体的无人机大疆精灵（Phantom）。汪滔不仅将飞控、云台、图传这些自主掌握的核心技术融合

---

[1] 郑桑. 封面人物｜汪滔贴地飞行 [EB/OL].（2023-11-23）[2024-10-31]. https://new.qq.com/rain/a/20231123A09IZA00.
[2] 商业价值王伟. DJI 揭秘：极客与"硬球" [EB/OL].（2014-08-20）[2024-10-31]. https://www.geekpark.net/news/210384.

在一起，还非常重视无人机的工业设计。整机体积小巧，白色的流线型机身显得非常轻巧，所有的传感器都隐藏在机身内部。

高度集成的产品让用户实现到手即飞，只要打开包装盒就可以使用，不再需要四处去寻找云台、飞控，然后自己 DIY 组装。此外，大疆精灵还具有自动返航功能，不用担心无人机的着陆问题，大大降低了用户的使用门槛。从此无人机不再局限在航模专业爱好者当中，普通消费者也能上手体验，从空中视角拍摄世界。

图 2-1 大疆精灵 1（DJI Phantom 1）[1]

更重要的是，大疆将无人机的售价做到了大众消费者可以接受的范围。一方面，大疆的核心技术都是自己的，而且是自行完成产品制造；另

_____

[1] 图片来源：大疆官网大疆精灵 1 介绍。

一方面，苹果 iPhone 推动的智能手机潮流也让传感器价格迅速下降。相比以往动辄上万美元的无人机，大疆精灵只要不到 1000 美元。大疆精灵一经推出，就受到了高度关注和追捧，很快预订量就突破万台。

大疆不仅将无人机带向大众消费市场，也给自己的无人机技术找到了航拍这一更为广阔的应用场景，进一步打开市场空间。汪滔认为推出一体化整机对于后来的市场统治地位至关重要，大疆因此占得先机。

"一定要做出整体化的产品，才能开辟较大的市场。我们正是瞄着这个点抢占先机，才有了现在的市场份额。"[①] 汪滔在后来的采访中说道。

产品一体化的优势是厂商对于产品定义和细节有非常强的掌控能力，能够尽可能地将自己理解的客户体验落实到具体的技术和产品模块，从而打造符合自己预期的产品。这种模式就如同乔布斯时代的苹果电脑，以及后来 iPhone 手机对供应链的强有力管控。正是厂商对产品体验的极致追求，才推动了技术的普及和核心模块、零部件的质量提升。

---

① 郑柔. 封面人物｜汪滔贴地飞行 [EB/OL]. (2023-11-23)[2024-10-31]. https://new.qq.com/rain/a/20231123A09IZA00.

第二节　　规模与利润兼得

一、好产品没有国界

"一直以来，中国都缺少一个能够打动全世界的产品。'中国制造'也很难摆脱靠性价比优势去获得市场的尴尬局面。"①

为中国制造正名是新质生产力创业者的追求，改变中国制造是汪滔的理想，他希望给中国制造贴上高质量、高品质的标签。凭借技术创新，大疆真的成功打造出了改变行业的产品！

中国公司能不能做品牌？

这是李泽湘问红杉资本全球合伙人迈克尔·莫里茨的第一个问题。莫里茨认为产品才是关键，不管来自世界哪里，只要产品好就可以做品牌。大疆精灵的火爆也证明了这一点。

远瞻资本的一位创始人是电子产品的骨灰级爱好者。2012年，他在看到大疆的产品后赞不绝口，并且很快就完成了对大疆的1000万元人民币的天使轮投资。另一位创始人坦言投资大疆并没有什么逻辑，就是看中大疆的产品好。协议签订后，整个公司就买了机票前往日本庆祝，因为他们确信这是一笔赚钱的投资。

当时国内很多投资公司都把大疆的产品看成玩具，莫里茨却独具慧眼，他把大疆精灵视为无人机里的 Apple II。这是一个非常高的评价，因

---

①邓圩，吕绍刚．大疆创新创始人汪滔：做打动世界的产品 [EB/OL]．（2015-05-24）[2024-10-31]．http://finance.people.com.cn/n/2015/0524/c1004-27046807.html.

为 Apple II 是划时代的产品。

Apple II 由才华横溢的工程师史蒂夫·沃兹尼亚克（苹果联合创始人）设计，并由史蒂夫·乔布斯推向市场，成为这个新兴行业最杰出的个人电脑之一。Apple II 开启了个人电脑时代，电脑不再是极客和编程者独享的工具，而是所有人的计算工具。[1] 当我们回顾汪滔从创立大疆到大疆精灵发布的历程，总是不由得联想起乔布斯和沃兹尼亚克早期创立苹果的经历。

20 世纪 70 年代的电脑面向的是专业市场，比如公司和研究机构。个人发烧友使用电脑则需要 DIY，他们也有自己的社群，乔布斯和沃兹尼亚克就经常游走于电脑俱乐部之间。到了汪滔生活的时代，则转变为网上的海外航模论坛。Apple II 让个人用户不再需要自己去倒腾，开机就能使用。大疆精灵正是如此。

莫里茨的类比隐藏着一个产品创新的关键，这个关键贯穿了大疆这家公司发展的脉络，甚至可以说是这家公司的基因——新技术开创新市场，技术创新让更多潜在需求的被满足变成可能。Apple II 是这种思路的源头，Open AI 的 ChatGPT 的走红也体现了这种逻辑 [2]。

---

[1] 历史学家莱恩·努尼的著作 *The Apple II Age: How the Computer Became Personal*（《Apple II 时代：电脑如何变成个人化》）专门研究了 Apple II 的起源。她发现 Apple II 成功的关键是软件，从而让电脑变成走向服务个人的计算和应用，比如打印。通过讲述一系列软件创作故事，努尼为大众提供了一个全新的视角了解 20 世纪 70 年代的业余爱好者的微型计算机如何发展成为我们所知道的个人计算机。从 VisiCalc 和 The Print Shop 等标志性软件产品到 Mystery House 和 Snooper Troops 等历史游戏，再到早已被遗忘的磁盘破解工具，这部著作以前所未有的视角，让我们了解了构建微型计算机环境的人员、行业和资金，以及为什么这么多资金都集中在先驱 Apple II 上。
Laine Nooney. The Apple II Age: How the Computer Became Personal [M]. Chicago: University of Chicago Press, 2023.
[2] Open AI 的创始人兼 CEO 称 ChatGPT 的意义在于算力的平民化，而比尔·盖茨也表达了类似的观点，他将 ChatGPT 视为个人电脑的图形界面。简而言之，ChatGPT 加快了人工智能走向个人应用的进程，黄仁勋也称之为人工智能的 iPhone 时刻。

普通人也许有航拍的梦想，但在大疆出现之前却遥不可及。普通人肯定难以想象有台玩具一样的飞机能够由自己操控，悬停在自己头上。在大疆之前，航拍只能是专业摄影公司才能享受的福利，普通人想要获得航拍的体验，要么动用直升机，要么将专业的摄影设备高高架起。

大疆促成了什么改变？首先是能够稳定悬停在空中的无人机拓展了人类的活动空间，从二维的地面拓展到三维的空中，这也意味着人类可以解锁更多无人机的应用场景，航拍则是其中最贴近普通消费者需求的一个。其次是大疆实现了稳定的航拍和图像传输。大疆就此将目标用户群从小众的无人机发烧友市场拓展到普罗大众市场。

用户的需求很多时候是受技术限制的，一旦技术实现突破，企业就能以较低的成本（包括经济成本和使用门槛）满足用户需求，许多潜在的需求就会被激活，原本小众的技术便会逐渐走向大众市场。技术进步所激活的潜在需求是不分国界的，因而技术创新的公司天然是全球化的公司。

大疆的全球化发展不同于许多中国企业。在大疆之前，中国企业品牌往往是立足本土，做大做强，把中国市场作为大本营，再走向世界。而大疆反其道而行，先在欧美发达市场大放异彩，再回到国内市场。

大疆之所以选择优先发展海外市场，首先是市场需求决定的。大疆最早做的是航模的模块、零件和组件，主要用户是航模玩家。航模玩家属于小众群体，中国市场的航模玩家特别少，因而大疆的早期市场天然就是海外市场。大疆首次推出消费级航拍无人机的时候，这批航模玩家也成了最早的用户。他们大多在欧美发达国家，所以大疆率先在欧美地区拥有了一定的知名度。航拍产品最大的应用场景是影视制作和传媒行业，这方面欧美也是全球产业中心，相比之下国内市场并没有那么发达，因而大疆早期的主要需求还是来自欧美发达市场。

航模圈是专业的小众群体，光靠在原来航模圈里积累的知名度，大疆是很难风靡全球的。大疆的产品之所以能够成为现象级的创新产品，离不开他们独特的品牌和市场策略。

做国际品牌应该从哪里切入？

这是李泽湘问莫里茨的第二个问题。莫里茨的答案是硅谷，而且是硅谷高科技公司的领导者。硅谷是世界的创新中心，世界上很多技术的突破都是从硅谷开始的，硅谷是前沿技术的风向标。

基于此，大疆通过曾担任微软全球资深副总裁的沈向洋将一些无人机样品送给比尔·盖茨，也就有了后来流传的比尔·盖茨为了玩大疆无人机破天荒地购买了 iPhone。除此之外，大疆还通过莫里茨把大疆的产品送给硅谷科技圈的有识之士……大疆的无人机得到了全球科技界顶尖人士的青睐，很快就形成了全球影响力。

大疆还将无人机寄给了好莱坞的影视从业者。航拍无人机给影视行业带来变革，专业的影视从业者可以用更低的成本实现高质量航拍画面的拍摄。很快，大疆的无人机就出现在了《国土安全》《摩登家庭》《生活大爆炸》等热播美剧中，不仅在影视制作方面发挥作用，还能够在这些剧目中植入品牌广告。

大疆精灵 1 发布后，大疆快速完成迭代，推出了升级产品大疆精灵 2。大疆精灵 2 成功入选《时代》杂志的 2014 年度十大科技产品，是当时唯一入围的中国产品。

2015 年，权威商业杂志 Fast Company 评选出 2015 年消费类电子产品创新型公司前十榜单，大疆排在谷歌和特斯拉之后高居第三，是名单中唯一的中国本土公司。

2015 年上半年，一期《早安美国》节目需要对火山喷发进行直播。大疆的团队和美国广播公司 ABC 的摄制组一起前往冰岛，采用大疆的无人机进行航拍。这期节目是大疆在北美品牌宣传的一个里程碑。

大疆以一流的产品征服了硅谷的科技大佬和好莱坞的明星，他们很快就成了大疆的粉丝和种子用户[①]。大疆的无人机也很快成为潮流，无人机一时成为消费电子产品的投资风口。

大疆也成为中国品牌走向世界的一个分水岭，之前从中国走出去的产品很多是以性价比取胜的，而大疆则让人们看到了中国的科技、创新、高端，开始改变人们对中国制造的认识。中国制造跟随大疆的步伐，开始以更多创新、智能化的硬件产品，从深圳、中国走向世界。

二、市场份额与技术扩散

随着 2012 年大疆精灵系列的推出，大疆开始进入成长的快车道，公司销售额直线上涨。2013 年，大疆的销售额是 1.3 亿美元，2014 年直接达到 5 亿美元，到 2014 年则接近 10 亿美元。[②] 随着大疆的腾飞，2014 年也被视为"无人机年"。

大疆的成功引爆了无人机赛道，原本小众的无人机开始成为资本市场的"香饽饽"。在大疆获得硅谷知名风投 Accel Partners 7500 万美元投资，估值达到惊人的 100 亿美元的时候，热钱开始加速进入无人机赛道，大量企业希望跟上无人机的热潮。

2015 年可以说是无人机厂商最容易获得投资的一年，中国，尤其是深圳，无人机厂商的数量井喷，一下子多达近 200 家。当年中国无人机公司的融资总额超过了 2 亿美元，不少无人机厂商的 A 轮或天使轮都能得到

[①] 种子用户：创新变革、新产品的第一拨用户。
[②] 商业价值王伟. DJI 揭秘：极客与"硬球"[EB/OL]. (2014-08-20) [2024-10-31]. https://www.geekpark.net/news/210384。

千万元以上的融资。

与此同时，小米、华为、腾讯等科技巨头也希望入局无人机。擅长以性价比颠覆已有市场的小米来势汹汹，很快就在 2016 年推出第一款小米无人机。雷军喊出了"无人机不再是土豪的玩具"的口号，小米的航拍无人机将 4500 元以上的市场价打到 2499 元，能够拍摄 4K 视频的无人机市价也只有 2999 元。

然而，热闹过后不过是一地鸡毛。尽管有无数创业者冲进无人机市场，但真正掌握核心技术的寥寥无几，大部分创业者还是做着组装的工作。少数有核心技术的无人机厂商也难以撼动大疆的地位，最终选择去其他专业细分市场。大疆的市场份额经常超过七成，而且在保持高份额的同时还有高利润，看上去不太符合常理。

企业往往需要在市场份额和利润率之间二选一。高市场份额需要更低的价格或者推出多个价格段的产品，尽可能多地覆盖消费者；高利润率通常意味着高的产品售价，聚焦的是客户消费能力较强的细分市场，这些客户对于产品品质有更高的追求，购买产品时也会关注品牌价值，而不仅仅看重价格。前者需要的是规模和效率，后者依靠的是技术和品牌，两者代表着企业不同的能力构建。

以智能手机市场为例，苹果追求的是高毛利，2023 年，整个智能手机市场收入的 50% 都流向了苹果，超过 90% 的利润都被苹果获得，甚至一度出现超过 100% 的情况，这意味着其他同行（基本上都是安卓系统）都是亏损的。苹果的市场份额长期稳定在 20% 以下（2023 年约 19%），而安卓手机则占据 80% 的市场份额。[①] 苹果 iPhone 的最低价格之前一度是安卓

① 芯智讯. 苹果拿下全球智能手机市场 50% 销售额、90% 利润！[EB/OL].（2024-02-05）[2024-10-31].https://news.qq.com/rain/a/20240205A06I8000.

手机品牌价格的天花板，能够进入高端手机行列的安卓品牌寥寥无几。

"如果我是乔布斯，我会早些推出一个 iPhone 的平价版，不会坐视安卓的崛起。跟垄断市场比，我宁愿不要利润。"[①]在 2014 年的一次采访中，汪滔说出了他在市场份额和利润之间的选择——"份额永远比毛利更重要"。

汪滔对技术创新和硬件产业有非常深刻的认知。从创新技术扩散的角度，用户规模的扩张能够带来技术成本的下降，进而降低用户使用新技术的门槛。新技术往往非常昂贵，尤其是硬件产品。一旦技术能够被推广到大众市场，随着用户规模不断扩大，技术的成本（研发成本、物料成本）分摊到单个产品上时，成本是可以不断下降的，从而促使产品价格持续降低，进而拥有更多用户，进入良性循环。半导体产业、计算机产业、智能手机产业乃至新能源汽车产业，无不如是。

"好的技术只有更便宜，才能真正形成规模市场。"汪滔很早就意识到这一点，他将飞控模块做到了远比竞争对手低的价格，无人机也不例外。

汪滔对于市场份额的追求和思考让人有点出乎意料，因为在他的采访和报道里，他更多的时候强调的是对品质、设计的重视，相比起来，较少提及对于利润的坚持和追求。汪滔对于无人机行业的发展有着非常冷静的思考。与无人机同期火爆的赛道还有可穿戴设备、智能家电等，汪滔对这些行业的火爆持保留意见。在他看来，这些更多是概念，缺乏硬需求，只是因为短期内得到了大量的关注。无人机亦是如此。

大疆通过技术创新不断拓展了无人机的市场空间，每推出一种新的功能就能让市场变得大一点。但是无人机的市场空间终究是有限的，因为不

---

① 商业价值王伟. DJI 揭秘：极客与"硬球"[EB/OL]. （2014-08-20）[2024-10-31]. https://www.geekpark.net/news/210384.

是每个人都需要一台无人机。即使是无人机行业中的消费级无人机，整个市场体量也很有限。有天花板的行业，市场份额就显得非常重要了。想要获得足够的规模效应，就需要更大的市场份额。

在进入消费级无人机市场后，大疆的目标是更大的市场份额，从而获得成本领先的绝对优势。对于硬件厂商来说，足够大的规模本身就是一种竞争优势。规模带来的成本优势，一方面让企业有足够的毛利空间获得超额利润以进行研发投入，另一方面则可以利用巨大的毛利空间来打价格战，通过降价挤压对手的市场份额，或者迫使对手大幅降低盈利水平（因为被迫跟着降价），最终退出竞争。

"我们的目标就是自己至少要高第二名的出货量十倍。因为量变大之后可以做到成本更低；而且好的收益让我们的研发能力也可以是他们的十倍，最终好产品和技术一定是来自我们。"[①] 汪滔说出了他的商业策略。

产品分级是赢得更多用户、扩大市场份额的方法，主要包括两种策略。一种策略是不断推陈出新，加快产品迭代的速度，新产品采用高定价策略，老产品则降价销售，形成代际差异。降价后的老产品可以用于满足购买力有限的用户。2013 年到 2018 年，大疆精灵系列从第一代到第四代一共发布了 15 款产品，始终保持着每年发布 2—3 款产品的节奏。2016 年开始，大疆的消费级无人机还新增了"御"系列和"晓"系列，给用户带来了更多新的惊喜。

另一种策略则是在配置上进行区分，在发布同一代产品的时候提供不同的配置，满足不同用户的需求。2015 年 4 月，大疆在美国纽约、英国伦敦和德国慕尼黑三地同步举行新品发布会，发布了大疆精灵 3 的专业版和

---

① 商业价值王伟. DJI 揭秘：极客与"硬球"[EB/OL].（2014-08-20）[2024-10-31]. https://www.geekpark.net/news/210384.

高级版。同年 8 月，大疆发布了大疆精灵 3 的标准版。标准版不具备室内悬停功能，降低了视频拍摄像素和缩短了图传距离，价格直接下探到 3999元。当时无人机厂商感慨此举几乎是所有中端无人机产品的末日。

市场份额是汪滔的选择，但大疆获得市场份额的方式却不是追求份额的企业常用的低价策略。低价经常需要以牺牲产品质量为代价。无人机既不是手机，也不是日常消费品，一味追求低价并不能带来需求的扩张。

大疆想做的是让大多数人都能使用的优质消费级产品。消费级产品不只是低价，而是在保证产品性能的情况下做到便宜。大疆的追求一直都是尽可能把产品做到最好，如果分辨率能达到 1080p 就不会只做 720p，不会因为追求价格而去牺牲产品性能。这也是大疆能够持续赢得市场份额，同时还能获得高额利润的原因。

三、利润，让创新可持续

虽然大疆官方没有公布过财务数据，但据南方 + 报道，大疆从 2015年到 2017 年的净利润率分别为 23.7%、19.7%、24.5%。[①] 作为对比，苹果同期三年的净利率分别是 21.6%、26.41% 和 21.09%。相比之下，占苹果营收超过 60% 的 iPhone 这三年占全球智能手机的市场份额只有 20% 出头。

大疆对于利润的追求，首先是源自汪滔振兴中国制造的情怀。企业的基因往往是源自创始人的追求。80 后的汪滔在中国改革开放中成长，见证了中国制造走向世界的过程。汪滔总是提起珠三角小家电行业的教训。珠

---

① 邬小平. 多年未公开营收的大疆，去年数据"意外"披露 [EB/OL].（2023-09-13）[2024-10-31]. https://www.sohu.com/a/720099347_100116740.

三角的小家电行业缺乏核心技术，只能靠低价竞争获得市场份额，因而处在产业链的下游，缺乏话语权。汪滔曾说过，珠三角地区经过多年的发展已经有非常好的硬件基础，却缺乏有意愿打造"真正酷的产品"的人。①

中国制造长期安于跟风、抄袭，难以摆脱"海量""地板价"的路线，这让汪滔十分痛心。他希望做出改变，打造让人称赞的产品，能够打动有品位的、一流的消费者，让中国品牌在全世界都可以挺直腰板。大疆确实做到了，高毛利就是消费者认可的体现，消费者愿意为产品支付更高的价格就是对产品最直接的肯定。

一直以来，大疆都被视为和苹果一样的企业，汪滔也经常被拿来跟乔布斯对比。两人在很多方面确实也有不少相似性，尤其是在对产品的追求方面。汪滔希望打造"有品位的好东西"，产品要有比较高的附加值，而不是性价比。

汪滔自认为是一个完美主义者。对于产品，汪滔跟乔布斯一样有着非常严苛的要求。为了做好产品，汪滔不惜跟别人翻脸。他甚至对一颗螺丝的松紧程度都有严格要求，他会亲自告诉员工，需要用几根手指头，拧到什么样的感觉才算好。

汪滔所说的高附加值产品，就是产品需要有消费者认同的合理毛利。有了合理的利润才能持续进行研发投入，吸引更多、更优秀的研发人才，为客户带来更多的创新。汪滔认为，当一个行业再也没有合理利润，除了少数的所谓的霸主过得半死不活之外，其他公司想进入也非常难。合理的毛利才能让行业健康发展，创新才是可持续的。

大疆之所以能同时赢得市场份额和利润率，是因为大疆不仅有很深的

---

① 曹磊，伍泽琳. 滥用互联网思维会遏制产业升级 [EB/OL]. （2015-3-4）[2024-10-31].https://finance.sina.com.cn/focus/zbrwwt/.

"护城河"，而且拥有不止一条"护城河"。"护城河"是巴菲特提出的投资理念，强调的是企业在竞争中难以撼动的优势，比如品牌、成本优势、网络效应等——这种企业能力的构建源自汪滔的商业思考。

与许多成功的企业家一样，汪滔有很强的求胜欲[1]，想要赢得竞争就需要建立"系统的优势"，通过实现一个个子系统的极致突破不断垒高大疆的竞争壁垒。以航拍无人机为例，航拍无人机关乎用户体验（也关乎市场竞争）的子系统技术是实现自主悬停的飞控、确保拍摄质量的相机、确保相机在空中环境稳定的云台、实现高清长距离的无线图像传输技术。

汪滔非常注重用户体验，这些关乎用户体验的子系统最终被大疆一一突破。通过实现一架航拍无人机的产品一体化，大疆构建了一个完全自主的完整技术产业链。这不仅让大疆的产品"护城河"越挖越深，更是为后来技术的开枝散叶，推出更多创新品类打下了基础。

大疆的起点是直升机的飞控技术，他们并没有采用与其他厂商合作的模式，而是从直升机到四旋翼，再到航拍无人机自主完成研发。尽管早期大疆精灵选择与知名运动相机品牌 GoPro[2] 合作，但后来大疆还是选择自己做航拍相机，继而进军运动相机领域。

大疆与 GoPro 的合作因为 GoPro 的强势不欢而散后，GoPro 选择自己做无人机，发布了第一代无人机 Karma，这款无人机相比大疆的产品，配置落后却售价不菲。更令人惊讶的是，这款被 GoPro 寄予厚望的产品在上市 16 天后就宣布召回售出的全部 2500 台无人机，原因是量产的质量问题，无人机飞行抖动导致电源断电，无人机在空中失去动力。这让本来就因为

---

[1] 我们发现求胜欲是很多成功企业家的特质，尤其是在接触了很多世界冠军企业之后。比亚迪的王传福很早就喊出要做世界第一，华为的余承东更是因其"遥遥领先"而走红。通用电气的 CEO 杰克·韦尔奇写了一本介绍其管理经验的书《赢》。
[2] GoPro：美国知名运动相机品牌。

盲目扩张而陷入困境的 GoPro 雪上加霜。由此可见，无人机不是那么简单的技术产品。

大疆的领先地位来自图像传输、云台技术和飞控系统等多项核心技术的组合。多年的技术积累，加上庞大的研发团队，汪滔对此有绝对的自信。2015 年的时候，大疆的研发团队已经达到 800 人，新进入者在技术上很难突破。"相对稳定的毛利 + 大批量的生产 + 足够多尖端的人才和技术"①，这是汪滔从百年汽车工业中学到的构建企业"护城河"的方法。

① 商业价值王伟. DJI 揭秘：极客与"硬球"[EB/OL].（2014-08-20）[2024-10-31]. https://www.geekpark.net/news/210384.

<table>
<tr><td>第三节</td><td>创新者的游戏</td></tr>
</table>

一、产品，而不是模式

汪滔充满理想主义，也非常沉着理性，这让他在移动互联网的创业浪潮中始终能保持冷静，在资本市场的狂欢和喧嚣中坚定大疆的发展方向。大疆高速发展的 2012 年到 2015 年，恰好是移动互联网在中国迅速走向成熟的几年。那时候，"互联网思维"大行其道，"免费""补贴""先亏钱争夺用户"一时间打开了无数创业者的思路，成为流行的创新策略。

硬件领域内，雷军的小米采用"软件 + 硬件 + 互联网"的模式在智能手机市场横空出世，小米没有硬件背景却能在智能手机这个万亿级赛道立足，而且成为最快从创业公司发展到世界 500 强的公司，可以说是创造了奇迹。

软件应用领域就更数不胜数了，无数的 App 如雨后春笋般冒出来。多少技术人才希望通过移动互联网去颠覆传统行业。很快，互联网公司也入局无人机市场，成为大疆直接的竞争对手。

对于方兴未艾的互联网思维，汪滔显得十分冷静。中国庞大的人口基数为互联网和移动互联网的蓬勃发展提供了无与伦比的红利。发达国家的用户数过百万就已经算不错的成绩了，而这个数值在国内可能指的是日活量。汪滔认为互联网模式本质是靠海量用户和资本补贴的方式运转的，这种方式并不适合无人机行业。

无人机的用户量有限，不能生搬硬套互联网模式。有人提出运用大数据技术为无人机航拍的内容提供云服务，这在汪滔看来就是纸上谈兵，因为行业内有足够用户量采用这种模式的只有大疆一家。

尽管大疆已经做出了让普通人都能上手体验的产品，但是汪滔面对大疆的成功却十分冷静，他反而告诉外界无人机的市场并没有想象中那么大，始终是比较小众的专业市场，主要使用人群还是无人机发烧友和影视从业者，其中的大部分客户并不是只追求便宜。大疆有售价3000多元的入门级产品和7000多元的产品，后者反而销量更高。选择大疆的用户大多追求的是生活品质和产品品质，具有很强的消费能力。因而大疆需要坚持做好高附加值产品，很容易陷入红海的低价市场则留给其他竞争对手去争夺。

此外，汪滔认为互联网思维的滥用会遏制中国的产业升级。互联网模式会让企业放弃应得的合理利润，企图通过一种破坏性的方法去独霸整个行业。很多互联网硬件企业其实只是在之前家电行业的低价玩法上增加了互联网的概念。投资人甚至会盲目推崇互联网模式，要求初创企业采用这一商业模式。

无人机行业是技术驱动的，而非营销驱动的。无人机不是简单的玩具，从技术上看，无人机实现的是智能飞行，其实跟机器人技术是相通的。从之前梳理的行业发展来看，很多关键的新技术是需要多年的积累的，比如MEMS惯性导航系统要经过数十年才能实现导航系统的微型化。大疆的无人机环境感知技术、图像传输技术则是耗费了三到五年的研发时间，还要持续迭代。大疆正是将一系列复杂的技术整合在一起，才打造出带来极致体验的产品。

汪滔认为："无人机未来的发展方向，是在应用领域的创新，而不是价格上的竞争。"①在无人机行业，大疆解决了很多核心技术问题，客户可以选择大疆的开源方案，在大疆的基础上开发特殊行业应用，从而实现更高的价值。大疆为客户节省了研发时间和高昂的基础研发投入，推动了行业的进步，打造出了令人惊艳的产品，因而谈及利润追求也就显得底气十足。在面对资本的时候，大疆也能挺直腰板，拥有更多谈判的筹码。

"……我们追求原创，七分产品、三分商术，而不是反过来。……大疆除了想做产品之外，也希望有更多的人认同产品精神，把这种风气扭转过来。"②汪滔不仅追求极致的产品，也希望通过大疆的努力给中国制造带来产品精神。

大疆的技术更是潜力无限，将人类活动从二维拓展到三维，这本身就蕴含着无数新的应用场景。汪滔是充满企业家精神的创业者，他认为"未来无所不能"。2015 年是大疆成立以来发布产品最多的一年，是大疆的新起点。消费级无人机只是大疆的第一条成长曲线，在第一条曲线高高扬起之后，更多新的成长曲线已经开始出现。

二、创新竞赛的胜负手

创新竞争是非常残酷的，胜负的关键在于时间。如果有充足的时间，所有创新都是可以实现的。但时间是有限的，创新是企业之间的竞赛。

"对于技术来说，你是否领先很多很重要，重要的不是创新，而是创

---

① 邓圩，吕绍刚. 大疆创新创始人汪滔：做打动世界的产品 [EB/OL].（2015-05-24）[2024-10-31]. http://finance.people.com.cn/n/2015/0524/c1004-27046807.html.
② Vincent. 关于无人机，他们都想错了！[EB/OL].（2015-04-28）[2024-10-31].https://www.geekpark.net/news/212561.

新的速度！你能不能在一年内完成其他公司在两三年内做的事情？"①特斯拉创始人埃隆·马斯克说出了创新竞争的关键——能不能比竞争对手做得更快，而且更好！

特斯拉创造全新
的消费体验

对于新兴产业的创业，最快成功的企业意味着能够更快地拥有用户，从而获得验证创新、改进创新的机会；最快成功的企业才有可能得到更多的资源，比如投资、供应链，从而实现企业进一步成长；最快成功的企业意味着最先拉开与竞争对手的差距。大疆就是在多旋翼航拍无人机上快人一步，占据先机。

与大疆同期进军多旋翼无人机的还有一家国内的无人机企业零度智控，它跟大疆几乎是同一时间涉足多旋翼无人机领域，但却为了参加国内无人机领域的比赛而延误了产品研发的宝贵时机，最后比大疆晚了几个月推出产品。回顾当时，零度智控的创始人杨建军感到非常惋惜："人家也在做，我们也在做，人家早了几个月出来好像一下子把市场都吸引过去了……在多旋翼领域大疆是第一，零度就是第二，当时就是这样的市场格局。"②

自信息技术革命开始，技术迭代的速度越来越快，"领先一代"是企业在这种竞争环境中赢得胜利的关键和策略。半导体行业是最典型的例子，在摩尔定律③的推动下，厂商每年都会迎来一次产品升级，"领先一

①这是马斯克在2024年6月14日特斯拉股东大会上回答股东提问时的发言。原话是："对于技术来说，你是否领先很多很重要，重要的不是创新，而是创新的速度！你能不能在一年内完成其他公司在两三年内做的事情？……如果有足够的时间，各种做人形机器人的创业公司最终都会成功，至少有一个。但重要的是我们能比其他人快得多？我们的产品能否比他们提前几年完成并做得更好？如果不能这样，那么达到30万亿美元市值的将会是他们，而不是特斯拉。他们将打造更有价值的产品，而不是特斯拉。"

②Ant. 专访零度智控创始人杨建军：告诉你一个真正的无人机市场 [EB/OL]. (2015-01-03) [2024-10-31]. https://www.centrechina.com/news/jiaodian/26142.html.

③摩尔定律：英特尔创始人之一戈登·摩尔的经验之谈。其核心内容为：集成电路上可以容纳的晶体管数目在大约每经过18个月到24个月便会增加一倍，同时价格下降为之前的一半。

代"是英特尔在 20 世纪末到 21 世纪初的策略，后来专注于晶圆代工的台积电持续让自己在芯片制程上领先对手一代以上。汪滔也深谙此道。大疆追求的是"技术可以领先两代，同样价格的产品会好三倍"，而且 800 人的研发团队还会持续迭代，不断扩大领先的优势。

"别人开始抄我这一代产品的时候，我新的产品已经超越他们一代了。同时，综合的技术系统优势会让追赶者永远只能模仿我的过去，无法迂回到我的未来。"汪滔认为持续的创新和技术领先让竞争对手只能永远扮演跟随者的角色，而难以成为赶超者。

持续的技术领先一方面能够撑起创新产品的高价格，确保高毛利；另一方面则不会让对手有可乘之机，存量客户在产品更新换代的时候不会被竞争对手抢走，持续复购，建立品牌忠诚度。

大疆在发布精灵 2 Vision Plus 之后的近一年里，并没有更新精灵系列产品，而是发布了专业级系列产品。竞争对手零度眼看就要追上了。零度的 Xplorer 无人机跟大疆精灵 2 Vision Plus 配置差不多，但价格更便宜，还采用可拆卸的模块化设计，能够对模块进行单独升级。

然而，2015 年 4 月发布的两款大疆精灵 3 在拍摄画质、信号最大传输距离、续航、悬停技术等方面都实现了升级，很快又将竞争对手迅速甩开。

大疆精灵 3 的专业版配备了能够拍摄 4K 视频的镜头，而且镜头是专业设计的，解决了运动相机的镜头畸变问题。大疆精灵 3 令人惊喜的地方是用上了大疆专业影视无人机的视觉定位系统，通过视觉和超声波传感器实现室内悬停。此前的无人机悬停主要靠的是 GPS 定位，而室内几乎没有 GPS 信号。大疆精灵 3 的图传距离也达到了惊人的 2000 米，上一代产品只能达到 800 米。如此巨大的升级让所有竞争对手望尘莫及。

大疆精灵系列产品的升级还没有结束，2016 年 3 月，大疆精灵 4 让航拍无人机直接进入下一个时代。这款产品首次引入了计算机视觉和机器学习技术，实现了"障碍感知""智能跟随""指点飞行"等三大创新功能。业内人士称大疆精灵4是第一次实现了人工智能在无人机产品的落地。

大疆精灵4有专门的传感器能够实现智能避障。传感器准确探测前方障碍并做出合理反应，比如悬停、减速等，让飞行更安全，进一步降低了飞手的进入门槛。飞手可以专注于航拍工作，不用过多担心复杂环境导致的无人机碰撞。大疆精灵4的智能跟随功能可以准确跟随飞手选定的目标。飞手在操作屏幕上画定目标后，大疆精灵4能够学习和理解目标，并进行跟踪拍摄。指点飞行功能则是大疆精灵4可以在飞手设定点位后，自动到达预定的飞行区域，从而大大减少飞手的工作量。

此外，大疆精灵4的动力系统、遥控、影像能力也都迎来升级。新设计的动力系统将原来45公里每小时的最高水平速度提升到72公里每小时，最高上升、下降速度也提升到6米每秒、4米每秒。大疆精灵4的遥控距离从上一代的2000米一下子提升到5000米。大疆精灵4的相机支持拍摄30fps/4K视频或120fps/1080p全高清慢动作视频，还支持RAW格式拍摄1200万像素照片，用户的后期处理空间得到大幅提升。

汪滔希望"为大众做一个最好的东西"。一旦好产品成熟了，大疆会第一时间上市，他们不会采用"挤牙膏"策略。[1]从大疆的发布节奏看，它并没有像智能手机品牌一样每年有固定的时间进行硬件产品或软件产品的更新。

如何加快产品开发的节奏？很多国内互联网企业采用的模式是"赛

---

[1] 产业发展到成熟期，厂商对于产品的升级幅度有限，经常被用户调侃为"挤牙膏"，英特尔就是典型案例。厂商之所以"挤牙膏"，一方面是因为产业日渐成熟，创新的难度越来越高，想要实现大幅度的性能提升远远没有产业早期容易；另一方面也是因为厂商的垄断地位，厂商缺乏足够的竞争压力去寻找新的突破口，这对于技术公司、创新企业是需要警惕的。

马"，即充分利用人才规模优势，由两支团队同时进行开发，互相竞争，激发战斗力，提升开发效率。大疆也有类似的机制，如果对于一项技术的突破大家有不同的想法，那就看谁先做出规格高、体验好的产品。

有时候一个产品已经率先生产出来，进入备料准备量产阶段了，结果发现另一个产品很快赶上来，甚至远远超过前者。在这种情况下，即使损失很大，大疆也是说停就停，中止前者的上市计划，将资源投向更好的产品。即使前者在市场上仍有竞争力，只是不如内部竞品，大疆也不会采用低价销售的模式。大疆希望向用户传达自己的追求，这也是大疆能够大幅领先对手的原因。

在追求打造精品的前提下，大疆的产品更新依旧非常频繁，而且节奏越来越快，几乎每个季度都有新产品推出（见表 2-2）。2010 年大疆的新产品只有 2 款，到 2016 年达到了 20 款，之后每年都有超过 10 款产品发布。这些产品横跨消费级无人机、专业级无人机、手持拍摄设备、无人机关键模块产品、软件等多个领域。

表 2-2 2010—2016 年大疆产品发布数量和发布节奏

（单位：款）

月份	年份						
	2010 年	2011 年	2012 年	2013 年	2014 年	2015 年	2016 年
1 月				1	1		1
2 月			2	1	1		1
3 月					1	2	
4 月	1		2		2		5
5 月		1		2			
6 月				1		2	
7 月					1		1

续表

月份	年份						
	2010 年	2011 年	2012 年	2013 年	2014 年	2015 年	2016 年
8 月		1			1	1	1
9 月				1		4	2
10 月	1			1	1	1	7
11 月			1		1	1	2
12 月		1		1		1	
合计	2	3	5	8	9	12	20

数据来源：根据公开报道整理。

处于创新竞赛中，汪滔深刻地把握了游戏规则。汪滔认为大疆的核心能力在于成功引进新人才的速度、核心人才不断接受新东西的速度，而非技术、市场、商业模式等某方面的单一能力。[①]汪滔还强调，大疆没有固定的模式，因为行业是动态的，比的是长期的战斗力。组织需要的是不断做出新产品的团队能力，是获得新能力的加速度，而不是占了多少赛道、处于什么位置和当下的速度。因而需要对行业的动态变化有所预料，看透变化的本质，而不是被外部的"思维"迷惑，自乱阵脚。

三、领导者的自我颠覆

2015 年的无人机市场在热钱大量涌入后迅速成为红海，航拍无人机产品同质化现象非常严重。在此情况下，厂商迫切寻求差异化，试图从一骑绝尘的大疆手里分到一杯羹。"自拍"在当时被寄予厚望，企业希望能够

[①]Vincent. 关于无人机，他们都想错了！[EB/OL]. （2015-04-28）[2024-10-31]. https://www.geekpark.net/news/212561.

借此引爆消费级无人机市场。

手机芯片巨头高通推出了适合小型无人机的解决方案 Snapdragon Flight，实现性能达标且价格低廉的无人机整机敏捷开发。高通的方案让厂商迅速开发出售价只有 1000 元人民币左右的小型化无人机，并以自拍无人机为噱头进行宣传，试图在无人机的红海里开辟一片细分市场。在高通的深度参与下，此前提到的厂商零度智控发布了当时市面上唯一大规模销售的自拍无人机 DOBBY。

此外，由两位斯坦福大学博士生创立的零零无限科技也采用了高通的方案，在 2016 年 4 月发布了全球首部安全易用的便携式自拍无人机 Hover Camera（"小黑侠"）。碳纤维外壳、创新的可折叠式设计、引入人工智能技术实现自动跟随、选择富士康代工，一时间让 Hover Camera 引起了市场的高度关注。

当竞争对手希望通过自拍需求寻找蓝海时，大疆直接将无人机带到下一个时代。世界上有两种比赛，一种是打败竞争对手，一种是超越自己。大疆就是后者。许多竞争者总是叫嚣着颠覆大疆，但是一骑绝尘的大疆并没有停下脚步，没有对手能够颠覆大疆，那大疆就颠覆自我。

2016 年，大疆精灵 4 的发布宣告了大疆的无人机开启了新的时代——大疆从"Flying Camera"（飞行的相机）走向"Flying Robot"（飞行的机器人）。在发布的当时，汪滔的"欢迎来到计算机视觉时代"道出了大疆精灵 4 的时代意义。大疆将几十年来停留在实验室和有限工业场景里的机器视觉技术带到了消费级产品市场。

同年 9 月 28 日，大疆在纽约发布了折叠无人机 Mavic Pro（"御"）。这款产品是大疆有史以来最小的整机，可折叠，具有很强的便携性。很多人会将关注点放在其独特的设计和便携性上，以为大疆是冲着自拍无人机市场而来，但 Mavic Pro 真正的核心在于计算机视觉。Mavic Pro 可以说是全球首款基于深度学习技术的消费级无人机，在当时被称为"史上最智能无人机"。

图 2-2　可折叠的无人机大疆 Mavic Pro[①]

　　自拍无人机面向的是没有操作经验的无人机新用户，主打低价、便携、针对自拍进行优化，靠的是数码防抖而不是提供云台。DOBBY 和 Hover Camera 成功打了样。如果按照他们给定的产品路线，后来者可能就会选择在自拍功能、便携性和价格上做进一步改进，实现对前者的超越。然而，Mavic Pro 并不是一款回应"自拍无人机"的产品，"自拍"只是功能之一，不是主打功能。

　　事实上，自拍无人机的产品定位试图避开大疆的无人机优势，直接面对无人机性能要求不高的新用户，试图吸引自拍人群。大疆则截然不同，它想为真正的无人机用户带去更好的自拍体验，通过机器视觉技术实

①图片来源：https://www.dji.com/cn/search?q= 御。

现更多好玩的功能。相比之下，后者的市场（无人机需要者）更加稳固，前者（自拍人群）其实很难成立。

另一方面，自拍无人机虽然有可能避免与大疆正面交锋，但其真正的竞争对手是相机功能日益强大的智能手机，无论是性能、便携性、易用性还是刚需程度，"自拍无人机"都远远不如智能手机。

企业不能过度关注竞争，从而忽略了用户最本质的需求。大疆的Mavic Pro正是如此，既然是无人机产品，那么无人机用户的需求才是更为本质的需求，而不是自拍人群的需求，除非无人机能在自拍上做出远超智能手机的功能和体验，但这显然不太现实。

表 2-3　大疆精灵 4 和 Mavic Pro 的产品参数对比

产品参数	大疆精灵 4	Mavic Pro
尺寸	289.5mm × 289.5mm × 196mm	83mm × 83mm × 198mm
折叠	不可折叠	可折叠
重量（含电池）	1380g	734g
续航时间	28min	27min
图传	5km，720p	7km，1080p
视频	4K，最大码流 60Mbps	
最高飞行速度	72km/h	64.8km/h
双目视觉避障最高飞行速度	≤10m/s	

续表

产品参数	大疆精灵 4	Mavic Pro
前视障碍物感知	有效距离 0.7m 至 15m	
智能跟随	目标跟随（前方、侧前方）	目标跟随（前方、后方、平行、环绕）、地形跟随、手势自拍
FPV	无	配备 85° 视角双 1920p×1080p LTPS 显示屏
价格	7499 元人民币（Mavic Pro 发布时）	7999 元人民币（全套装备）

数据来源：参考报道 [1] 整理。

Mavic Pro 的推出，让市场看到了大疆如何将小型便携式无人机做到极致，让自拍、跟拍都如此便捷。Mavic Pro 的意义不是大疆对于市场竞争的回应，而是大疆作为行业领导者的自我颠覆。

Mavic Pro 其实也把自家的大疆精灵系列给颠覆了（见表 2-3）。Mavic Pro 和大疆精灵 4 的售价相差无几，但前者在计算机视觉、图传、FPV 上都有显著升级，这让当时购买了大疆精灵 4 的用户叫苦不迭。相比半年前发布的大疆精灵 4，Mavic Pro 新增了手势自拍、物体识别、精准降落等功能，大疆精灵 4 出现的视觉追踪功能则升级了平行跟随、焦点跟随、自动环绕等多项功能。一位无人机厂商的创始人表示，大疆连自己发布不久的产品都颠覆了，更何况那些对标大疆精灵系列的竞争对手。

当时流行的小型自拍无人机实际上都是跟拍，通过追踪人或人脸进行拍摄，而 Mavic Pro 则彻底摆脱了遥控器，实现了手势自拍，用户还可以通过手势进行抓拍，这项功能一出现就让人感到惊艳。用户走进画面里，

[1]金红．我们采访了大疆产品技术总监：Mavic 之后还有 Phantom 5 吗？[N/OL]．雷峰网，2016-09-28 [2024-10-31]. https://www.leiphone.com/category/robot/umTK9LpLJyl5cdHt.html.

Mavic Pro 会识别移动的人，通过挥手指挥它跟随飞行。跟踪过程中只要做出拍照手势，Mavic Pro 就能自动抓拍影像，整个过程都不需要使用遥控器，大大提高了自拍的便利性。即便不小心追踪丢失，用户也只需要回到画面就可以让Mavic Pro恢复跟随，Mavic Pro还会通过GPS信息进行矫正，不需要拿出遥控器。

手势识别系统需要完成手部的定位、建模和识别三个步骤。室内环境一般距离较近，手势识别难度不大，大疆则首次将手势识别带到更复杂的户外场景。Mavic Pro 在手势识别上要突破不少技术难关，通过算法优化让机器视觉无人机变成可能。在摄像头上，Mavic Pro 采用 2D 摄像头，相比 3D 摄像头，2D 摄像头缺乏深度信息，实现手势准确识别要难很多。在芯片上，一般深度学习设备需要用到英伟达的芯片，而大疆只用了联芯的芯片。前者的算力是后者的 700 倍，但同时也会带来功耗（影响续航）、成本的大幅提升。大疆通过优化神经网络设计，训练技巧和模型来降低无人机的算力要求。

物体的检测和识别技术在大疆精灵 4 的智能跟随上已经出现过，但是对于用户很不友好。用户需要手动在屏幕上框出目标，一方面会因用户框定不准确导致跟随效果不理想，另一方面运动的物体本身就很难被精准框出。Mavic Pro 更加智能，用户只需要对目标物体进行点击即可自动识别，Mavic Pro 还能自动识别多种物体和动态场景，比如人、车、动物，人骑自行车等，并且可以根据不同物体优化跟随动作。

Mavic Pro 也升级了智能跟随模式。之前的大疆精灵 4 只能进行前方和侧前方跟随，而 Mavic Pro 则具有多种跟拍方式，比如焦点跟随、平行跟随和自动环绕模式。无人机的跟随主要靠 GPS 和视觉两种方式，GPS 的短板很明显，一是信号强度不稳定，二是 GPS 不能保证拍摄目标在画面中；视觉跟随则很好地解决了这个问题，但难点在于拍摄角度变化时无人机要准确判断出目标，比如人站着和坐在椅子上，椅子的存在会干扰信息的录入。无人机需要识别出不同场景下的同一个目标，这对 Mavic Pro 的算法是很大的挑战。从实际使用上看，Mavic Pro 在目标站立、趴下、蹲下、在海边的浪花上等多种姿势变化下都成功完成了自动环绕拍摄。

大疆以往的无人机在失去联系或者低电量情况下都会自动返航，Mavic Pro 在此基础上加入了精准降落功能。Mavic Pro 的两台下视相机在每次起飞前会拍摄一组照片，SLAM[①] 的回环检测技术使得 Mavic Pro 能够在飞行中记录图像，实现返航和精准降落。大疆非常注重用户体验，Mavic Pro 还会识别地面平整度，提升降落安全性。

Mavic Pro 以其智能性进一步降低了用户的无人机使用门槛，扩大了无人机的受众范围。大疆将无人机受众从专业用户、发烧友又进一步扩展到更广大的普通用户群。Mavic Pro 发布不到一年时间，大疆就在 2017 年 5 月发布另一款更加适合新手用户的掌上无人机——Spark（"晓"），这款产品可以被放进书包里，随身携带，想飞就飞，大疆是懂用户的。

自拍无人机厂商的另一个竞争策略是基于品类细分的维度，他们选择切入重量仅为 200g 的小型化无人机，当时市场上都认为大疆不会涉足如此小的机型。Mavic Pro 已经做到 734g，但对于普通用户还是缺乏便携性。DOBBY 当时做到了整机 199g，而且折叠起来如 iPhone6 手机大小，号称"口袋无人机"。

然而，200g 的重量要保证无人机性能绝非易事。小型无人机体积小，旋翼小，在大风环境中的稳定性很差，很难实现悬停。消费级无人机主要用于航拍，小型无人机采用的电子防抖在当时体验较差。另外，小体积也意味着

---

①SLAM：SLAM 技术是即时定位与地图构建技术，一种同时实现机器人自身定位和环境地图构建的技术。

小电池，续航能力不理想。DOBBY 问题频发，最终导致零度智控走向破产。

Spark 与市面上的小尺寸无人机截然不同，这款产品延续了精灵系列和 Mavic Pro 的优异表现，同时将轴距缩小了 50%。

尺寸缩小给无人机内部的芯片、电路和传感器的设计造成了巨大的困难。Spark 本来计划在 2016 年年底发布，但为了确保性能和降低成本，最终选择延期发布。大疆近百位工程师日夜努力，攻坚克难，让 Spark 的飞控系统和人工智能系统更上一层楼。"这是一段漫长而极富工匠精神的旅途。"[1] 大疆的工程师感慨道。

Spark 不仅做到了可乐罐大小的尺寸，还实现了人脸识别开机起飞和手势操控。Spark 并没有采用折叠式设计，但为缩小的螺旋桨配备了保护罩，减少用户折叠的动作。用户只需要把 Spark 放在掌中，开启后 Spark 就可以自动升空；对着 Spark 伸出手掌，就可以控制飞行，做出拍照的动作，就能完成拍照；靠近 Spark 下方，伸出手掌，无人机就会在掌心降落。

图 2-3　手掌上的大疆 Spark[2]

---

① 金红. 大疆工程师揭露 Spark 无人机诞生始末：这是一段漫长而极富工匠精神的旅途 [EB/OL].
（2017-05-25）[2024-10-31]. https://www.leiphone.com/category/robot/0ph9QGR0jU11Pdxd.html.
② 同上。

手势控制让复杂的飞行变得更加轻松，Spark 成为历史上第一款不需遥控器或手机操纵就能实现航拍的消费级无人机，是纯粹依靠肢体动作的交互就能完成任务的机器人。

Spark 虽然进一步缩小了无人机的尺寸，但丝毫没有在性能上做出妥协。动力系统方面，Spark 能够在 4 级强风中稳定悬停，此前产品拥有的指点飞行、智能跟拍、自动避障和智能返航等模式也得到延续和改进。航拍方面，Spark 配备了迷你的专业运动相机，具有 1/2.3 英寸 CMOS 传感器和专业航拍镜头，同时采用机械云台加 UltraSmooth 电子稳定技术，轻松拍摄清晰图像。此外，Spark 还能拍摄全景画面，支持景深功能。用户完成拍摄后，还能将视频一键分享到社交媒体。

大疆的无人机产品不只硬件出色，还有优质的软件服务。Spark 为用户带来了"一键短片"功能，一键实现需要专业操作才能拍摄的镜头。"一键短片"功能具有"冲天""渐远""环绕"和"螺旋"四种模式，可以在拍摄结束后自动生成 10 秒短视频。这项功能是大疆基于大量电影镜头语言的分析以及和专业拍摄团队交流后设计的，再一次降低了专业航拍的门槛。

大疆 Spark 的单机定价为 3200 元人民币，是之前的 Mavic Pro 的一半，而且提供 5 种配色选择。作为一款面向更多大众用户的入门级产品，Spark 很好地实现了性能、尺寸、价格等多方面的平衡，汪滔对这款产品也很满意。Spark 被网友称为"居家旅行必备的无人机"。

Mavic Pro 和 Spark 为大疆的消费级无人机定下了基调。之后大疆消费级无人机产品形成三大系列，包括 Mavic+、Mavic Air 和 Mavic mini，覆盖不同的消费群体，具有适合消费级用户的便携性，续航基本超过 30 分钟[①]，避障功能也成为标配。

Mavic+数字系列主打高端产品，属于专业级的消费无人机。数字系列不管是飞行性能还是相机性能，都配备了大疆顶级的无人机技术，能够满足高端用户或专业用户的需求。

Mavic Air系列属于进阶级产品，重量相对数字系列较轻（不超过600g），首发价格也下探到五六千元的水平，能够满足对无人机性能有一定要求的用户。

Mavic mini系列属于入门级产品，适合新手尝鲜，价格在3000元以下。该系列整机重量不到250g，跟一个苹果差不多，折叠后十分小巧便携，适合随身携带。

大疆即使在消费级无人机领域遥遥领先，也没有停下探索的脚步。2021年3月，大疆推出了沉浸式飞行无人机DJI FPV。所谓FPV是指"第一人称视角"（First Person View），通过在无人机上安装无线摄像头回传设备，实现在地面屏幕上操控无人机。DJI FPV不同于普通航拍无人机，用户通过佩戴大疆特制的眼镜能够实现"人机合一"，像鸟一样在空中翱翔，俯瞰世界。

DJI FPV配有专属的飞行眼镜，具有150°超广角镜头视角，带给用户身临其境之感。要实现这种独特的视角体验，图传系统是关键。佩戴过VR眼镜的人就有所体会，图像的延迟、卡顿会给用户带来不适。DJI FPV搭载的是当时大疆最新的数字图传系统DJI O3，具有高清、低延时的特点，图传距离最远可达10公里，借助2.4GHz/5.8GHz双频段自动切换，增强无人机的抗干扰能力，"三发四收"的高增益天线设计让信号覆盖更广。DJI FPV无人机和飞行眼镜之间的图传码率高达50 Mbps，传输延时

---

①除了Air一代只有21分钟，其余都是30分钟起步。

低至28ms，用户能够得到流畅的既视感。

表 2-4　大疆 Mavic Pro 之后的消费级无人机产品迭代表

年份	产品名称	产品升级
2016	御 Mavic Pro	创新的折叠式设计，搭载 7km 高清图传技术
	精灵 Phantom 4 Pro	进一步增强智能避障功能，搭载 1 英寸 2000 万像素传感器
2017	精灵 Phantom 3 SE	4K 录像及 4km 图传配置，结合入门级的价格
	晓 Spark	大疆首款掌上无人机，引入全新的人脸检测技术与手势控制模式
2018	御 Mavic Air	"御" 系列新品无人机，具有出色的便携性和拍摄能力
	Mavic 2 Pro 和 Mavic 2 Zoom	"御" 系列无人机，分别主打专业影像和变焦功能
	精灵 Phantom 4 Pro V2.0	升级版的精灵 Phantom 4 Pro，提升了拍摄性能和稳定性
2019	御 Mavic Mini	仅重 249g 的航拍小飞机，具有出色的便携性和性能
2020	Mavic Air 2	大疆推出的新款无人机，具有更强大的性能和更远的图传距离
	DJI Mini 2	延续了御 Mavic Mini 轻小折叠的机身设计，具有更强大的性能和更远的图传距离
2021	DJI Air 2S	大疆推出的无人机，具有 1 英寸传感器，可拍摄 5.4K 视频
	DJI FPV	大疆推出的第一人称视角（FPV）无人机，提供沉浸式飞行体验
	DJI Mini SE	轻巧便携的无人机，适合初学者使用
2022	DJI Avata	小型无人机，具有 4K 摄像头和 DJI Goggles 2 飞行眼镜兼容性

续表

年份	产品名称	产品升级
2022	精灵 Phantom 4 Pro V3.0	升级版的 Phantom 4 Pro 无人机，具有更好的飞行性能和摄像头
	DJI Mavic 3 Classic	Mavic 3 系列的入门级无人机，具有4/3英寸传感器和24mm 镜头

数据来源：根据网络公开资料整理。①

    DJI FPV 还提供了不同于以往的操控方式，大疆推出了全新的穿越摇杆，集成多个飞行功能按键，并且加入体感技术。用户只要轻微转动摇杆就能掌控无人机的飞行方向。穿越摇杆还提供了三挡不同的操作模式，既能让新手快速上手，也能让熟练的飞手自定义操作。

    DJI FPV 为新手提供了低成本的训练方案，帮助用户掌握无人机飞行技巧。全新的虚拟飞行模拟器拥有多种仿真场景，用户可以佩戴飞行眼镜在模拟环境中跟着飞行教程进行模拟训练，加上穿越摇杆的不同挡位，用户可以从入门级不断学习提升。

    "DJI FPV 是大疆创新又一里程碑式的作品，它的出现代表大疆消费级无人机将由注重航拍体验阶段稳步迈入飞行体验＋航拍体验双结合的新纪元。"② 大疆创新总裁罗镇华说道。

    在消费级无人机的飞行性能和航拍性能完成智能化升级后，大疆又为用户带来新的体验。大疆就像是田径比赛中的世界纪录保持者，不断刷新自己的纪录，而竞争对手只能被它甩在身后。

---

① 大疆"悟"系列被视为专业影像设备，不属于消费级无人机。
② 陈天飞. 大疆创新谢阗地：创新始终深刻于大疆的基因里 [EB/OL]. （2021-07-16）[2024-10-31]. http://www.hooxiao.com/people/detail.aspx?mtt=26590.

第四节	创新的二次扩散

一、封闭到开放式创新

大疆快速发展的时期（2012—2015 年）恰好与移动互联网的爆发发展重叠。移动互联网不仅实实在在地改变了人们的生活，也重塑了商业范式。除了之前提及的互联网模式，"生态系统"是另一个影响深远的关键词，也成为大学教授著书立说的时髦命题。

大疆被人们称为"无人机领域的苹果"，但这个美誉在 2014 年的历史背景下也具有某种暗讽的意味。苹果因其对应用开发的高度控制被视为是封闭的系统。当时大疆最大的竞争对手 3D Robotics 创始人克里斯·安德森就自称"无人机领域的安卓"，扬言要用开放性操作系统打败大疆。[①]

3D Robotics 选择与和大疆分道扬镳的 GoPro 合作，推出了一款 Solo 无人机。然而事与愿违。一方面，他们并没有如愿制造出高品质的产品，无人机的 GPS 系统、安装相机的万向节都出问题；另一方面，他们高估了自己的市场号召力，在价格上更是没有优势，大量备货最终成为库存。最终，3D Robotics 一蹶不振，退守到软件领域。

商业生态系统也好，互联网思维也罢，就如汪滔所想的那样，并不一定适用于无人机行业。商业生态系统指的是企业之间的网络关系，大家互相联结，共同创造和分享价值。商业生态系统的概念对于智能手机具有很强的解

[①] 事实上，长期以来安卓都没有真正对苹果的 iOS 产生实质性的威胁，尽管安卓生态在中国厂商的努力下用户体验得到巨大的提升。

释力，因为智能手机的体验得益于众多 App 的服务，因而开发者的数量和质量非常重要。更多的开发者意味着更多的服务，从而产生用户黏性，影响用户决策。无人机行业暂时看不到软件在提供差异化体验方面的影响力。

商业生态系统的关键不在于开放和封闭，而在于体验。没有体验，效率一文不值。就生态系统的封闭与开放之争而言，苹果的封闭符合自己的使命，始终保证用户体验，而不仅仅是应用的数量和开发效率。这恰恰成为其"护城河"，开发者为苹果带来的营收也不断上升。

大疆的封闭跟苹果是一样的逻辑，就是要抓住无人机用户最为关键的体验。如果是航拍无人机产品的话，那就是飞控、相机和云台组合、图传。只有扎扎实实地对这些关键技术进行突破，并将它们成功融合成一款产品，才能在无人机领域站稳脚跟。[1]

在无人机领域站稳脚跟后，大疆开始走向开放。2014 年 11 月，大疆正式推出 SDK 软件开发套件，把已经成熟的核心技术向开发者开放。汪滔希望通过开放 SDK 将无人机产业推向一个新的高度。

大疆开放 SDK 的逻辑是产业发展，而不仅仅是应对市场竞争。如同汪滔所说的，无人机的未来在应用领域的创新。基于 SDK，用户（尤其是比较专业的行业用户）能够开发适合所在行业的专用无人机，将无人机技术带去更多的应用场景。

事实上，大疆已经看到了无人机在不少专业行业领域的应用案例：

此前，美国的一家三维建模公司就为大疆精灵开发了一款 App，能够围绕大厦飞行并为其建立 3D 模型，这款应用能在苹果 App Store 售价 10 美元。

---

[1] 从这个意义上，GoPro 是不明智的。如果将航拍无人机看作一个生态系统，是大疆的云台和飞控发挥了主导作用，而非作为航拍无人机核心部件之一的相机。航拍无人机的相机还需要云台来保持稳定。

瑞士一家专门用无人机做地图测绘的创业公司 Pix4D，通过接入大疆的 SDK 实现了用无人机完成区域的 3D 地图重建。

国内的招商新能源采用大疆无人机检测太阳能阵列，利用无人机上的相机对电池板模块进行排查，找出坏掉的模块。

一家世界级通信企业利用无人机进行基站定期巡检。基站巡检工作环境恶劣，且比较危险，采用无人机不仅能实现安全作业，还节约人力成本。

大疆在无人机领域有 10 年的开发经验，已经解决了无人机的基本问题，比如飞控、传输。大疆相当于打造好了操作系统，开发者可以基于此打造应用。开发者只需要用合适的价格获得大疆的 SDK 进行开发，不需要重走大疆艰辛探索的老路。

大疆还在 2018 年推出了 Payload SDK（PSDK），开发者可以利用 PSDK 开发挂载在大疆无人机上的负载、吊舱，销售给部署大疆无人机的商业客户。这能够为后来者节约大量的人力和数年的开发时间。

无人机对安全性有很高的要求，大疆多年来在无人机领域打下扎实的软硬件基础，也保证了设备的安全性。开发者无法修改关乎设备安全的底层代码，只能根据实际应用进行修改，在保证灵活性的同时还能确保安全性。

从企业发展的角度看，大疆希望通过开放 SDK 的方式吸引真正对无人机感兴趣的人才。作为过来人，汪滔理解那些初创团队的艰难处境。他希望能够为那些有理想的产品人提供支持，通过 SDK 的方式为他们提供平台级的支持，让他们做出创造性的行业应用。

大疆面向全球高校和创客群体举办了 SDK 开发大赛，希望利用无人机实现更大的商业价值。一方面将无人机带到更多的应用领域，比如交通管理、建筑勘测、野生动物保护等；另一方面也为无人机行业带来新的技术，比如定位、机器视觉等。

在一次大疆与福特汽车合作举行的 SDK 开发者大赛中，参赛者的任务就是依靠目标识别让无人机在移动汽车平台上降落。后来 Mavic Pro 中用到的机器视觉技术跟这项任务就很相似。

通过 SDK 大赛，大疆不仅为培养人才做出了自己的贡献，同时也为自己识别人才提供了渠道。在比赛中获得好成绩的人才意味着获得在大疆工作的机会，大疆也顺势招募了相关领域的顶尖人才。

大疆的开放 SDK 战略，标志着大疆完成了无人机领域基础技术的布局，也意味着大疆创新的范式转移，从封闭式创新走向开放式创新。这种创新模式不仅拓宽了无人机的应用场景，构建了自己的商业生态系统，同时还实现了人才战略，获得无人机领域优秀的开发者和技术人才。

一直以来，大疆虽然保持低调的姿态，但在专业领域却是非常开放的合作者。从企业知识产权数据库中，我们可以看到大疆与不少外部机构合作完成的专利，包括一流高校（比如北京大学、香港科技大学）、行业企业（比如汽车、石油）、上下游企业（比如相机技术）。

在农业领域，大疆农业与中国农业科学院植物保护研究所一直保持密切合作，双方开展了无人机联合实验室项目，开展利用农业植保无人机进行果园精准施药应用研究，将遥感技术用于农田的全生命周期管理。

无人机是人工智能的强载体，大疆跟微软合作，利用微软云 Azure IoT 的人工智能实现实时自动巡检。以电力巡检为例，搭载人工智能自动巡检的无人机能够取代人工，完成输电线路的检查，自动识别隐患，甚至在冰雪灾害中搭载激光枪设备进行除冰。

无人机最大的优势就是拓展了人类的活动空间。从二维走向三维，许多以往受制于空间条件限制的活动被无人机不断解锁。大疆的无人机技术相当于搭建了一个实现二维到三维拓展的平台。通过 SDK 战略，无人机加上相应设备模块就能实现新的功能，开拓新的应用场景，从而服务新的行业。可以说，大疆的无人机技术可以造福各行各业，"未来无所不能"也成为大疆的品牌主张。

二、核心技术的产品化

大疆在不断扩展无人机使用边界的同时，也不断拓展自己的产品线。大疆已经不再局限于无人机领域，其产品线包括航拍无人机、手持拍摄设备、户外电源、商业产品和方案。梳理大疆的发展历程，我们可以看到技术创新企业的扩张思路：在产品化的过程中实现技术创新，再将技术创新成果再次产品化。

手持拍摄设备是大疆除了消费级无人机之外，产品最为丰富的一大品类。大疆的手持拍摄设备包括五大系列：Osmo（"灵眸"）Action 系列、Osmo Pocket 系列、Osmo Mobile 系列，Ronin（"如影"）稳定器、Ronin 电影机，DJI Mic 系列。Ronin 系列产品虽然也面向普通消费者，但设备更专业，可以视为专业级产品。

Osmo Mobile 系列是智能手机稳定器，该系列第一款产品于 2016 年发布。这款产品如同一根短自拍杆，将手机放在上面完成连接，用户在运动或者手抖的情况下依旧能够拍摄出清晰的画面和流畅的视频。Osmo Mobile 采用三轴稳定技术，通过三个电机和传感器来感知运动和抵消抖动。这款产品还能实现智能跟随，用户轻点屏幕选择拍摄对象，云台即可自动调整手机镜头进行跟拍。

2018 年春节，电影导演陈可辛拍摄了一部关于团圆的短片《三分钟》，这部短片在春节来临之际刷爆朋友圈，其最大的噱头是短片全程由 iPhone X 完成拍摄。拍摄者手持手机拍摄的时候往往会由于心跳、呼吸或者走动而抖动，因此大众很快就发现了大疆云台在内的各种摄影辅助工具。云台的出现就是为了克服抖动，获得平稳顺滑的拍摄效果。

Osmo Pocket 系列是最小的三轴机械增稳云台相机，便携易用。这款产品发布于 2018 年，可以看作是 Osmo Mobile 加上相机。Osmo Pocket 体积小巧，被称为口袋相机，方便 Vlog 爱好者随身携带，记录日常生活的美好瞬间。Osmo Pocket 是一种全新的产品形态，其超小体积能给人带来视觉上的冲击。在此之前几乎没有量产过如此小尺寸且具有内置触摸屏的手持云台相机。

在确保功能的情况下，要尽可能压缩产品的体积，这对于工程师的技术和想象力都是不小的挑战。首先是要将所有零部件缩小化，从而打造一个最小的三轴机械平台。其次是将精细化的零件进行高密度的整合，比如连接云台和相机的轴线要穿过 55 根，每根都细如发丝。另外还要在功能上做取舍，如何用最小的系统功能来满足绝大多数的应用场景。这些都是对工程师技术的考验，需要他们对产品有足够的热情。

Osmo Action 系列是大疆的运动相机产品。2019 年，大疆发布第一款运动相机 Osmo Action 的时候，运动相机就已经发展了很多年。行业领导者 GoPro 的旗舰产品 Hero 已经发布到第七代，主流用户已经更新换代好几轮了。大疆为什么还要进入一个成熟而小众的产业呢？

打造出极致产品的人往往是出于热爱，Mavic Pro 的产品研发工程师本身就是滑雪爱好者，他总是会思考极限运动中的痛点。灵眸 Action 的研发人员也不例外，他是一位自行车运动和摄影爱好者，跟许多年轻人一样喜欢用运动相机拍 Vlog 记录生活。在了解自己和身边朋友的日常体验感受后，他发现了现有运动相机的不足。围绕开发"让用户爽"的运动相机，他们开启了头脑风暴，经过需求收集和调研，理念得到了公司的认可。

运动相机的核心功能就是防抖，而且主要是电子防抖技术。大疆更擅长的是基于物理云台的防抖技术，他们需要研发出超越市面产品的电子防抖算法。在研发过程中，同行的技术迭代让他们倍感压力，甚至陷入自我怀疑。然而，创新已经融入大疆的基因里，团队仍然坚持做出最牛的防抖技术。

在相机、算法、嵌入式等研发人员的通力合作下，经过超过 10000 小时的修改测试，迭代了 4 个大版本，大疆终于开发出了能让相机裸机无限接近物理云台效果的 RockSteady 增稳技术。大疆重新定义了电子增稳技术。

除了 RockSteady 增稳技术，灵眸 Action 还拥有前后双彩屏、HDR Video、OS Action 交互、硬核机身等。前后双彩屏对于有自拍需求的讲述者而言非常重要，他们可以看到自己在镜头中的表现，而竞品的副屏只能用于调节参数。

DJI Mic 系列是大疆在 2021 年推出的专业无线麦克风系统。随着短视频时代的到来，创作者对于声音录制有了更高的要求。DJI Mic 能为用户提供清晰、高保真的声音录制，适用于各种录音和直播场景。

DJI Mic 包括 1 个双通道接收器和 2 个无线发射器。这款产品不仅能在复杂环境声中提供清晰、高保真的录制，还支持单声道和立体声两种模式。两个发射器内置 8G 存储，能够实现长达 14 小时的录音和存储，可单独作为录音笔使用。发射器上还有提供调节功能的显示屏。发射器采用背夹式设计，并配备磁吸配件，佩戴非常方便。

传输能力方面，DJI Mic 搭载外置功率放大器，加上双天线设计，能够实现达到 250 米的无线传输距离。大疆的自适应跳频技术和自信道编码技术大幅提升了抗干扰能力，DJI Mic 即使在闹市、商场等复杂环境也能实现稳定传输。

这款产品深受许多视频创作者喜爱，我们经常可以在视频里看到主播或者采访对象的胸前佩戴着"DJI"标记的麦克风，就是 DJI Mic。

户外电源是随着新能源行业快速发展而爆发的赛道，也是企业出海中的明星产品。大疆进军户外电源并不是凑热闹，而是因为有无人机用户的重叠场景和多年的技术储备。

从用户需求的角度看，大疆的消费级产品用户大多是户外运动的爱好者，户外野营、航拍都有用电需求，户外电源能够缓解用户的用电焦虑。对于专业用户而言，户外电源就是刚需。行业用户对无人机的用电需求更大，而且在户外作业的时候用电环境差，非常不便利。

围绕应用场景和用户痛点，大疆推出户外储能产品 DJI Power 系列，搭载独家的"SDC 超级快充"，主打高效充电。这款产品加入了不少提升用户体验的设计，比如超静音运行体验。户外电源通常有风扇散热产生噪声，大疆的工程师通过采用减震材料和智能算法控制风扇转速，实现安静的散热。

之所以能够在火热的赛道上分一杯羹，是因为无人机的电池关乎安全和用户体验，也是大疆持续迭代的核心技术之一。[1] 无人机电池的体积小，充电放电都快，电池密度大，循环次数多，还要兼顾成本与安全。同样 1000Wh 的电池，无人机的电池要比汽车贵一倍。

大疆的无人机电池迭代进步神速，第一代的精灵续航只有 10—15 分钟，如今大疆的消费级无人机续航可以做到 50 分钟。大部分机型的续航时间都在 30 分钟以上。2019 年的 Mavic mini 的电池是 2400mAh（毫安时）重量 100g，4 年后，同样尺寸的机型电池做到 2590mAh，重量只有 77.9g。电芯的能量密度超过 300Wh/kg，而汽车的一般为 250Wh/kg。

除了电池储能的硬实力，大疆的技术积累还涵盖了发电、储电、充电等关键环节。行业无人机对电池的性能要求更高，而且采用模块化设计，

---

[1] 便携储能领域的独角兽公司正浩科技的创始人，此前就是大疆的电池研发负责人。

可以像电动摩托车一样拆卸电池，本身类似于便携式储能。这些都给大疆进入户外电源领域提供了技术基础。

大疆的产品拓展看上去五花八门，实际上都是以技术为根基的。我们可以发现，这些不同系列的产品，将它们的核心技术抽取出来，恰好可以组成一架无人机（见表2-5）。这种品类扩张方式为技术创新公司展示了一种企业成长路径：核心模块——集成多种核心技术的整机产品——单一核心技术或者多种核心技术再次组合后的产品。

基于大疆飞控技术的模块产品 Ace One 飞控是大疆最早的产品。之后的一体化消费级航拍无人机整合了飞控、云台、相机、图传等多种核心技术。大疆的技术从飞行领域拓展到影像、机器视觉等多个不同领域。技术边界的扩张就意味着组织边界的扩张。

表2-5 大疆的无人机与其他产品的技术联系

无人机技术	二次产品化思路	产品
飞控	为航模提供飞控模块	Ace One
云台（物理防抖）	与手机拍照具有相同痛点	Osmo Mobile 系列
无线传输	传输技术和算法的新应用	DJI Mic 系列
电池	场景重叠与技术重叠	户外电源
电子防抖	痛点挖掘与技术复用	Osmo Action 系列

飞行和影像相关技术已成为大疆的两条主线，飞行从消费类走向多个不同的行业（下面再着重介绍），大疆以飞行技术为基础成为技术平台；而影像则从技术模块走向终端产品，衍生出手持拍摄设备，满足消费者和专业

用户日益增长的影像需求。大疆的手持拍摄设备主要是其云台技术模块的延伸，技术主要解决的问题是稳定、防抖以及传输。此外，电池技术的延伸则发展为户外电源产品，基于无人机的传输技术发展出 DJI Mic 系列产品。

云台是大疆航拍无人机的关键技术之一，Osmo 系列的手机稳定器和云台相机就是云台技术的再产品化。从大疆云台技术的发展可以看出，云台技术最终被用于专业影像无人机、消费级航拍无人机、手持设备。这三类产品的用户需求反过来也促进了大疆云台的技术进步，而且提供多种技术迭代方向。共同的迭代方向包括稳定性、精度提升、轻量化、抗摔性，不同的迭代方向则是消费类产品往小型化方向发展，专业类产品则往高负载能力方向提升。

表 2-6　大疆云台技术和代表产品

时间	云台技术	技术困难	代表产品
2009	无刷电机直驱提高控制精细度的构想	电机直驱概念刚起步，技术难度大	
2012	世界首款无刷直驱陀螺稳定增稳云台、首个民用高精度云台	攻克无刷电机直驱三轴稳定器	禅思 Z15 云台
2014	无人机机载云台	克服小型云台技术瓶颈	精灵 Phantom 2 Vision
	手持云台	承载专业相机的大重量和保持摄影画面平滑	如影 Ronin
2016	全球首款一体化手持云台相机	小型化零部件设计及集成的工艺难度大	灵眸 Osmo 系列产品
	无人机最小三轴机械云台	变小增稳，摩擦敏感、惯性小、散热难；工艺难度大	Mavic Pro 云台

时间	云台技术	技术困难	代表产品
2017	专业摄影机稳定器升级	更大负载能力、更强动力系统和稳定性	如影 2
2018	更轻、更便宜的手机云台	工业设计、镁合金高强度复合材料、抗摔性能提升	灵眸手机云台 2
	控制精度提升，进而提升防抖能力	复合材料，嵌入飞机，提高抗摔性能，精度控制在 0.005°	Mavic Air 云台

资料来源：根据公开资料整理。

大疆本质上是一家机器人公司，在无人机领域逐渐积累了人工智能技术。人工智能随着 ChatGPT 的火爆而受到广泛关注。在硬件领域，人工智能当前最大的应用场景莫过于智能驾驶。大疆在无人机领域积累了感知、定位、决策、规划等人工智能技术，其在传感器、算力、算法、数据方面的优势都能够在智能驾驶领域大放异彩。

事实上，早在 2016 年，大疆在推动无人机走向智能化的同时，也开始布局车载业务。大疆的业务模式是为汽车品牌提供软硬一体智能驾驶解决方案。软件主要提供空间智能技术，硬件则提供单目相机、双目相机、智能驾驶域控制器、驾驶行为识别预警系统等自研核心零部件。

大疆在 2017 年就开展道路封闭测试，于 2018 年获得第一批智能网联汽车测试牌照，并在各种道路场景进行常态化大规模测试。2019 年，大疆车载品牌正式启用，并孵化了览沃科技。览沃科技能够提供低成本的激光雷达方案，已经与大众集团、上汽通用五菱开展合作。

大疆车载主攻性价比路线，已经可以提供 L2 级辅助驾驶功能和准 L3 级智能驾驶的产品。第一款搭载大疆车载智驾方案"灵犀"的 2023 款宝骏 KiWi EV 车型已经成功实现量产交付。之后大疆又推出全新一代智能驾

驶解决方案"成行"，并基于此平台与上汽通用五菱合作开发了"灵犀智
驾 2.0"系统，实现"成行"平台的量产落地。

无人机领域的大疆居然很早就布局智能驾驶，确实令人惊讶。不过从
技术的相关性来看也在情理之中。2024 年，新能源汽车的智能化转型已经
开始提速，前景无比广阔，大疆又一次用技术突破了自己的天花板。

三、从产品到解决方案

无人机技术是平台级的技术，利用大疆的无人机技术，能够为各行各
业带去新的作业方式，从而实现降本增效。如何利用无人机技术去帮助更
多的行业？

大疆首先是提供成熟的工具，帮助用户快速上手，比如影视行业需要
的航拍无人机设备和手持稳定器。其次是开放 SDK，不同行业的用户能够
根据自己的业务场景和特点进行开发，利用无人机改变之前的工作方式。
最后是大疆自己提供的解决方案，亲自深入理解行业，为客户提供完善的
解决方案。

行业无人机方案是大疆的另一条成长主线。在行业解决方案方面，除
了影视领域[1]，大疆还覆盖了农业、公共安全、测绘、电力、石油与天然
气、水利、林业等多个不同行业（见表 2-7）。此外，大疆还一度推出了面
向教育行业的机甲大师机器人。

---

[1] 大疆在影视领域的行业级应用在后文单独提及。

表 2-7 大疆的行业级应用

行业	应用领域	应用场景
农业	粮食作物	精准施药、均匀播撒、变量作业、数字管理
	经济作物	长势监测、精准施药、果园管理
公共安全	应急救援	洪涝灾害救援、森林火灾救援、地震与地质灾害救援、山岳搜救
	执法	侦查取证、治安巡逻、交通治理、城管巡查
	安全生产	安全生产部门监管、企业安全生产自查、安全生产事故处置
测绘	基础测绘	地籍测量、土地利用覆盖、地形测量、实景三维中国建设
	国土空间规划	城乡规划、土地利用规划、基础设施规划
	建筑工程测绘	勘察设计、施工监理、智慧工地、运营维护、古建筑三维测绘
	自然资源调查	确权举证、自然资源分类、地质地矿监测
电力	输电	输电红外巡检、输电杆塔巡检、输电数字化建模
	配电	配网红外巡检、配网通道巡检、配网应急抢修
	变电	变电站巡检、变电数字化建模
	清洁能源	风力发电机精细化巡检、光伏电站巡检
石油与天然气	油气田巡检	抽油机精细化巡检、集输管道巡检
	场站与炼化	场站内设施巡检、场站气体检测
	管道完整性	长输管道数字化建设

续表

行业	应用领域	应用场景
水利	水利巡查执法	水政执法、水库巡检
	水利防汛	防汛指挥
	水利勘察测量	数字孪生底板、水利工程建设、水土保持、水文测流
林业	森林防火监测	防火巡查监测
	野生动物保护	野生动物监测
	森林资源调查	林区执法巡逻、森林病虫害调查、林地资源管理

资料来源：根据大疆官网介绍整理。

航拍是无人机最早也是最广泛的应用场景。大疆在发展消费级航拍无人机的同时，也同步推进专业级航拍无人机。专业级与消费级航拍无人机都能实现影视创作，二者具有很强的协同效应。

专业级产品主要面向对影像有更高要求的专业客户，主要是影视行业用户。影视行业客户对产品要求更高，为这些专业客户设计产品能够深入理解航拍的需求，而且技术和专业知识可以外溢到消费级产品，从而为普通用户提供更好的产品和服务。

专业级航拍无人机的许多领先技术可以用于消费级产品，给用户带来震撼的体验，比如智能避障、智能跟随、指点飞行等一系列功能，最早被用于专业无人机"悟"（Inspire）系列，后来被用于大疆精灵系列。

配件方面，大疆的大师摇轮是一款专业级的体感遥控器，它能让专业摄影师通过直截了当的体感操作，控制无人机或远处稳定器的镜头运动，从而帮助不擅长操作无人机的摄影师轻松完成无人机拍摄。这款产品的体感操控功能原理被用于 DJI Goggles 飞行眼镜，只不过前者精密度和可靠度更高，价格也更昂贵。

服务行业客户最关键的是行业的 Domain Knowledge（领域知识），这些专业知识不仅是实现行业解决方案的需要，还能为消费类产品开发提供指导。大疆软件团队在开发过程中就曾求助真正接触过影像行业的团队。他们能够提供对影像的深刻认知，从而帮助大疆软件研发团队打造"大师镜头"软件功能，自动实现剪辑和配乐，让非专业用户也能轻松拍出专业运镜水准的短片。

服务行业客户，从产品走向解决方案，最重要的是找到一流的客户。一流的客户有最苛刻的要求，对于企业的技术、经验积累和整体能力的提升具有重要作用。服务一流客户也是企业实力的体现，能够提升企业在相关领域的品牌影响力。影像行业有电影、电视剧、纪录片等不同的细分类别，其中电影就代表了影像领域的最高标准和要求。

"电影工业是影像系统的皇冠明珠。大疆在专业影像上的专注与投入，就像汽车厂商对 F1 等高端赛车领域的重视一样。在最顶尖的赛道上所积累的技术、经验与口碑，对于公司的整体业务发展、技术储备、品牌影响力的提升都是非常重要的。"[1] 大疆总裁罗镇华说道。

好莱坞的第一个电影工作室成立于 1911 年，电影工业已经拥有上百年的发展史，形成了完备而成熟的设备制造和服务体系。行业里有 ARRI、索尼等专业摄影机厂商，稳定器领域则有斯坦尼康等生产商。大疆作为新进入者，要如何赢得高水准的好莱坞摄影师和剧组的认可呢？

首先还是由无人机带来的独特优势。多旋翼无人机出现之前，航拍

---

[1] 麦玮琪. 专访大疆创新总裁罗镇华：从技术出发做规划，为中国电影工业搭把手 [EB/OL].（2018-05-05）[2024-10-31]. https://www.ifanr.com/1024525.

要么采用载人直升机进行拍摄，要么采用航模直升机搭载直挂云台拍摄。前者成本很高，平均 5 万元 / 航时，且出于安全原因无法实现近距离拍摄；后者能够近距离拍摄，但仍有安全隐患，高速旋转的螺旋桨每分钟转速能达到 3000 转以上，具有很强的危险性。多旋翼无人机实现了安全的航拍，机动性强，还能为创造者提供更多镜头选择和思路，而且价格更低。

隔行如隔山，大疆在进入电影产业的时候也投入了不少时间、人才和资源进行使用场景、体验和需求的把握。在姜文导演拍摄《邪不压正》的时候，大疆就派了一组工程师驻扎在现场，在剧组泡了一个多月。

在如影 2 面市前，大疆把工程样机提供给剧组使用，实地了解导演、制片人、摄影师等不同角色的需求和工作习惯，在片场工作场景中发现问题并迭代产品。大疆团队还专门为摄影指导开发了在大场景调度摄像机云台的控制摇轮，后来这款设备成为量产产品。

无人机、稳定器这类技术对于摄影师而言都是新技术，跟他们以往的工作习惯有很大的差别。改变用户的使用习惯是新产品导入市场的一大难题。一方面，大疆深入拍摄一线，积极与影视基地联手，跟知名导演和剧组合作，在影视作品制作中了解专业用户的需求，也将自己的产品使用效果最直接地呈现给目标客户。另一方面，大疆也亲自下场，干起航拍的工作。大疆专门成立了子公司大疆传媒，提供航拍整体解决方案。大疆传媒的客户覆盖国内一线院线电影、纪录片等，拥有《最美中国》等独立航拍 IP 栏目。

亲自实践能够更加深入地理解拍摄需求。对于外行来说，电影和电视剧都属于影视，但深入一线的大疆，理解了电影、电视剧、真人秀、纪录片等不同形式在细节、成本、要求、设备、制作流程上的千差万别。

电影行业对飞手的要求和预算都高，追求品质，愿意为特别的镜头花钱；电视剧预算少，工作量大，需要飞手理解导演的意图，帮助导演实现一些空镜拍摄；纪录片预算少，飞手需要身兼多职，最好是摄影师出身；真人秀追求真实，不能遗漏转瞬即逝的镜头，"拍到"比什么都重要。

经过多年发展，大疆在专业影像领域已经从专业设备走向"天地一体"的解决方案，再进一步形成了"天地一体""互联互通"的生态体系。通过图传系统 DJI Transmission，天空端的航拍无人机，地面上的电影机、稳定器、麦克风等设备能够互联互通，减少设备在拍摄过程中对用户的束缚，实现自由创作。

在大疆 Inspire 3 发布之后，大疆专业级产品线（DJI Pro）的地面端设备，包括大师摇轮、三通道跟焦器、如影 4D 的控制手柄等，都能实现对空中的 Inspire 3 云台相机的焦点操控，这样为创造者提供了很大的便利，大大提升了拍摄效率。

表 2-8　大疆用于影视的专业级产品

年份	类别	产品名称	产品介绍
2012	云台	禅思 Z15 直流无刷云台	角度控制精度达到 ±0.01°
2013	云台	禅思 H3-2D 云台	针对 GoPro 定制的两轴云台系统，控制精度达到 ±0.08°
2014	云台	禅思 H3-3D 云台	为 GoProHero3 定制的三轴高精度云台，可搭载精灵 Phantom2 使用
	云台	如影 Ronin	为电影摄像师开发的三轴手持云台系统，控制精度 ±0.02°
	无人机	Inspire 1	全新设计理念与 DJI 核心技术融于一体，创新的机身变形设计

续表

年份	类别	产品名称	产品介绍
2015	相机	禅思 Zenmuse X5R & X5	大疆首款采用 M4/3 传感器的相机，ISO 范围达到 100—25600
	相机	禅思 Zenmuse XT	大疆与热像仪领域领导品牌美国 FLIR 合作推出的热成像相机
2016	云台相机	如影 Ronin-MX	兼顾航拍与地拍的专业手持设备，拥有四种拍摄模式
	云台	灵眸 Osmo Pro	搭载禅思 X5 云台相机，4/3 英寸传感器，可拍摄稳定优质的运动画面
	云台相机	禅思 Zenmuse Z3	大疆首款可变焦云台相机，可搭载 Inspire1 飞行器
	云台相机	禅思 Zenmuse Z30	30 倍光学无损变焦 ×6 倍数码变焦，可与 M100、M600 无缝结合
	无人机	Inspire2	全新双电池冗余设计，0 到 80km/h 加速仅需 5s，机身前置视觉避障传感器
	相机	禅思 Zenmuse X5S & X4S	适用于 Inspire2 的禅思 X5S 和 X4S，在影像性能上取得了突破性表现
2017	云台	如影 Ronin2	经典设计，满足增稳功能，集成供电系统和无线控制系统，可与大师摇轮、Ronin 4D 控制手柄等配件配合使用，提升移动镜头拍摄效率
2018	云台	如影 Ronin-S	小型相机稳定器，适用于单反相机
2019	云台	如影 Ronin SC 单手持微单稳定器	大疆推出的单手持微单稳定器，适用于各种摄影场景
2020	云台	DJI RS 2 手持云台	专为单反及微单相机打造的手持云台，适用于影视制作领域
	云台	DJI RSC 2 手持云台	采用可折叠设计的手持云台，适用于摄影和视频拍摄场景
2021	相机	DJI Ronin 4D	高集成、一体化的四轴电影机，带来地面端图传产品和基于 LiDAR 跟焦系统的全新手自一体 AMF 对焦方案，提供灵活拍摄体验

续表

年份	类别	产品名称	产品介绍
2022	云台	DJI Ronin-SC2	单手持稳定器，适用于单反相机和无反相机
	云台	DJI RS2/DJI RSC 2	孵化大疆首个地面端图传系统
	云台	DJI RS 3 PRO/DJI RS 3	首个协同 LiDAR 跟焦系统的手持稳定器系列
2023	无人机	DJI Mavic 3 Pro	高端无人机，具有全画幅传感器和 4800 万像素摄像头
	云台	DJI Ronin 4 PRO	高度集成增稳、云台控制、镜头控制、图像传输等功能，开启如影生态新纪元，为移动拍摄提供更全面的生态解决方案
2024	相机	DJI Focus Pro	颠覆性的镜头控制系统，补齐如影生态中跟焦环节，提供强大且全面的焦点解决方案，开启人机协作控焦新时代

资料来源：根据公开资料整理。

在大多数人的印象中，无人机主要应用于航拍，大疆则是消费级航拍无人机巨头。消费级航拍无人机和影视行业的专业应用能够共享知识和技术，具有很强的协同作用。另外，专业级的影像解决方案能够提升大疆的品牌形象。其他行业则没有影视行业这么强的协同作用。

那么，大疆进入其他行业的逻辑是什么呢？

事实上，农业才是大疆最早涉足的领域，甚至要早于航拍。2006 年发生了日本对中国禁售无人机事件，激励了当时的高校和科研院所开展农业无人机的自主研发。2009 年，大疆的飞控系统就在农业无人机项目中得到应用。2012 年，大疆开始招募一批国家培养的农业无人机研究人员，组建团队。2015 年，大疆正式成立了大疆农业品牌，并推出第一款量产的农业无人机产品 MG-1 农业植保机。

农业植保机虽然需求量非常大，但是叫好不叫座，毕竟农业不是很有吸引力的行业。大疆进入农业领域其实也有不少家国情怀的因素在内。

大疆创始人汪滔就是非常具有产品追求和家国情怀的人。大疆认为中国是农业大国，改善农业从业的环境，提升农业竞争力是利国利民的大事。大疆是以"天使投资人"的心态来从事农业，支持农村的青年创业，并不追求短期的盈利。

从战略的角度来说，抛开盈利能力，大疆农业其实对于大疆也有重要意义。首先是符合大疆拓展无人机应用场景的需求。航拍无人机的空间毕竟有限，尤其在 2015 年的时候，消费级无人机的市场逐渐开始放缓。其次是农业作业有很多适合无人机的应用场景，是无人机向行业拓展的最佳实验室。农业具有规律性，因而对无人机的使用是高频且规律的，能够积累长期使用数据。

类似于消费无人机的发展逻辑，大疆农业一方面通过降价加速技术扩散，另一方面在产品的更新换代中推进智能化，形成智能化解决方案。随着农业植保机的更新，大疆农业在提升性能的同时却不断压低价格，而且是以万元为单位的下降。2018 年推出的 T16 植保无人飞机售价 54999 元，2019 年的 T20 在相同性能基础上配备了全向数字雷达和厘米级高精度定位系统，售价却只有 45999 元。大疆的目标是降低农民使用无人机的门槛，也帮助更多植保队尽快实现盈利。当然，此举也让竞争对手毫无还手之力。

大疆农业在实现传统农业向智慧农业转型的过程中，引入了以"3S"（RS、GIS、GPS）技术为代表的测绘地理信息技术，为大疆的农业解决方案提供了重要的支撑。事实上，测绘行业也是无人机的重要用户，大疆为他们提供了性能可靠、成本低的无人机。大疆让农业也能用上高端的测绘技术，硬件上推出了用于测绘的大疆精灵 Phantom 4 RTK，软件上则打造了航测软件大疆智图，提供全面的航测功能，二维三维模型重建。

表 2-9 大疆农业的软硬件产品发布节奏

年份	产品名称	产品介绍
2015	MG-1 农业植保机	大疆首款农业植保机，每小时作业量 40—60 亩
2016	MG-1S 农业植保机	配置了 A3 飞控和高精度毫米波雷达，采用两级式喷洒系统
2017	MG-1S Advanced、MG-1P 系列	植保无人机以及大疆农业服务平台、PC GS Pro、Phantom 4 RTK、播撒系统
2018	T16 植保无人飞机	国内首款实现将三维场景重建、地图语义识别两项 AI 技术应用落地的植保无人机
	精灵 Phantom 4 RTK	小型多旋翼高精度航测无人机，适用于专业测绘
2019	T20 农业植保无人机	在保持 T16 的性能基础上，集合了全自主高精度作业、全向数字雷达、实时图像监控系统、AI 智能农业引擎等技术
	精灵 Phantom 4 多光谱版	高精度多光谱航测无人机，适用于农业、环境监测等领域
	大疆智图	PC 端无人机航测软件，提供全面的航测功能，二维三维模型重建。支持多种无人机型号，提升航测效率
2020	T30、T10 植保无人机	大疆农业发布的新品植保无人机，适用于农业领域进行喷药、施肥等作业
2022	DJI T40	农业植保无人机，具有 40 升药箱容量和 10 米/秒风速下的稳定喷洒性能
2023	DJI T60	农业植保无人机的最新版本，具有更高的作业效率和精准度

数据来源：根据公开资料整理。

相比于消费级无人机产品，行业级应用对产品和服务有着更高的要求。行业级的应用需要的是解决方案，需要包括多款产品的组合，以及软件平台的配合，进行智能化的管理。大疆农业就是行业解决方案的典型案例。

首先是产品的复杂度，行业级产品需要集成更多的技术，深入理解行业的具体工作场景，获得行业知识。行业级无人机可以简单抽象为无人机（飞行）+ 专用设备（作业），比如植保无人飞机相当于无人机 + 播撒系统。无人机行业本身就处于不断发展完善阶段，还要加入本来比较陌生的播撒系统。大疆还要将二者整合，保证顺利配合，这意味着无人机的动力、电源、导航系统都跟航拍无人机不同，需要重新设计，还要引入新技术实现智能化，比如测绘技术。

其次是产品的苛刻要求。工业产品的规格要比消费电子产品复杂得多，需要提供更多的设计和性能冗余来让产品更可靠，比如在不同环境下的防水防尘、抗高温低温、抗磁等要求。还是以植保无人飞机为例，无人机要面对山地、丘陵、梯田、平原等不同的地形，在果园、林地中作业时要在高高低低的树苗之间穿行，环境要比消费级场景更加复杂，对于防水防尘、智能避障都有更高要求。

再次是需要提供完整的方案，而不仅仅是无人机整机产品。方案商除了设计和制造符合作业要求的无人机，还要有对应的软件对无人机进行管控，比如对多台无人机进行管理、指挥、调度、起降管理等，还要对数据进行管理。

大疆农业能够对粮食作物（水稻、小麦、玉米等）、经济作物（棉花、柑橘、苹果等）的种植进行数字化、精准化、智能化管理，为农业从事者提供更便捷高效的田间管理方案，从而实现提产、提质、增收，降低运营成本。这套解决方案包括多款无人机组合，比如搭载播撒系统的植保机、具有多光谱采集的多光谱版精灵4，还需要专业软件大疆智图、数据库、服务平台等软件服务。

以粮食作物的解决方案为例，大疆农业的植保无人机能够实现多项作业。一是精准施药，提高农药利用率，减少农药浪费，还能避免伤苗、压苗。二是均匀播撒，搭载播撒系统的植保无人机能够实现全自主水稻直播和扬肥作业，解决人工播撒不均匀、费时费力等难题。三是变量作业，利用多光谱版精灵4对作物进行多光谱采集，大疆智图可以分析长势指数，生成处方图用以指导施肥和施药。四是数字管理，利用大疆农业数据平台和服务平台，农业工作者能够对作物播种、施药、施肥等作业进行全程在线管理，进行数字化管理和分析，进而把控作业质量，实现精细化管理。

此外，大疆农业也为客户提供农业植保无人机版的"关怀计划"，新购机用户可以免费获得。在新购机使用一年时间内发现的所有故障，基本都能够包赔保修。

最后是多元化的人才要求。行业级产品除了需要无人机相关的技术人才，还需要理解行业的人才，比如能源、公共安全、农业、林业等，也需要培训掌握无人机飞行技巧的专业飞手。

在农业领域，让农村留守的老农民使用无人机是不现实的，大疆更多的是支持年轻的创业植保队。这些年轻人深耕农业，了解不同作物在不同季节的植保需求，能够熟练操控无人机完成作业。2019年，大疆农业召开"遍地英雄"新品发布会，以浪漫的情感营销呼吁更多的高学历人才投身农业领域，推动智慧农业的发展。

图 2-4 作业中的大疆 T25P 农业无人飞机[1]

　　大疆的行业应用将无人机从单纯的产品推向以无人机技术为核心的解决方案，无人机逐渐成为各行各业的基础设施，为更多的行业赋能。对于大疆而言，行业应用一方面拓展了无人机的应用场景，让无人机技术的生命周期不断延长，从而实现企业成长；另一方面也扩大了企业的能力边界，包括新的技术能力、行业知识、行业客户、项目管理能力等。

---

[1] 大疆农业发布 T60、T25P 农业无人飞机，作业多场景，场场都出色 [EB/OL]．(2023-11-24) [2024-10-31].https://www.dji.com/cn/newsroom/news/dji-agricultural-t60-t25-cn.

第五节　快速创新的组织

一、让工程师成为明星

此前提到李泽湘教授问红杉资本莫里茨"中国公司能不能做品牌"的问题。莫里茨的回答包括三点：一是好产品，二是从硅谷打响名号，三是"人才战略"。持续创新的大疆对于人才一直都有迫切的需求，大疆一直以来也非常重视人才，希望"让工程师成为明星"。

2013 年年底，大疆向员工发放了 10 辆奔驰汽车作为奖励，一下子引起深圳企业界的热议。当时的大疆在发布大疆精灵系列后取得了不小的成功，但仍然只是一家刚起步的初创公司。

2012 年到 2015 年，大疆从小作坊迅速转变为无人机行业领导者。经历了飞速成长的三年，实现了近十倍的增长，这段时间对于创新型的初创企业是非常关键的时期。汪滔坦言大疆的创始人都没有工作经验，早期只会研发，后来通过参加展会摸索出了一些营销的方法。之后又不断对采购体系、生产管理体系进行升级。早期很多工作汪滔都亲力亲为，他需要自己先深入工作搞清楚，然后才能挑选和培养合适的人才，进而突破公司发展的瓶颈。

在快速发展的过程中，汪滔将他 1/3 的时间用于招聘，招聘工作对于汪滔而言是公司核心中的核心；1/3 用于公司的结构制度改革，调整组织结构以适应公司快速发展；剩下的 1/3 则用于产品，包括定义产品形态和技术考虑，产品关乎整个公司的生死。

人才的短缺一直以来都是大疆的发展瓶颈。即使在 2015 年，大疆当时已经取得了不错的成绩，公司发展初具规模，汪滔也依旧认为人才是大疆发展的瓶颈，甚至也是国家所稀缺的。

"从大疆的发展经历来看，公司面临的瓶颈既不是市场也不是资金，甚至也不是技术，而是我们面对太多的发展机会却缺少有能力把问题'看清楚，想明白'的人才，去将这些机会逐一变为现实。企业需要一批具有真知灼见和创新求真精神、做事靠谱的核心人才，但环顾四周我们却发现，这在当今中国却恰恰是稀缺资源。"①汪滔说道。

这就是汪滔一直热衷于举办全国大学生机器人大赛 RoboMaster 的原因，他希望能够为国家系统性、大规模培养有真知灼见的人才探索道路，引起社会对人才培养的讨论和关注。

汪滔想把 RoboMaster 打造成像世界杯一样的全球顶级赛事。他希望通过举办紧张刺激且具有观赏性的 RoboMaster 大赛，让工程师成为明星，希望在他们之中能够产生如乔布斯一般受人尊敬的发明家和企业家。

2014 年，莫里茨到访大疆洽谈投资事宜。当他询问大疆需要什么帮助时，汪滔的回答让人非常惊讶，他说希望打造全球最有影响力的机器人比赛。

2015 年，现任大疆总裁罗镇华第一次跟汪滔会面时，汪滔聊得最多的不是制造能力建设，而是教育体制，他希望培养更多顶尖人才。这种情怀也打动了当时在富士康身居要职的罗镇华。

罗镇华在一次采访中透露，大疆四年里在 RoboMaster 投入了 3 亿元，2017 年就投入 8000 万元。类似的比赛还有之前提到的 SDK 开发者大赛。通过这些赛事，大疆能够识别人才，选拔工程师。对于优秀的人才，大疆

---

① 金红. 大疆汪滔：我们要让工程师当明星 [EB/OL]. （2015-07-20）[2024-10-31]. https://www.leiphone.com/category/zixun/9Z079z1aWojcLTj0.html.

甚至会帮助他们保送研究生，帮他们找到合适的研究指导老师。除了赛事，大疆也跟学校合作，为学校开办科创课程提供支持和资源。

对于人才，大疆一直求贤若渴。随着组织不断成长，产品线持续扩张，大疆对于人才的需求更加多样化，除了与技术相关的通信、自控、制造、结构件等人才，还有行业方面的专家，比如农业、建筑等。

在人才吸引力上，大疆内部采用扁平化管理，打造产学研融合的创新平台，提供完善的福利保障和一流的研发环境。大疆内部非常关注人才，也愿意提供不断试错的机会，鼓励员工发现问题和解决问题，在产品研发实战中激发员工对产品的兴趣和热情，推动创新实现。

对外宣传上，大疆通过招聘宣传影片传递公司价值，吸引对企业文化和价值观认同的人才。通过微信公众号平台，对外讲述研发人员的故事，展示他们在大疆的产品设计和心路历程。

二、扩张需要体验和服务

无人机是非常需要售后服务的产品。对于普通消费者而言，无人机并非智能手机，用户不需要指导，上手就能使用。在购买之前，用户需要通过观看评测视频，或者到店听导购员讲解和演示来进行产品选择和购买决策。另外，无人机很容易因为操作不当而损坏或丢失，这些都需要厂商提供完善的售后服务，来降低用户使用无人机的难度。

对于大多数消费者而言，无人机毕竟不是日常必需品，因而帮助大众理解无人机产品，展示无人机的炫酷功能是非常重要的工作。在发展早期，大疆主动或被动地参与了不少北美的节目制作，品牌得到了非常广泛的传播，一时间大疆成为消费级无人机的代名词。

社交媒体，比如海外的 YouTube，对大疆早期迅速走红发挥了巨大作用。社交媒体作为消费者了解产品信息的重要渠道，不少专业的博主提供了丰富且专业的无人机评测，帮助消费者进行购买决策。

在内容营销上，大疆非常重视 KOL 的影响力，尤其是全球创意摄影师。大疆会跟他们建立合作伙伴关系，总部有专门的团队管理他们。大疆会为他们的拍摄提供产品支持，帮助他们实现拍摄计划，同时也帮助自己验证产品功能，了解专业摄影师的拍摄手法和设备使用方法。

大疆自己在国内外的主流社交媒体平台都有官方账号，比如国内的微信、微博、抖音，海外的 Facebook、YouTube、Instagram 等。全球的社交媒体都由总部进行管理，用以展示大疆的产品和传播品牌故事。另外，大疆也非常重视媒体的作用，并积极与媒体保持良好沟通，通过他们传递大疆的价值。

销售渠道建设方面，大疆在全球很多国家都有当地的合作伙伴，比如经销商。当地经销商在比较大的区域都有自己的直销网络销售大疆的产品。他们也会自己做活动，宣传大疆的产品。

大疆早期是根据市场需要建立办事处的。从 2012 年开始，大疆进入了快速发展期，爆发式的销售增长离不开渠道建设。2014 年，大疆的渠道建设迎来关键布局，一方面从海外市场回到中国市场，另一方面为打造品牌完成了线上线下的渠道布局。

时间回到 2014 年，中国是美国以外最大的消费电子市场。大疆早期主要以海外市场为主，在 2014 年的营收贡献中，中国市场贡献只有 11%。中国市场制造业完备，一款火爆的硬件产品很容易引来大批的模仿者，从而很快进入价格战。中国市场没有蓝海，几乎全是红海。很多专注海外市场的中国企业不见得能够适应中国市场，即使是产品力十足的安克在国内市场也在一段时间里不温不火。

　　大疆终究还是凭借其强大的产品力赢得了同胞的认可，尤其是大疆精灵 3 的发布。2015 年大疆精灵 3 发布的时候，大疆首次在国内通过优酷视频平台进行直播，当时收看直播的人数达到 15 万。无人机得到如此多的关注，这在此前是难以想象的。2015 年，大疆在中国市场实现了 300% 的增长，当年中国市场的营收贡献迅速增长到 20%。[①]

　　进军中国市场中最重要的策略莫过于线上线下渠道的布局。无人机是操控性很强的产品，用户上手体验对于购买决策有很重要的影响，实体店是非常重要的连接渠道。大疆此前的主要渠道是经销商和电商。

　　2014 年，大疆一方面在原先的官网和天猫商城的基础上开始进入京东、苏宁易购等电商平台；另一方面则是加快线下的布局，除了进入苏宁实体店，还加快发展实体店的代理商。

　　大疆倾向于选择愿意经营实体店的代理商，而且优先考虑地段好、空间大的门店。大疆的实体经销商代理店每月都在增长。即使这些店面几乎都是亏钱的，大疆依旧愿意给予补贴，吸引更多代理商加入，从而加强跟最终用户的联系。实体店能够与用户近距离沟通，让用户亲手体验操作无人机的快乐，更好地推广品牌。

　　2015 年 12 月，大疆全球第一家实体旗舰店在深圳欢乐海岸开业，这是无人机行业第一家实体旗舰店。欢乐海岸的旗舰店地处深圳最繁华的商业中心之一，是深圳市民周末假日休闲的好去处，经常人气爆棚。大疆的店面面积达到 800 平方米，然而即使在如此繁华的商圈，依旧不能盈利。

　　旗舰店从来就不是以盈利为目的，开在最好的地段，加上豪华精美的装修，是品牌审美格调的展示窗口，也是品牌实力的体现。大疆希望通过

① 金红. 增速 300%，过去一年大疆在中国发生了什么 [EB/OL].（2016-01-06）[2024-10-31]. https://www.leiphone.com/category/texie/y9pM8j7A3AoZUgSq.html.

自己打造旗舰店建立一种品牌形象，将自己与其他无人机厂商区分开来。

一直以来，售后服务是无人机用户最大的痛点。即使发展了十多年，无人机还是会因为自然干扰或人为失误等出现从天上掉下来的炸机现象。无人机的损坏或丢失给用户造成巨大的困扰，毕竟无人机对于他们而言价格不低，相当于一部高端智能手机。

大疆从 2012 年进入快速发展期，售后服务管理能不能跟上快速上涨的用户数，是当时大疆面对的重大挑战之一。早期大疆的售后管理一直处于野蛮生长的状态。在 2014 年，大疆更换了售后管理团队，新团队"会严格监督返修进度，包括接听时长、沟通进度以及报价透明度等"[1]，慢慢步入正轨。

时至今日，无人机的炸机和飞丢情况仍在发生，但是大疆完备的售后服务体系让用户放心。用户可以购买附加保险服务，在无人机损坏的情况下用较低的价格以旧换新或进行维修。保修期内的维修费用和速度经常超过用户预期，并且有专门的客服人员进行沟通。

监管是制约无人机产业发展的一大变数。无人机不是一般的产品，无人机航拍可能会侵犯隐私，无人机坠落可能会伤及路人，在机场等特殊场地飞行则有重大的安全隐患，因而是监管部门重点关注的产品品类。发达国家就出台了一系列监管政策，比如无人机注册、限高、限距、设置禁飞区、缴纳现金进行处罚等。

2014 年的中国市场在无人机监管方面还没有形成完善的法规。大疆积极参与相关部门的政策研讨，参与无人机行业标准的制定。针对中国市场，大疆推出了无人机飞行安全系统 GEO，这套系统会标出无人机的限飞

---

① 金红. 增速 300%，过去一年大疆在中国发生了什么 [EB/OL]. (2016-01-06) [2024-10-31]. https://www.leiphone.com/category/texie/y9pM8j7A3AoZUgSq.html.

或禁飞区域。该方案是完全免费的，可以交给国家部门进行管理和操作。

如今，大疆的 GEO 已经实现全球各类飞行受限制的区域的动态覆盖。用户可以实时获取无人机飞行受限相关资讯，比如机场、一些突发情况（如森林火灾、大型活动等）造成的临时限飞区域、一些永久禁止飞行的区域（如监狱、核工厂）等。

在产品力优秀的前提下，大疆营销服务的每个环节都在快速完善提升，因此大疆才得以实现可持续的规模扩张，不断扩大市场份额。在持续扩张的过程中，大疆还同时考虑监管风险，并以创新的方案积极应对。既让监管部门实现有效监管，又给用户带来便利，避免因不知情带来的违法违规风险。

三、快速创新的制造能力

随着无人机销量的快速攀升，制造和运营成为制约大疆快速发展的最大障碍。无人机是高度集成的精密设备，所有系统都要正确运行才能实现精准悬停。不像手机之类的电子产品，无人机一旦出现故障则是炸机，用户体验非常糟糕，甚至还存在安全隐患，带来经济损失。因此，实现无人机的大规模、高质量制造对于大疆来说是不小的挑战。

原先的创业团队都是技术人员出身，缺乏制造管理经验，大疆亟须引进一位制造领域的专家。2015 年 9 月，罗镇华加入大疆担任运营副总裁，他之前在富士康集团负责 TFT 面板事业处业务，曾在苹果、西门子、明基电通、富士康等世界一流企业工作。罗镇华的加盟，补齐了大疆的制造短板。

进入大疆之后，罗镇华全面负责运营管理工作。大疆的运营体系连接研发和市场，涵盖采购、制造、物流等环节，将实验室的产品变成消费者手中的商品。罗镇华一方面要实现内部的跨部门信息沟通，另一方面则要进行运营环节的迭代。

早期的大疆缺乏经验，而且也是出于对创新产品的保护，大疆内部的产品研发和采购、生产之间的协作较少，从而出现了不少问题。比方说，产品中使用的某种材料采购人员很难找到，就会影响到某道工序，从而影响工厂的量产。对于电子制造行业，产品设计和研发团队跟制造部门要在早期就开展紧密联系，提前考虑后续采购、制造、物流环节的实现问题，从而确保后续流程被打通。这样不仅能提高效率，还能有效降低成本。

大疆的无人机具有强大的产品力，新品一发布就能吸引大量消费者。需求预测和产能布局是消费电子的必修课，持续强劲的需求对于大疆来说是不小的考验。2016年第四季度，大疆就遭遇了一次出货危机，也是罗镇华到大疆遇到的较大的供应链挑战。

2016年9月，大疆推出了新系列产品——大疆御 Mavic Pro。这款可折叠式的航拍无人机非常便携，而且价格亲民，发布48小时内的订单就消耗了原来两个月的备货。这真是幸福的烦恼。

此后的70多天里，项目组每天晚上都要进行电话会议，研究应对方案。到12月初，团队竭尽全力也无法满足庞大的市场需求，只能向预订的消费者发致歉信。好在最终大家的努力没有白费，工厂在12月迎来了出货量爬坡，成功在2017年的农历新年前顺利交付了2016年的所有订单。经过这次危机，大疆的研发和整个供应链的协作也开始加强了，工作效率得到了明显提升。

作为消费电子行业的老兵，罗镇华身经百战。来到大疆之后，他意识到除了关注效率和成本，还需要注重弹性。无人机是全新的产业，不同于民航业重达几十吨的产品，跟消费电子也有所不同。大疆作为行业领先者没有太多的先例可以参考，很难预估市场反应，因而供应链需要保持足够的弹性。弹性也成为大疆挑选供应商的考察标准。

原来大疆体量小的时候，需要的是高配合度的供应商。在加速成长的过程中，大疆的需求不断发生变化，原有的供应商就不能完全匹配了。大疆对供应链进行重新梳理，对于跟不上脚步的要寻找新的供应商替换。

大疆追求技术含量和快速反应。大疆原本跟一家技术优秀的全球结构件供应商合作，后来产品销量猛增，这家优质供应商的反应速度就没那么快了。因而大疆只能改变合作方式，在打样、试做层面保持合作，但量产就只能寻找新的供应商。

物流速度是影响大疆用户体验的一大问题。消费者对大疆的产品很满意，但却不得不等待很长的收货时间。大疆的主要市场是在海外，海外市场的物流效率跟中国本土不可同日而语。发达国家市场的人力成本较高，而且管理很细，每个区域的快递服务商、取货时间、送货次数，甚至交通工具，都需要事先约定好，非常烦琐。

罗镇华带领物流团队跟电商平台一起分析客户收货时间过长的原因。他们将电商平台的订单处理进行拆分，从接单后到执行分为选择发货仓、选择快递、通知快递取货、运输等多个环节，将以往各个环节的串联方式改为并联，从而提升速度。物流团队还对发货仓的选址进行优化，发货仓会辐射服务范围，选址非常关键。综合采用多种方式，大疆将物流效率提升了一倍以上，原来需要 10 天的送货时间，改进后大大缩短，只需要 3 到 5 天的时间。

2015 年对大疆来说非常关键。一方面，大疆已经成为一家名副其实的大公司了。另一方面，2015 年的大疆开始出现了更多新的增长曲线，接下来大疆将有更多的品类和产品。规模持续扩张，品类不断增加，都需要更完善、更先进的制造管理体系作为支撑。

2017 年，罗镇华升任大疆公司总裁。大疆的官方公告称他不仅提升了大疆的生产效率和国际物流效率，同时也显著提升了生产环节的信息化和自动化水平。从大疆对外发布的制造过程视频片段，我们可以看到大疆的无人机制造具有很高的自动化水平。

无人机产品对质量有着很高的要求，为此大疆独创了"风险驱动的动态质量管理模式"。这套模式以质量风险驱动为输入，通过信息化系统对全流程、全生命周期进行动态质量监管，具有生产来料管理、制造可追溯、生产趋势可视化、异常预警、高效质检等功能。

大疆还设计了很多服务于制造环节的小工具并称之为"smart solutions"。比如大疆独创了一种"电批伴侣"，就是一种外挂的基数装置，为每个电动螺丝刀通电和计数，从而追溯每颗螺丝的安装时间和行程。再比如应用在点胶工位的互锁逻辑电路控制盒，能够自动监督点胶作业是否符合规格，识别点胶错误并向上下游发去通知。

大疆制造环节的质量信息系统以 MES[①] 为主，包括标准管理、供应商管理、进料系统管理、制程质量管控、量测系统管理、客诉管理、异常收敛等多个模块，有效地支撑了动态质量管理模式，实现产品质量精细化管理。2019 年，大疆的"风险驱动的动态质量管理模式"入选全国质量标杆名单。

---

①MES: Manufacturing Execution System，制造过程管理系统，是一种用于实时监控和控制工厂生产过程的信息系统。

本章小结

新质生产力转型离不开自主创新，大疆是实现技术自主可控的典型。创新是大疆的基因，大疆自创立起就将"创新"二字写在企业名字里。如果仔细梳理大疆的发展历程，大疆的成长就是不断进行技术积累，并实现技术产品化的过程。在技术产品化过程中，大疆还能再次实现技术积累，不断实现组织能力和边界的扩张。

无人机从模块到整机是大疆的第一条成长曲线，大疆先是从飞控系统模块到消费级无人机。消费级无人机逐渐走向成熟后，无人机相当于平台级技术，再从无人机平台上延伸出以消费级无人机、专业摄影无人机、农业无人机为代表的行业无人机。

作为行业先行者，大疆定义了无人机，并在产品迭代中不断实现无人机的再定义。大疆的无人机产品不断降低用户的使用门槛，从而让更多人享受无人机带来的便利和快乐，让原本局限在小众和专业用户的产品走向消费级市场。

以无人机技术平台为基础，大疆又将无人机带到各行各业，实现多个细分市场的扩张，也重新塑造了各行各业的工作方式。这些市场的扩张都是以技术为基础的。

以无人机为平台发展的主线中，会形成许多模块化技术。各式各样的模块化技术又进一步发展，逐步走向产品化，比如云台技术的手持稳定器和手持云台相机，从航拍相机技术走向运动相机，传输技术的无线麦克风系统，电池技术成为户外储能，从人工智能技术走向大疆车载等。就在本书创作之时，大疆还推出了旗下的首款 E-bike 产品。

基于这些模块化技术，大疆从无人机市场实现了跨界，进入相机市场、消费电子配件市场、便携式储能市场、新能源市场。大疆还参与了汽车的智能化转型，成为汽车智能化的推动者。

不管是无人机平台主线，还是模块化技术的产品化，大疆的发展逻辑都是技术先行，而不是以用户为起点。一方面，基于技术突破的产品创新，大疆能够不断对产品进行重新定义，为消费者带来全新的产品体验，甚至创造新的产品品类。另一方面，突破性的技术能够带来强大的竞争优势，即使是进入竞争激烈的赛道，大疆依旧能够打开自己的市场空间，比如专业影像产品、运动相机、无线麦克风系统、户外储能等。

"大疆是一家专注于技术本身的公司，我们相信只要技术不断纵向深化取得突破，市场自然能横向展开。所以虽然大疆的产品线众多，但回归到技术本源上，有清晰的脉络。"罗镇华说道。

当然，大疆的技术先行并不意味着不需要洞察需求。技术先行代表着大疆的产品追求，他们希望提供超乎用户期待的高质量产品。当用户看到大疆的产品时，会有一种惊喜感。这种超乎寻常的效果和体验，通常来自突破性的技术创新，以及深刻理解新技术对于客户的意义。

第三章

CHAPTER 3

安克：创新创造独特价值

2015 年的一天，安克的创始人和核心团队受邀到上海参加一场由亚马逊全球商务负责人召集的中国区员工会议。此时的安克是一家仅仅成立四年多的中国跨境电商，他们从没想到能进入亚马逊高层的视野。

在亚马逊的管理者看来，安克不是一个简单的商家。他们在亚马逊电商平台的充电设备类产品线连续 4 年成为销量冠军。通过产品星级、复购率和用户口碑等多维度数据分析后，亚马逊惊讶地发现：安克做了很多品类，每个品类都非常受欢迎。现实中也正如亚马逊管理层发现的那样，安克在产品创新上确实具有"点石成金"的能力。

安克成立于 2011 年，最早是数码充电类产品的跨境电商，包括充电宝、充电线、充电器等产品。安克将这些不起眼的消费电子配件做到质量上乘，而且充满科技感和设计感，很快在亚马逊平台风靡。安克在全球 140 多个国家与地区已经拥有超 1 亿用户。

在充电类产品成功之后，他们推出了音频设备品牌 Soundcore（声阔），在非常拥挤的 TWS 耳机赛道带来不一样的听觉体验。之后他们又推出了智能家居品牌 eufy、智能影音品牌 NEBULA、智能会议品牌 AnkerWork 等自主品牌。这些品牌都得到了众多消费者的喜爱，推出的不少产品都成为亚马逊平台的最佳销量产品。

短短 10 年时间，安克迅速成长为国内营收规模最大的全球化消费电子品牌之一。安克的产品在电商平台具有很高的知名度和美誉度，也得到许多海外用户的认可。在谷歌和凯度每年评选的中国出海品牌榜中，安克都是榜单的常客，而且曾经连续三年进入榜单前十，与许多世界级的中国品牌齐名。

安克的创始人阳萌在北京大学计算机系毕业后赴美留学，之后进入谷歌担任算法工程师，曾获得谷歌的最高奖"Founder's Award"。按照通常的剧本，阳萌的创业应该贴满了"互联网""算法""人工智能"这些时髦的标签。然而，当人们提起安克，最先想到的却是"充电宝"。

事实上，那些时髦的标签没有体现在安克的产品上，却融入进安克的组织里，造就一种全新的品牌模式。创业之初，阳萌希望改变中国制造的形象。中国制造总是被贴上"模仿"和"贴牌"的标签。阳萌希望通过做出好产品，在全球市场重塑中国消费电子品牌，为全球消费者提供高质量的消费电子产品，"弘扬中国智造之美"。

这是一家诞生于互联网时代的硬件创新企业，是一个非常值得关注的案例。这类公司被称为"DTC品牌"，在美国一度得到资本市场的追捧。我们认为更恰当的称呼是"数字原生创新品牌"，他们代表了数字时代的一种企业管理模式。

互联网和移动互联网的出现重新塑造了人们的生活，改变了消费者的行为，人们开始通过社交媒体了解产品，在电商平台购物，最后还会通过社交媒体分享产品的使用体验。就像我们说90后、00后是互联网时代的原住民一样，安克是数字时代的原生品牌。

安克是基于信息技术建立的硬件产品创新企业。无论是在用户需求洞察、产品研发、产品销售，还是品牌打造、组织和流程管理等方面，安克都运用了信息技术，充满了数字化的工具、方法和思考。

一、渠道变革带来机遇

在阳萌离开谷歌的前两年，他帮助朋友建立了一套自动化系统，系统可帮助朋友在亚马逊平台销售第三方产品。阳萌花了整整两个月的时间，利用每天下班和周末的时间完成了开发工作。这套系统涵盖了业务的各个方面，包括库存、物流、订单等的跟踪。最终，他的系统成功帮助朋友在一个月内就实现了每天 300 个订单。

这段经历让阳萌熟悉了亚马逊平台的运作，也加深了对亚马逊第三方销售的理解。他知道哪些方法能够行之有效，哪些则是无用功。他也见识到了品牌在一夜之间崛起，以及在短时间内销声匿迹。

阳萌发现亚马逊电商平台是打造全球品牌的最佳渠道。[①] 比起传统企业需要到海外设置分支机构，开拓当地渠道，甚至需要到当地建厂的国际化发展模式，同样希望打造中国制造品牌的阳萌则看到了难得的机会——跨境电商的渠道变革。

跨境电商同时具有两大时代红利：一是跨境贸易，中国成为世界工厂之后出口贸易持续增长的红利，尤其是跨境电商的规模；二是渠道变革，新兴的电商渠道降低了贸易的门槛，提高了交易的效率，同时也诞生了一批新的渠道品牌。

---

① 8 年从 0 到亿，中国卖家模范生安克的国际品牌打造三段论 [EB/OL].（2020-01-02）[2024-10-31]. https://cn.anker-in.com/articles/37.

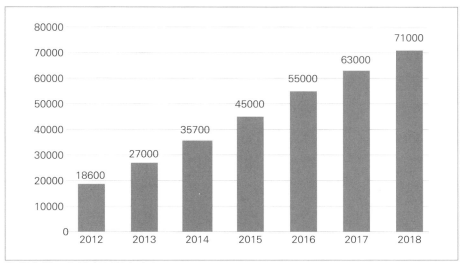

数据来源：电子商务研究中心。

图 3-1　2012—2018 年中国出口跨境电商交易规模

在阳萌开始创业的时候，美国市场的电商战争已经结束，亚马逊成为北美最主要的电商平台。经过多年的发展，亚马逊的商品品类齐全，凭借优质服务吸引了大量的中高收入用户。

亚马逊平台为许多商家提供了完善的基础设施，比如金融和物流，极大地降低了产品销售的门槛。安克最早尝试过采用自己的物流，但终究还是不如亚马逊便利，后来就以亚马逊的配送服务为主。

对于新创品牌来说，亚马逊平台能够帮助他们建立客户信任。新创品牌最大的挑战就是客户认知。消费者需要某款产品，但"为什么选你"是一个问题。商家需要说服消费者市场上有比老品牌更好的选择，让他们信任并选择购买。

亚马逊的评价体系很好地解决了这个问题，畅销和受到好评的产品会得到亚马逊的流量扶持，从而提高转化率。相比于实体店，电商渠道能够在短时间内带来更大的流量，流量红利让商家打造品牌变得更加容易。

在 2010 年前后，美国开始形成一股 DTC（Direct-to-Consumer，直接面向客户）潮流，在服装、美妆、眼镜、保健品行业涌现出不少 DTC 品牌。①这一现象在 2016 年左右得到广泛关注，DTC 品牌也开始成为热议的话题。

DTC 是直接面向消费者的品牌。品牌商通过直营渠道（比如电商平台），省去了批发商、零售商等中间环节，直接面向消费者进行产品销售和品牌传播等活动。类似的商业故事也在中国发生。2010 年前后，中国电商平台淘宝推出了一批"淘品牌"，比如服装品牌韩都衣舍、茵曼、裂帛等。在那时候，淘宝"双十一"购物节销量榜上，淘品牌占据了半壁江山。

DTC 品牌一方面以破坏性的价格进军市场，改变传统品牌一家独大的局面。他们通过商业模式创新、寻找低成本供应链等方式实现低价创新，以及缩短渠道链条为消费者让利。另一方面，DTC 品牌能够直接面向用户，更好地把握客户需求和解决用户痛点，与用户建立长期的情感联系。

跨境电商不仅为中国企业提供了出海的新渠道，同时还提供了打造 DTC 品牌的机遇。阳萌在当时也看到了跨境电商相比于传统外贸的优势：传统贸易的利润绝大多数被海外采购商拿走了，无法给消费者提供物美价廉的产品，采用跨境电商的模式则可以缩短销售链条，减少中间环节，直接给消费者让利，从而打开海外市场。②

2011 年，阳萌回到老家长沙注册了湖南海翼电子商务有限公司，同时在美国加州注册了"Anker"品牌。Anker 是德语单词，意思是"船锚"。

---

①劳伦斯·英格拉西亚. DTC 创造品牌奇迹 [M]. 汤文静，译. 天津：天津科学技术出版社，2021.
②于智凤. 70 个员工年净赚 1 亿，这家跨境电商是怎么做到的？[EB/OL]. (2017-11-10) [2024-10-31]. https://mp.weixin.qq.com/s/GOFHcmoU4MCBw2jIzBCDRQ.

他开始以 Anker 品牌在亚马逊平台销售笔记本电脑充电器、充电电池、键盘、鼠标等产品。

互联网是有记忆的，它为我们留下了不少珍贵的历史资料。在海外视频网站 YouTube 平台上，我们可以看到早期用户对安克产品的评测，包括充电宝、HTC 手机和三星手机的备用电池、iPhone 5 的手机壳、iPad 的保护套和键盘保护套，甚至还有电竞鼠标。在这些视频中，我们发现那时的安克就已经得到了用户的认可和好评。2012 年还没有网红带货的概念，这些视频更多是由消费者自己使用后拍摄上传的。

安克的创业开局非常顺利，他们获得了亚马逊"2012 年度假日销量冠军"，不管是销售收入还是利润都有不错的表现。安克逐渐在亚马逊站稳脚跟，而且很快进入了快速增长期。

安克的成功首先在于最早把握了渠道红利的历史机遇。当时的亚马逊渠道上，还没有太多中国同行厂商的身影，竞争压力较小。跨境电商对于中国的小商品从业者来说是有一定门槛的，毕竟语言不同、文化不同、法律不同。商家需要掌握英语、理解当地消费者的偏好、熟悉海外电商平台的操作和规则，甚至理解目标市场的法律，尤其是当地市场对于消费者的保护方面。

今天上市的跨境电商企业大多是 2013 年之前成立的，他们是第一批亚马逊中国卖家。这些企业主要有两个来源：一是传统外贸企业把握住了电商渠道的趋势，比如前身是外贸工厂的星徽精密和百事泰；二是海外中国留学生创立的企业，阳萌的安克就是其中之一，还有徐佳东创立的跨境通、郭去疾创立的兰亭集势等。①

此外，美国是发达市场，消费者的购买力比较强，对价格没有那么敏感，产品单价比较高。同样一款小商品，比如平板电脑保护套，国内平台卖 50 元，发达市场可以卖 50 美元，发达市场的售价是国内的 7 倍多。亚马逊平台也没有类似淘宝"店小二"一样的售前服务，没有讨价还价的环节，消费者直接下单购买。选择发达市场作为目标市场让安克避免了国内残酷的价格战，为自身提供了长期健康发展的生态和条件。

二、性价比的真正含义

让阳萌产生创业念头的是一次更换笔记本电脑电池的经历。

假如在 2008 年的时候买了一台笔记本电脑，两三年后电池就需要更换了。即使是在全球创新中心的硅谷，消费者也只有两种选择：一种是直接从笔记本品牌厂商（比如戴尔、惠普）购买价格昂贵的原装电池，亚马逊购物网站的评价是 4.5 星的高分，价格高达 129 美元；另一种则是价格只有 20 美元但质量一般的白牌电池，评分只有 3.5 星。

阳萌的答案是：都不要！他希望找到一款价格在 40—50 美元，评价能够达到 4.5 颗星的产品。

阳萌作为消费者的这种需求是安克创业的源头，也是许多 DTC 品牌的成功秘诀。市场上存在两种极端选择，一是质量上乘但是价格高昂的原

①林熹 . 10 年了！亚马逊中国卖家真不简单 [EB/OL].（2024-09-12）[2024-10-31]. https://mp.weixin.qq.com/s?__biz=MzU1NjAxNDgxNw==&mid=2247490088&idx=2&sn=0b99d811fe38924 5938085d5c10eb9ba&chksm=fa2c7dcaa18f584619d0e2cc3a2865bdba44ff08f8128a56c764dbde2c 56b46d90d937053b6f#rd.

厂品牌，二是质量低劣同时价格低廉的仿制品。在这二者之间，其实存在巨大的市场空间。

DTC 品牌能够提供价格远低于传统品牌，但质量上乘的产品，从而在更短时间内占领消费者的心智，赢得大批用户的支持。美国的 Harry's 公司采用订阅制模式推出价格是吉列品牌一半的剃须刀产品。[1] 眼镜在线零售商 Warby Parker 推出价格远低于传统渠道的品牌产品。[2]

在中国，这种策略有一个接地气的术语——性价比。性价比是许多中国制造的优势，也是他们打开国际市场的武器。值得注意的是，性价比的重点不在于低价，而是强调在产品质量和性能达到较高水平的基础上的价格优势。价格是客观的，是消费者最容易感知的，而质量则是需要体验、感受的，在日常使用中得到反馈。安克的性价比策略的成功其实代表了中国制造的进步，中国企业从纯粹的低成本优势逐渐走向满足发达市场的质量要求。[3]

安克面临的挑战不在于销售产品，而是制造出一款质量可靠的产品。阳萌有谷歌和亚马逊的经验，但却没有任何制造业的资源。为了实现产品的稳定供应，阳萌来到了制造业发达的深圳，寻找可靠的制造业合作伙伴。

供应链是成功的关键，也是阳萌回国创业的原因。阳萌在美国看到了不少硬件公司的惨痛失败经历，尤其是许多众筹产品。他们因为供应链问

①Steven Bertoni. Blade runners: How US startup Harry's plans to go after Gillette [EB/OL]. （2016-10-22）[2024-10-31]. https://www.forbesindia.com/article/cross-border/blade-runners-how-us-startup-harrys-plans-to-go-after-gillette/44523/1.
②Mark Spera. How Did Warby Parker Grow to a $1.7 Billion Ecommerce Company in 5 Years? [EB/OL]. （2022-05-03）[2024-10-31]. https://www.growthmarketingpro.com/warby-parker-grow-1-2-billion-ecommerce-company-5-years/.
③中国的智能手机品牌是这方面最典型的案例，他们从性价比开始突破，后来占据低端市场，消灭了山寨机；之后再不断走向高端市场，品牌和机型覆盖了多个不同的价格段。

题错过最终期限，导致长达数月的延误。稳定的供应链关乎硬件公司的生死存亡，为初创公司寻找供应商成为当时咨询界的热门业务。

从跨境电商的逻辑看，跨境电商赚的是信息差，海外市场还是一片蓝海，藏着大量等待挖掘的市场机会。阳萌认为快速打造产品是赢的关键，发现了一个别人不知道的品类就要抓住机会，尽快变现，然后在过程中慢慢优化。①

2011年，阳萌辞去了谷歌总部年薪近200万的工作，找来了他的同学和以前在谷歌的同事，组建了一支十多人的团队，其中还包括当时谷歌中国在线销售与运营总经理赵东平。这支由有着谷歌背景的高技术人才组成的豪华创业团队，显然有着更高远的目标。

对于刚刚投身硬件产品创业的团队来说，做出第一款产品是一段痛苦的经历。即使依靠深圳这样的世界制造中心，安克第一款笔记本电池的原型依然花了12个月的时间才做出来。他们孜孜不倦地测试第一批产品——笔记本充电器和电池，并成功通过亚马逊卖给消费者。

安克通过提供品质不亚于原厂、价格在30—40美元的电池产品收获了第一批用户，赚到了第一桶金。沿着这个思路，安克在亚马逊上寻找增长快速却缺乏优质供给的品类，然后利用中国供应链的优势，为亚马逊用户寻找优质的产品。

之后，安克开始涉足智能手机的电池，并推出HTC Sensation手机的替换电池。如今的手机都是不可更换电池的一体化设计，那时候还有可更换电池的手机。安克通过成功制造出容量更高的电池赢得了荣誉，同时也与亚洲知名的电池供应商建立了密切的联系，包括松下和阳极供应商

---

① 8年从0到亿，中国卖家模范生安克的国际品牌打造三段论 [EB/OL]. （2020-01-02）[2024-10-31]. https://cn.anker-in.com/articles/37.

BTR，以帮助测试和快速开发新电池。

2012 年年底，安克将所有的资源转移到充电宝①上。安克选择充电宝的决策是因为他们发现了一个巨大的历史机遇——智能手机逐渐替代功能手机。阳萌和团队断定智能设备将迎来爆发式增长，这是安克最大的机会。果不其然，那时候安克每天可以销售成百上千个充电宝。

充电宝是安克成功的第一条曲线，这种功能单一的品类很容易让人把安克的成功归因于渠道的时代红利，而忽视成功背后的关键——真正让安克性价比成功的是产品质量，而不仅仅是渠道和价格。

充电宝最早发明于 2001 年，当时被称为"移动电源"。真正让充电宝流行的原因是 iPhone 的发布。此前的手机，不管是智能手机还是功能手机，采用的都是可拆卸电池的设计。安克最早就做过 HTC 和三星手机的替代电池。iPhone 的一体化设计让手机可拆卸电池的时代一去不复还。这种设计后来成为智能手机的主流。

2007 年，国内厂商开始为海外充电宝品牌代工，充电宝品类迎来快速发展。由于充电宝门槛较低，到安克创立的时候，国内的充电宝企业已经多达数百家。华强北把生产山寨机的才华用到了充电宝上，不仅使充电宝出货量快速增长，还将价格打到几十块人民币，产品设计也五花八门，各种多功能充电宝层出不穷，比如带手电筒的，带电量显示屏的。这些设计有的还沿用至今。

那么，华强北有众多充电宝厂家，为什么他们很少能取得安克这样的成就？安克选择的美国亚马逊是一条竞争少、利润高的道路，但同时也是选择了更难的挑战。海外发达市场跟中国本土是完全不同的商业生态和品

①2024 年，安克海外品类名称为"power bank"，这一品类在安克发展史上有过不同的名称，最早时叫 External Battery（外接电池）。充电宝在中国台湾地区被称为"行动电源"。

质要求，发达市场经过长期发展，消费者对产品有着更高的要求。

另外，发达市场更加注重消费者的权益保护，买家通常可以无理由退货。一旦出现质量问题，几十美元的产品就能给商家带来近万美元的罚单。安克的竞争对手就曾因一款充电电池冒烟，导致用户需要更换地毯、干洗衣服、粉刷墙壁，最终被罚支付用户所需费用接近一万美元。[①] 对于那些试图赚快钱的厂商而言，这种市场既不划算，也存在高风险。

事实上，在当时的跨境电商行业，阳萌创办的海翼电商是一个异类，阳萌在同行中是孤独的。[②] 在一次跨境电商聚会中，成功的商家分享的是如何把 1 美元的鼠标包邮卖到全球，一天能够赚几千块人民币还不赔钱。1 美元在当时还不到 8 元人民币。如此低的价格还要覆盖物流成本、平台费用、公司运营成本，显然产品很难做到长期使用所需要的高质量。

同期在海外电商平台开店的商家中，很少有像阳萌一样注册品牌（Anker）的。国内的商家更多是将华强北、义乌小商品市场，或者全球其他地方没有品牌的产品挂到电商平台上，卖到海外。

在 2013 年用户的体验视频中，我们发现当时的安克充电宝品牌名为"Anker Astro"并且形成了 4 个不同定位的系列。从命名方式上可以窥见安克的品牌追求。安克的 Anker Astro 命名方式类似于智能手机品牌，分别是：数字系列（Anker Astro 3）、mini（Anker mini）、pro（Anker Pro）、E+ 数字（Anker Astro E4）。一些主打低价的国产品牌在亚马逊上堆砌了许多功能，但却连产品品牌名都看不到。

---

① 且不说海外发达市场，国内市场的充电宝产品质量良莠不齐，常常出现电芯以次充好，容量虚标的情况，有较大的安全隐患。最终，小米以一款 69 元的充电宝几乎"一统江湖"。小米充电宝就很好地诠释了性价比的含义：坚持采用进口电芯，做工和设计都很有品质。雷军通过大量收购笔记本厂商电池库存的方式达到了几乎不可能实现的成本要求。69 元的充电宝很多，但小米的就显得与众不同。
② 阳萌 . 海翼阳萌：跨境电商变了 [EB/OL]. (2017-12-21) [2024-10-31]. https://mp.weixin.qq.com/s/_BKosoFX-8M-jnzuq6pYdw.

安克的充电宝在 2013 年就取得了不小的成功。2013 年 12 月，安克的充电宝被 GizMag 评为 2013 年最佳电子产品之一。在当年亚马逊电池类销售排行的前十名中，安克产品就占据了 8 个。

如果说渠道的红利源于创始人的见识，那么品牌的成功则源自创始人的追求。代表中国新质生产力的创业者有一个重要的特征——他们都希望为中国制造正名。阳萌创业的初衷是"弘扬中国制造之美"，之后演变为"弘扬中国智造之美"。

在海外的经历让阳萌看到了中国制造的处境，国外货架上摆放的都是外国的品牌，中国制造则被打上了"低端""廉价"的标签。阳萌了解海外消费者的习惯，他认为物美价廉的中国制造产品如果能做到设计富有特色、消费体验领先，通过跨境电商平台直接面向欧美消费者，将是巨大的商机。将中国的好产品介绍到国外成了阳萌创业的动机。[1]

技术出身的阳萌是个十足的"创造者"。他发自内心地希望为世界提供漂亮、可持久的产品，而不是廉价、很快就坏的东西。[2] 中国品牌应该提供品质和服务领先、功能有所创新的产品。如同日韩一样，从早期因质量问题不受待见到奋起直追，中国品牌经过一代人的努力打败了欧美品牌。[3]

跨境电商为中国企业打造中国品牌提供了机遇。阳萌认为跨境电商是跨境贸易的 3.0 时代。1.0 时代是广交会，国内厂商通过展会渠道跟海外客户签订合同。2.0 时代则是通过阿里巴巴和 eBay 平台销往海外，但是是以

---

① 霍其东. 创业故事：80 后小伙放弃谷歌高薪工作，回国创业年赚 1 亿 [EB/OL].（2014-10-20）[2024-10-31]. https://mp.weixin.qq.com/s/HsrRlA9CqOA8UQAD7pvuCg.
② 苏庆先."神秘的安克"与全球化的底层逻辑 [EB/OL].（2022-02-11）[2024-10-31]. https://new.qq.com/rain/a/20220211A001UU00.
③ 阳萌. 华翼阳萌：跨境电商变了 [EB/OL].（2017-12-21）[2024-10-31]. https://mp.weixin.qq.com/s/_BKosoFX-8M-jnzuq6pYdw.

价格竞争为主，出口的是不带品牌的产品。3.0 时代则是要利用海外高质量平台打造中国品牌。① 这些平台汇聚了众多海外品牌，多是消费者日常社交和生活中经常访问的网站，为打造中国品牌提供了难得的机会。

---

① 阳萌 . 海翼阳萌：跨境电商变了 [EB/OL].（2017-12-21）[2024-10-31]. https://mp.weixin.
qq.com/s/_BKosoFX-8M-jnzuq6pYdw.

第二节　　做透一个垂直品牌

一、产品是所有的前提

渠道品牌是依赖渠道成长起来的，电商渠道能够带来巨大的客流量，这是传统渠道难以比拟的。然而，流量红利往往是短期的，依靠流量走红的产品常常后劲不足，最终昙花一现。

在信息时代，信息差很快就会被填平，成功的产品和模式很快就会被争相模仿。利用流量打造爆品只能作为短时间吸引客流的策略，而不能作为长期发展的战略。在中国市场，利用流量红利成长起来的淘品牌会反向进行供应链能力建设和品牌打造，甚至进入主流渠道，走向更长远的发展。

阳萌认为渠道型卖家的日子会越来越艰难，淘宝上的渠道型卖家不会成为主流，占主流的是有品牌支持的分销商。[①] 在亚马逊单纯地从事贸易不能长久，想要做长久必须有好的产品和令人信赖的品牌。安克需要自己从事产品研发，来不断满足用户的需求。[②]

产品是第一位的。安克经常强调："产品是1，后面所有东西都是0。"[③] 充电类产品是安克最早成功的品类，主要包括充电宝、充电器、充电线等产品线。这些产品功能单一，市场进入门槛不高，很容易成为拼低

①③ 阳萌．年会专栏 | 中国制造携手跨境电商实现品牌全球梦 [EB/OL].（2015-09-22）[2024-10-31]. https://mp.weixin.qq.com/s/U-g5H-jHcdWYwdT11ImUVA.
② 陈赋明．安克创新：跨境电商里跑出的品牌创造者 [EB/OL].（2021-07-29）[2024-10-31]. https://www.ebusinessreview.cn/newsinfo/1755514.html.

价的标准产品，很难实现差异化。

按照安克的说法，充电器属于"三低品类"：低热情、低投入度、低单价。① 就是这样不起眼的"三低品类"公司，居然成了一家上市公司。安克是如何把充电配件做到几十亿元人民币规模的？

回看 2013 年用户对安克充电宝的评测视频，当时安克在产品品质上就已经赢得了消费者的信任。不管是评测者、视频下面的评论，还是讨论产品的论坛，常常能看到用户对安克品牌的赞赏，"质量（Quality）"是一个高频词。

安克始终坚持采用高品质的原材料和配件。电芯是充电宝产品最关键的部分，安克采用的是松下和 LG 化学的电芯。到后来，安克的充电器使用的是苹果同厂的芯片，每根数据线都通过了苹果官方的 MFi 认证。

获得苹果官方的 MFi 认证是对安克产品质量最大的认可，安克也是少数能够上架苹果美国官网的品牌。作为一家来自中国的品牌，这是一件非常不容易的事情。苹果公司非常重视产品的整体体验，更何况充电还涉及产品的安全性，因而不会轻易让外部厂商为苹果打造配件，严格把控其硬件生态。安克也因高质量获得了制作 iPhone 充电器的资格。

MFi 认证是"Made for iOS"的英文缩写，是苹果针对搭载 iOS 系统的设备产品（iPhone 和 iPad）推出的认证标准，通过认证的厂商在产品上会被授权标记 MFi 的 Logo。没有 MFi 认证的产品就没有苹果的芯片，苹果设备会提示"充电设备有问题"，并断开充电。每条苹果数据线的连接头都有苹果规定的加密芯片，用于跟苹果设备彼此确认身份。

这些芯片都是苹果指定工厂授权经营，并由指定的国际会计师事务所

---

① 陈亚蕾. 安克创新全球 CMO 陈亚蕾：品牌全球化之路，聚焦产品、用户、组织的极致创新 . [EB/OL] .（2023-04-07）[2024-10-31] . https://www.amz123.com/t/h0ydxXq4.

定期审查。苹果对供应链的严格管理是出了名的，对于这些配件的芯片申报数量、使用数量、剩余数量以及芯片流向，授权厂商都需向苹果报备。

苹果 MFi 认证非常严格，对产品的品质、设计品位，乃至配件厂家的规模、口碑、研发设计能力都有严苛的要求，认证的通过率极低，几乎是百里挑一。安克就是少数几家获得 MFi 认证的配件厂商之一。

耐用性是产品质量最重要的体现之一。充电线是普通得不能再普通的配件了，安克却能从中发现用户的痛点——充电线的纤芯用不了多久就折损了。在充电线跟充电器接触附近，以及线跟设备（手机、笔记本）接触附近尤其容易折损，因为在日常使用中经常需要弯折。无论是官方的原装线，还是第三方品牌的充电线，都没有留意到这个问题。

2015 年，安克的产品经理立志解决充电线易折损问题，打造足够结实的充电线。研发人员尝试了上百种材料，最后找到了凯夫拉材料。凯夫拉材料是美国杜邦公司于 1965 年推出的一种芳香族聚酰胺类合成纤维，具有很强的抗拉和抗弯折能力，主要用于制造防弹衣。一般的充电线使用的主要是 TPE 材料。安克将凯夫拉材料用于日常使用的充电线，做出了能够经历上万次弯折而不破损的产品，而行业的标准仅仅为弯折 3000 次不破损。

充电器的功能创新看上去要比充电宝困难得多。将一个手机充电器拆开，里面塞下了协议芯片、功率芯片、电容、电感等多个元器件，然后焊接在 PCBA[①] 上，再附上导热垫和散热片，最后是外壳。这些元器件都是标准品，厂商都可以从上游的供应商采购得到。

安克发现了拥有多台数码产品的消费者需要携带多个充电器出门的痛点。2013 年智能手机接口比今天更复杂，当时的诺基亚、索尼、三星、

①PCBA：Printed Circuit Board Assembly，印制电路板。

LG，每家都是不同的接口。此外，同一品牌不同代际的手机也可能采用不同的充电接口，手机和平板电脑又是不同的接口。即使在今天，苹果手机也有自己的 lightning、USB-C 接口，安卓则主要采用 USB-C 接口，充电协议也不同。

2013 年，安克独立研发了 Power IQ 技术，这是一种智能匹配充电电流的技术。在充电过程中，内置 Power IQ 芯片（协议芯片）的充电器可以识别不同设备的充电协议，智能匹配输出功率，在满足多种设备兼容的同时还实现对设备充电过程的有效保护。

表 3-1 Power IQ 技术的迭代

技术代际	原理和效果
Power IQ 1.0	在插入那一刻根据设备分配功率，分配后，固定功率输出，并兼容许多标准协议
Power IQ 2.0	"全时功率分配技术"，即除接入设备时根据设备分配功率，其后续会根据设备需求调整功率，每秒监测充电所需要的功率，每 3 分钟根据设备的功率需求调整输出功率。根据不同设备、不同电量的情况，可以提升充电速度
Power IQ 3.0	支持苹果、华为、三星、小米等主流品牌旗下的设备快速充电的需求。还支持小电流模式，可适配蓝牙耳机、智能手表等设备，以小电流模式充电，安全且不损伤设备
Power IQ 4.0	全时、动态地监控充电设备的功率要求，能够做到每秒检测、每 3 分钟自动调整功率的全时功率分配技术，可以有效地为总充电时间减少 1 小时 在同时为手机和笔记本电脑充电，但手机几乎是关机状态时，搭载 Power IQ 4.0 技术的安克充电器就会分配更多电量来为手机更快充电，同时继续以稳定的速度为笔记本电脑充电
Power IQ 4.0	Power IQ 4.0 兼容超过 1000 种设备，让 1 个充电器充所有设备充成为可能

资料来源：根据充电头网报道整理。

2015 年的 Power Port 5 是一款大小不超过扑克牌的充电器，配有 5 个 USB 端口。在 Power IQ 技术支持下，这个产品能同时实现高速快充，满足一个家庭的设备充电需求。原装充电器通常体积较大，在插座有限的情况下很难同时为多台设备充电。这款产品不仅方便多设备拥有者的桌面收纳，还能为用户外出带来便利，省去携带多个充电器的麻烦。这是当时市面上唯一能够同时为 5 台设备提供快充的数码充电器，很快就成了爆款产品。

Power IQ 技术成了安克充电类产品获得成功的撒手锏。今天几乎所有的安克充电器、充电宝都带有 Power IQ 标识。Power IQ 技术持续迭代，发展到第四代时已经能够实现对手机、笔记本和耳机等不同设备同时充电，而且能够根据设备情况智能分配输出功率，大大降低总的充电时间。

此外，安克在充电器的产品外形设计上也做了创新，从而满足多种用户场景，为消费者带来便利，比如接多条线的多端口壁式插头充电器、车载充电器、磁吸式充电底座等。随着手机无线充电功能的普及，磁吸式功能的无线充电产品（充电器和充电宝）如今也成为安克充电类的一条产品线。

图 3-2　安克的充电类产品[①]

安克非常重视产品的外观设计。早期安克的充电宝以黑色为主，因为欧美消费者更喜欢黑色的产品，国内消费者则倾向于白色。后来安克逐渐将单调、不起眼的配件产品做出了创意和温度。

乔布斯在苹果打造了融合科技和美学的产品，引领了消费电子产品的潮流，使工业设计成为流行的专业。从产品设计到包装设计，设计创新是最先打动用户的地方。消费电子产品在满足消费者功能需求的同时，还要提供审美的愉悦感。"颜值"已经成为影响用户消费决策的关键因素。安克的产品设计得到不少国际权威机构的认可，赢得了包括美国 CES 设计创新大奖，日本 G-Mark 优良设计奖，德国 iF 设计奖和红点设计奖等设计奖项。

安克的充电器、充电宝产品会尽可能做到体积小巧。材质上会采用可抵抗磨损和划痕的耐磨哑光外层，显得高档且时尚。官方的充电器产品通常显得很笨重，而且主要是白色系的标准产品。安克提供了颜色多样的产品选择，还有动漫图案的联名款，比如航海王联名款、哆啦 A 梦联名款、宝可梦联名款，以及猫和老鼠联名款。

手机充电器、充电线、充电宝这些常见的配件看起来很不起眼，但安克总是能洞察到用户的需求，实现产品创新。安克将一些新材料、新技术、新设计带到这个品类，从而在兼容性、耐用性、功能性、易用性、体验性等多方面突破了原有产品的极限。安克成功地改变了人们对充电器的看法，给消费者带来设计精巧、功能体验远超原装充电器的产品。

二、品牌注重每个环节

打造品牌是安克的追求，在做好产品的同时，安克还注重每个环节，包括营销（采用数字化的创新形式）、渠道、售后、物流、本地化等。

安克非常关注用户的感受和反馈，在产品包装上十分用心。安克在成立时就有专门的 ID（工业设计）部门，后来经过三年的发展形成完整的 ID 和包装部门。对于电商品牌而言，包装拥有两层含义：数字形象和产品包装。安克会从用户审美的角度来设计亚马逊平台上的展示图。

从创立初期开始，安克就非常重视产品给用户带来的情感价值，因为用户体验本身就是一种感受。为了让产品脱颖而出，安克每个充电宝的包装都经过深思熟虑。从客户收到产品的那一刻起，到打开产品和使用产品，都是体验的一部分。

一个白色和浅蓝色的盒子，印着 Anker 的名字，打开来里面是精心包装的轻质纸板，还有特殊的气味——混合了塑料和产品环氧涂层化合物的气味，散发着新品的感觉。在包装盒里，还有一张小卡片，上面写着："你感到快乐，还是不快乐？"

这其实是张售后卡，安克将其设计为"Happy 卡"。如果感到不满意，卡上的一段文字指示用户通过电话、邮件或者网址进行反映，这获得了安克客户的支持。如果感到满意，安克会希望用户告知朋友或家人，并在亚马逊留下评价。如果刚好遇到圣诞节，包装盒里还会有一张漂亮的圣诞节日卡。

除了充电宝产品和必要的充电线，安克还给充电宝提供了一个精致的网袋，用于收纳充电宝和充电线，便于外出携带。从包装到产品，都能感到品牌方的用心。所有这些都是为了给用户一种可靠的感觉，让用户觉得安克是一家可信赖的公司。

安克的每件产品都有 18 个月的品质保障服务，提供免费换新，这一点也是许多用户信任安克品牌的地方。

国内电商平台京东的成功彰显了物流对于购物体验的重要性。从安克进入跨境电商行业开始，他们就非常注重海外消费者的购物体验。安克很早就跟一家美国公司合作，依靠他们在美国的仓储中心和物流网络来提高效率，解决物流服务的痛点。从国内发货到美国，往往需要半个月才能送达。而通过跟美国本土企业的合作，安克能实现 3 天送达。这大大提升了购物体验。

注重本地化发展

安克在 2012 年成为亚马逊的 Best Seller 后，依托亚马逊平台从北美走向欧洲，再进入日本、澳大利亚和东南亚地区。如今，安克的产品已经销往 140 多个国家和地区。"尊重用户，做好本土化"是安克成功出海的心得。

2015 年的一句用户反馈让阳萌记忆犹新："你们的产品做得挺好的，但你们就不能请一个 native speaker（当地人）把你们的产品使用说明书写得没有语法错误吗？"

安克开始意识到即使是微不足道的语法和标点，都会影响消费者对品牌的认知。安克从客户对说明书的抱怨中意识到本土化服务和营销的重要性。他们开始在各个区域都建立本土化的服务团队，力求让品牌更深入人心。产品力是品牌力的基础，但本土化营销是成为领导品牌的加速器。

本土化要根据当地市场的文化、消费者需求和流行趋势调整表达方式和广告形象。不同国家或地区的广告风格各不相同。安克在美国的广告风格比较直接、夸张；到了日本，安克的广告风格则偏向含蓄、唯美、简洁。

安克发现海外用户对于快充产品总有安全的顾虑。在不同区域，"安全"的概念有着不同的呈现形式。在美国，安克以最激烈的橄榄球为广告内容，因为橄榄球是最受美国人欢迎的运动，在欧洲则用冰球，在东南亚则改为摩托车。

安克在推广声阔品牌耳机的时候，对美国和日本市场采用完全不同的策略，产品参数、场景图片、运营策略都需要定制。美国用户听歌的场景一般是在健身房或者户外跑步，因而美国用户偏好节奏感强的音乐；日本用户则喜欢在通勤时听轻音乐，而且喜欢欣赏歌手的声音。

要做好本土化，就要挖掘本土人才。在当地组建团队和组织是实现人才本土化的有效策略，日本市场就是典型案例。日本亚马逊不同于其他地区，即使是网店，也需要在日本注册公司。

2012年，一位发现安克产品的日本创业者主动加入安克，帮助安克在日本注册公司，组建团队，打通亚马逊和乐天两个日本主要电商平台，同时还拓展线下市场。安克在日本形成了组织能力，不断向日本市场导入安克的新品类。

安克的海外市场80%以上用的是当地的人才。经过多年摸索，安克建立了类似华为的"国家代表"的全球营销管理体系。国家代表负责组建当地的营销团队和销售团队，设立办公机构，以及当地的线上和线下渠道整体操盘。团队需要跟当地媒体建立良好关系，操办现场产品发布会活动，用本地语言与当地用户沟通，为总部提供产品设计和包装方面的建议等，中国总部则提供产品和线上运营的方法论支持。

全域品牌营销

随着安克逐渐成为充电类产品的领导品牌，安克一方面跟随亚马逊从美国走向几十个国家，另一方面则从线上走向线下，进行零售店渠道的布局。

之所以发展线下渠道，首先是希望覆盖更多的细分市场用户，安克希望让更多的人知道更加便捷的智能设备充电方案。中东地区的电商还处于早期发展阶段，想要触达当地用户就需要开拓线下渠道。2014年年底，有人主动发邮件询问如何在中东地区代理安克的产品。在零售体系不发达的中东，安克选择招募当地具有实力的代理商。这些代理商将安克的旗舰店开在了迪拜、科威特城这些城市最热闹的购物中心，覆盖更多的人群，提升品牌影响力。

其次，一个很现实的顾虑是安克对于在线模式的过度依赖。2015 年，随着亚马逊平台商家数量的增加，产品繁多，消费者挑得眼花缭乱，在亚马逊上推出新产品变得更加困难。平台上老产品已经有数千条评论，为消费者的选择提供了参考。新产品需要在搜索排名中脱颖而出或者受到平台推荐，消费者才会下定决心尝试。

安克开始走向全域品牌营销，参考、模仿智能手机品牌，也在纽约、洛杉矶、东京等大都市举办新品发布会，同时在线下铺设广告进行产品宣传。要知道，进入发达市场的连锁商店可不是一件简单的事情。

沃尔玛在美国有超过 3000 家门店，进入门槛非常高。尽管安克发现自己的充电类产品要领先沃尔玛的竞品不少，但他们还是战战兢兢、夜以继日地准备沃尔玛的审核材料。安克专门聘请了在宝洁工作过的零售专家，并在 2016 年实现了对沃尔玛的突破。沃尔玛的标准给安克提出了新的挑战，也提升了安克发展线下业务的能力。经过层层审核，安克最终成功进入沃尔玛。

如今，安克在北美地区已经成功进入沃尔玛、塔吉特、百思买等全球知名连锁超市。在欧洲市场，安克成功进入了英国的 Dixon、哈罗德百货（Harrods）和塞尔福里奇百货（Selfridges），德国家电零售巨头万得城（Media Markt），法国知名零售集团 Fnac Darty 等。在日本则成功进入零售连锁巨头 7-11 便利店，并与日本三大电信运营商中的 SoftBank 和 KDDI 合作，进入其线下门店。基本上在所有发达国家的线下零售体系，都能看到安克产品的身影。

三、追求高质量的增长

安克希望在消费电子配件里成为全球性的领导品牌。在安克很多产品的开箱视频中，我们经常看到产品包装盒里的卡片上印着"America's Leading Charging Brand"（美国领先充电品牌）字样。今天，在安克的官方商店平台上，我们发现安克已经成为"The World's No.1 Mobile Charging Brand"（全球第一移动充电品牌）。

安克关注的不是短期指标，而是客户的重复购买率。在创业的前4年里，安克保持每个月超过0.5%的复购率的上升，实现了15倍的营收增长，在主要市场和主要品类中获得40%以上的市场份额。[①]

好的品牌会持续关注客户，不断赢得客户的信任。客户的复购来源于安克对他们的持续关注和研究。在进行产品设计时，他们会去询问客户对产品设计的满意度。在产品研发中注重对欧美消费者的研究。安克还会持续收集亚马逊平台的客户评价和价格变化方面的数据，帮助产品经理分析产品问题和客户需求，从而快速进行产品迭代。这在后来形成一套安克独特的方法论。

欧美客户非常关注产品品质，这是需要长期坚持的。一次DOA（Damage On Arrival，到货即损）就有一半的概率损失一位客户。同一位客户可能会多次购买，相当于提供数百美元的价值。

品牌价值离不开长期积累，要做好品牌就需要对产品持续地投入，打造更好的产品。不管是跨境电商，还是硬件产品创新，深圳都是中国的桥头堡。为了招到产品调研、设计研发、营销等环节最优秀的人才，安克选

---

① 阳萌. 年会专栏 | 中国制造携手跨境电商实现品牌全球梦 [EB/OL]. (2015-09-22) [2024-10-31]. https://mp.weixin.qq.com/s/U-g5H-jHcdWYwdT1lImUVA.

择到深圳建立分支机构。

2012 年，在第一款产品跑通了线上销售过程后，安克做的第一件事就是成立自己的研发中心。安克在深圳坂田成立了第一个研发中心，当时只有 200 平方米，10 多位工程师。当公司达到 600 多人的规模的时候，研发技术人员已经接近 200 人，占了 1/3。他们很多都有国际知名软硬件企业的工作经历，研发能力能够覆盖多项最新技术。

安克追求的是设计、功能、技术在全球市场的领先。对于很难差异化的充电类产品，安克每 2—3 周就能发布新产品。安克还借鉴了华为的研发流程来管控产品开发，一方面保证产品的市场成功率，避免产品经理做出市场不需要的产品；另一方面保证研发效率，即使同时研发 10 款产品，也能按时交付。安克还加大对测试实验室的投入，丰富和加强对产品的测试，从源头管控产品，产品出厂前都要经历数万次严苛的测试。

为了吸引更多的技术人才，安克将原来的公司名"海翼电商"更名为"安克创新"，突出公司的产品和技术创新。在之后发展中，安克研发人员的比例不断上升，常年在接近公司人员数量一半的水平。2023 年，安克的研发人员占了公司人员总数的 47.75%，研发支出超过 14 亿元，占营业收入比例高达 8.08%[1]。这几个数字即使在很多科技公司都是很少见的。

今天安克的产品已经涉及多个品类，看上去不是很聚焦。回顾安克的发展历程，他们其实走得十分稳健。2015 年的时候，安克已经在充电类产品做到头部，是跨境电商的成功案例，但他们还是以充电类产品为主。

很多抓住时代机遇的跨境电商很容易走上另一条道路——通过疯狂进行品类扩展来追求更快速的增长。原本做 3C 产品[2]的公司会涉及女装、化

---

[1] 数据来源：安克创新 2023 年财报。
[2] 3C 产品：计算机类、通信类和消费电子类产品的统称，亦称"信息家电"。

妆品、家具等各种各样比较适合电商渠道的品类。有的同行 SKU[1] 可以做到上万个，而安克仅仅是上百个。

阳萌非常理性，而且对品牌有着坚定的追求，他希望安克的增长是高质量的，而不仅仅是短期的数量爆发。安克在启动新品牌的时候会进行大量的调研，确保企业的组织能力和外部的供应商资源能够跟得上，实现平稳的增长。产品的研发立项有专门的委员会进行把关。

事实上，跨境电商是一项风险很高的生意，尤其在存货周期上。中国电商的库存周期可能是 10 天之内，甚至可以做到 3 天，跨境电商由于有海运、报关等环节，存货周期通常在一个月，甚至可以长达 50 天。一旦产品、运营出了问题，就会形成存货，影响公司现金流。加上税务风险、法律风险、政策风险、平台违规风险等，有太多的风险需要考虑。

安克花了大量的时间在管理能力的建设上，克服种种困难建立起一套完善的内部控制体系。他们非常关注周转率、库存、存货天数等关键指标。每天会有人实时监控关键指标的变动，每天都进行优化。

安克的早期投资者在一次分享会中提到了安克在多项指标上都要强于同行的领先者，包括现金周转率（包括存货天数、应收天数、应付天数）、主要品类的市场份额和复购率、税务合规性，最终体现在安克财报的数字上，安克当时的净利率高达 12%，同行前十的企业净利率还不到安克的一半。[2]

安克非常重视团队和组织建设。阳萌很羡慕华为 20 多年持续的组织凝聚力，能够把最好的人聚集在一起。安克非常强调公司的价值观，他们相信一群有相同价值观的人聚在一起能够爆发出更强大的能力。

---

[1] SKU: Stock-keeping unit，库存单位。
[2] 史君. 出口篇——资本方角度看跨境电商 [EB/OL].（2017-09-14）[2024-10-31]. https://mp.weixin.qq.com/s/z8gRJF-1-nqFwdBRrPCiLw.

在招聘的时候，安克通常不会录用那种吹嘘能操作同一平台数十个账户的人。[①] 安克经营的是品牌，每个平台只有一个账户，这是公司内部的政策和要求，是不能触碰的高压线。

安克创立之初就专门成立团队来研究亚马逊的平台政策，理解和遵守亚马逊的游戏规则，利用规则赢得竞争。这也许就是安克在亚马逊的关店潮中丝毫不受影响的原因。亚马逊平台非常重视评价的客观性，因此一度封杀了不少刷单的商家。安克一直强调亚马逊平台非常适合建立品牌的生态，因为安克的宗旨跟亚马逊的"以客户为中心"非常一致。[②]

[①] 阳萌 . 年会专栏 | 中国制造携手跨境电商实现品牌全球梦 [EB/OL].（2015-09-22）[2024-10-31]. https://mp.weixin.qq.com/s/U-g5H-jHcdWYwdT1lImUVA.

[②] 安克最早其实同时在亚马逊和 eBay 上开店，后来重点布局亚马逊。因为亚马逊的消费群体对产品品质和服务体验有着更高的要求，符合安克的品牌定位。亚马逊更适合安克的生态，提供的数据跟踪和营销服务更能满足安克的需求。

第三节 **客户经营的数字化**

一、数字原生垂直品牌

安克究竟是一家什么样的公司？

很多术语都显得词不达意。安克有很多标签，比如跨境电商、DTC 品牌、充电宝，但这些远远不够。安克的产品力很强，自我定位是"一家创新消费电子产品公司"。[1]仅仅是产品公司还不够，安克还善于打造产品品牌，同时拥有多个品牌。

随着公司不断发展壮大，安克不断拓展产品线，从充电类产品拓展到智能创新类和智能影音类产品，形成 Anker、eufy、AnkerMake、NEBULA、Soundcore、AnkerWork 等六大品牌（见表 3-2）。

表 3-2 2023 年安克六大品牌

大类	2023 年贡献	品牌	时间	产品
充电储能类	营收 86.04 亿元；占比 49.14%	Anker	2011 年	数码充电设备和相关配件：充电宝、充电器等
			2023 年	Anker SOLIX 系列的家用光伏和储能产品等

---

[1]8 年从 0 到亿，中国卖家模范生安克的国际品牌打造三段论 [EB/OL].（2020-01-02）[2024-10-31]. https://cn.anker-in.com/articles/37.

续表

大类	2023 年贡献	品牌	时间	产品
智能创新类	营收 45.41 亿元；占比 25.94%	eufy	2016 年	eufy Security 智能可视门铃、智能门锁和智能无线安防摄像头等
			2016 年	eufy Clean 深度清洁扫拖一体机、扫地机器人
		AnkerMake	2022 年	智能 3D 打印机
智能影音类	营收 42.85 亿元；占比 24.48%	NEBULA	2017 年	安克星云：激光智能投影系列产品
		Soundcore	2017 年	无线蓝牙耳机、无线蓝牙音箱等
		AnkerWork	2021 年	无线蓝牙麦克风、会议摄像头等

数据来源：安克 2023 年年报。

当我们回顾 DTC 品牌的发展史的时候，一个新术语更适合定义安克——数字原生垂直品牌（Digitally Native Vertical Brand，简称 DNVB）。确切地说，安克是一家擅长打造 DNVB 的公司，打造 DNVB 的能力就是其核心竞争力。安克旗下有多个 DNVB 品牌，Anker 则是充电类产品的 DNVB。

DNVB 是由 DTC 品牌的鼻祖之一安迪·邓恩（Andy Dunn）提出的。他于 2006 年创办了 Bonobos，一家为男士提供舒适又修身的定制化西服裤的品牌，被认为是最早的 DTC 品牌。Andy Dunn 花了 10 年的时间才搞清楚这个概念，他认为 DNVB 指的是一种诞生于互联网的垂直品牌，品牌与消费者互动、交易、讲故事的方式都是通过网络。[1]

---

[1] Andy Dunn. The Book of DNVB: The Rise Of Digitally Native Vertical Brands [EB/OL]. (2016-05-10) [2024-10-31]. https://dunn.medium.com/digitally-native-vertical-brands-b26a26f2cf83.

DNVB 区别于电子商务，是一个品牌，电子商务是其渠道，但不是核心资产。DNVB 重视对客户体验的关注，由于所有的交易和互动会被数据化，因此 DNVB 更能跟客户建立亲密关系。DNVB 存在的最重要因素就是其提供的差异化服务。尽管发源于数字时代，但 DNVB 并不局限于线上渠道，也可以发展到线下渠道。

Andy Dunn 的数字原生垂直品牌概念几乎是为安克量身定做的。Anker（充电类品牌）是一个非常成功的数字原生垂直品牌。安克是基于电商渠道建立的品牌，对客户体验非常关注，每次创新都是围绕客户痛点展开的。他们也非常善于利用 Web2.0 时代的社交媒体跟用户沟通，与客户建立紧密关系。他们的产品也有非常强的差异化。

阳萌在很多场合都在强调安克不是一家充电宝公司，因为这家公司不仅拥有多个品牌，还有很强的技术实力。事实上，这恰恰证明了 Anker 品牌的成功，Anker 已经成为充电类产品（垂直品类）的强品牌，消费者很自然地将"安克"（Anker）和充电宝、充电器联系在一起。

值得一提的是，安克还从两个维度扩展了 DNVB。一方面，安克是科技型的 DNVB，按照 Andy Dunn 的理解，DNVB 是零售公司，而非科技公司。安克产品所属的品类是消费电子，具有很强的科技属性。另一方面，安克是一家拥有多个 DNVB 的公司。他们拥有多个品类的品牌，这些品类并没有太强的关联性，可以算彼此独立的垂直品类。

DNVB 有打法吗？答案是肯定的。安克的成长过程就是非常生动的案例，他们不止一次成功地做到了。从充电类产品到音频类产品，再到清洁类产品等不同的赛道，他们成功地将充电类产品的 DNVB 实践复制到其他品类。

当安克发展至 50 亿元人民币的规模时，其充电类产品占据全球 40% 左右的市场份额，后续再想高速增长，在原有品类基础上进一步突破往往十分困难。安克当时有两种选择，而这两种选择其实都是基于其能力的。一方面，安克接着沿智能手机产品的配件方向发展，开始尝试智能音频类产品，进行新品类的拓展；另一方面，安克还利用自身的运营体系为其他企业赋能，帮助产品公司和工厂打造品牌，开展代运营业务。安克旗下的海翼电商后来承担了这部分业务，他们曾帮助韩国美妆品牌进行品牌定位，给营养健康品牌提供营销策划，为帐篷商家提供产品改进和物流包装咨询建议等。①

如果不理解安克的能力，我们很难看出他们涉及的多个品类、代运营业务之间的关联，甚至可能会觉得这家公司开始不务正业。打造 DNVB 是安克的核心能力，其产品线的扩张就是自己在一个垂直品类（充电类）稳扎稳打，成为领先的垂直品牌后，开始将能力运用到其他品类的品牌建设；其代运营业务则是直接将这种打造 DNVB 的能力变现，为其他企业赋能。

数字原生垂直品牌与传统品牌有什么异同？

从安克一路成长为充电类产品的领导品牌看，数字原生垂直品牌与传统垂直品牌有着共通的逻辑，许多品牌打造的方式并无二致。那就是要注重产品，以及品牌打造的每个重要环节，包括营销、渠道、服务等，以及支撑品牌背后的组织管理能力，比如研发和运营管理。这些工作都是追求品牌、追求高质量增长的企业需要做透的。

DNVB 与传统品牌的第一个区别在"垂直"。垂直品牌是聚焦于某个品类进行深耕。一种做法是在原有的竞争格局中打开缺口，不断进行差异化纵深，最终实现企业增长和占据更多品类细分市场，安克的充电类产品

---

① 吴灼辉. 安克创新吴灼辉：巅峰市值近 800 亿元，解构 Anker 全球化品牌增长路径 [EB/OL]. （2021-06-22）[2024-10-31]. https://www.amz123.com/t/hhRQtMpa.

就属于这一种。另一种则是在某个品类中创建一个前人未关注的细分品类，典型的案例莫过于瑜伽内衣品牌 Lululemon，以及乔布斯在智能手机和笔记本电脑中间切入了一条子品牌 iPad 平板电脑产品线。

DNVB 与传统品牌的第二个区别在于"数字原生"。对于一些企业而言，这种垂直品牌策略最早是抓住了数字化的时代浪潮，比如电商带来的渠道变革机遇，让他们的策略成为可能。

尽管在许多工作上 DNVB 和传统品牌相近，但在实施方式上却大相径庭。DNVB 诞生于数字时代，是基于信息技术建立的，以数字化的方式进行客户经营。在智能手机时代，小米手机的互联网模式在国内率先采用这种方式，在手机的红海中开创自己的一片天地，而一加手机品牌则在海外成功实施。安克也不例外，他们已经建立了自己的一套成熟的方法论。

二、创新来自客户之声

差评，对于很多电商从业者而言是一种痛，电商商家希望这种声音最好永远从这个世界上消失，好评才是他们想看到的。这样他们的产品才会被平台推荐，被用户选择。商家经常会选择去刷好评，甚至给消费者返现，以贿赂的方式去获得好评。

世界上没有完美的产品，每个人的体验不同，任何产品都或多或少会出现差评。问题在于企业应该以什么样的态度去面对，如何应对客户的反馈。

安克的一位产品负责人谈到他们的亲身经历。当他们开始做音频产品的时候，发现产品首页总有差评。行业内只需要花 50 元人民币就可以用"黑科技"删除首页差评。他们最终没有选择花钱删除差评，而是仔细阅读，根据差评去改进产品，从而实现评分提升。

如果花 50 元删除差评是一个选项，你就不会选择花 50 万元去招聘一位优秀的研发工程师，最终团队就会在某一天输给那些愿意在研发创新上投入更多的公司。[①] 这是阳萌的态度。

参考评论和评价星级，然后进行产品选择，是电商平台重要的用户体验。对于安克而言，亚马逊海量的客户评价对于产品创新有着重要的价值。更好的产品通常会获得更高的评价和星级。用户的评价直接或间接地反映了他们的需求和使用体验，这些信息能够激励商家不断优化产品，帮助商家改进产品和服务。

"用户给了上万条评价，甚至十几万条评价，有的评价还是几千字，你能想象这是一个多么巨大的价值。而且有时候这些评价是 real time，是实时的，也就是说，用户今天买了，明天你就能收到评价。这在传统的贸易时代是不可想象的。"[②] 安克高级副总裁张山峰感慨道。

在安克刚成立的时候，他们就积极收集销售过程中的用户反馈，比如客服的通话和电子邮件。安克将数据放在表格里进行分析，对用户反馈进行分类，打上标签，识别出用户关注的问题，集中进行解决。

在一个产品品类成熟后，产品的创新空间越来越小，想要通过产品功能的突破来创新也越发困难，对用户评价的分析和洞察能够挖掘产品创新的机会。"只要创造一个满足客户需求的点，就是一次成功的微创新，也往往能成就一款新的热卖品。"[③] 这是安克通过改进创新打造爆品的经验。

---

① Pridecheung. 对话安克创新陈志炜：做出了多个头部品牌，安克为什么去做代运营了？[EB/OL].（2021-11-26）[2024-10-31]. https://mjzj.com/article/56936.

② 谷仓新国货研究院. 靠挖掘用户评价，跨境黑马安克 1 年进账 175 亿元 [EB/OL].（2024-04-28）[2025-03-17]. https://news.qq.com/rain/a/20240428A02K5D00.

③ 8 年从 0 到亿，中国卖家模范生安克的国际品牌打造三段论 [EB/OL].（2020-01-02）[2024-10-31]. https://cn.anker-in.com/articles/37.

这种研究客户评价的方法成为安克实现产品创新的制胜法宝，并且逐渐发展为他们的创新方法论——VOC方法，通常被称为"客户之声"。

VOC方法基于分析客户数据来衡量消费者和产品的情绪关系，从而找到产品创新的突破口。简言之，就是找到用户不满意的需求点或未被满足的需求。VOC关注用户在整个客户旅程中的情绪偏差——购买之前对产品的好奇和期待与购买后实际使用中的感受的对比。这种情绪偏差最终反映在亚马逊平台的评价上。

VOC重点分析以下一系列问题：产品的目标用户是谁？产品在什么场景下使用？解决什么痛点？产品的功能，尤其是针对用户痛点的特殊功能是什么？用户愿意支付什么价格？

VOC的消费者洞察（Customer Insight）是基于对目标用户的深入理解，勾勒出清晰的用户画像。安克内部的用户群体细分方法不同于市场营销管理教科书中的方法，比如按照区域或人口统计学方法。安克按照用户对产品的追求将用户划分为7个系列：从追求功能的基本需求，到追求品质和性价比，再到追求质感和调性，最高的是"Power User"。Power User能够为产品提供专业建议。最常见的4类是：讲求高性价比的精明实用人群，注重品质和安心保障的人群，敢于体验创新的人群，有技术偏好的人群。[①]

在确定目标用户后，VOC的市场洞察（Marketing Insight）通过深入理解客户旅程，找到提供独特价值的机会。安克非常关注用户购买后的正向评价（Positive Review，PR）和负向评价（Negative Review，NR），从而分析CTQ（Critical to Quality）关键质量，找到影响用户消

---

① 陈亚蕾.安克创新全球CMO陈亚蕾：品牌全球化之路，聚焦产品、用户、组织的极致创新[EB/OL].（2023-04-07）[2024-10-31]. https://www.amz123.com/t/h0ydxXq4.

费决策的核心关键。

产品总是在某种场景下被使用的，不同的使用场景下同一款产品性能表现不同，带来的用户满意度自然也不同。以一款蓝牙耳机为例，蓝牙耳机被用户提及的使用场景有很多，包括跑步、自行车骑行、瑜伽、健身等。提及频率越高的场景越值得关注，意味着市场需求比较大，比如跑步可能是提及最多的，自行车次之。

不同场景下用户使用同一款耳机会有对应的情绪值，比如跑步场景的使用满意度能达到 4.8 分，但自行车骑行场景却只有 4.0 分。这意味着用户戴这类耳机在跑步的时候体验非常好，但骑车时满意度却不如前者。骑行是高频场景，同时满意度较低，意味着存在产品改进的机会。

如果能解决骑行场景下的耳机使用痛点，优化产品，就能够实现销量提升。之所以在不同场景下耳机使用存在情绪偏差，是因为骑行场景下风比较大。如果没有开启降噪模式就会影响听音乐的感受，一旦开启降噪模式又有安全隐患。苹果就能洞察到这两个场景的差别，Airpods Pro 能够识别不同的使用环境并提供对应的降噪能力。

评价蓝牙耳机的维度有很多，比如续航表现、防水能力、降噪能力，在不同场景下各个维度的功能有着不同的表现。蓝牙耳机的续航在绝大多数场景下都非常优秀，但在滑雪的时候续航的满意度却很低。因为滑雪通常在极寒的环境中进行，温度降低对产品续航有着显著影响。滑雪场景下的低温环境的续航又是一个值得改进的机会。

对于某个产品品类有深刻理解的产品经理通常对外界的变化非常敏感，会从新的使用场景中寻找产品改进的机会。比如安克充电器的产品经理，在 VR 设备出现后，开始关注 VR 的充电需求，以及用户在具体场景中的使用满意度。产品改进机会通常来自高频场景中的低满意度产品功能。

市场经济的不确定性就在于价值和价格之间让人摸不着的关系。对于企业研发来说，这种摸不着的关系意味着产品开发的风险。研发需要投入巨额资金和人力资源，却不见得能够打造出受市场欢迎的产品。

VOC方法以一种比较的方式去寻找价格和价值关系的确定性，理解某一类用户愿意为某种产品的某个功能花钱的意愿。搞清楚这个问题一方面能够提升产品在市场的竞争力，做到人无我有，人有我优。另一方面则是将产品生命周期与客户旅程结合在一起，能够延长产品生命周期。

安克的新品孵化有严格的决策流程，需要经过答辩、投票、试错等环节才能成功上线。VOC为产品决策提供了一套识别消费者偏好的客观分析方法，极大地减少了产品经理个人的主观偏好，提高了新产品上市的成功率。有时候公司内部就某个产品细节发生争论时，比如产品的颜色选择，只要去看上一代产品的消费者评论就能得出结论。

在市场日益内卷的今天，安克从商业最根本的地方——用户需求出发。通过VOC，安克得以持续找到产品创新的方向，也能够精确锁定目标用户并提供独特价值。VOC对于用户日益增加的安克而言，能够提升用户黏性，降低获客成本和营销成本，提升每一位客户的客户生命周期价值[1]。

从生活方式中
洞察商机

---

[1] 客户生命周期价值：Customer Lifetime Value，简称CLV，指一个客户在与公司关系的整个生命周期内为公司带来的总价值。

三、客户经营的数字化

安克认为决定品牌价值的是消费者——只有让消费者持续选择和喜欢，安克的品牌才能得以成长。[①] 用户的口碑指标永远都排在营销指标、业绩指标前面。对于安克来说，洞察客户心声已经是品牌的一种组织能力，一种赢得竞争的能力。

VOC 需要收集海量的数据，根据来源可以分为公域 VOC 和私域 VOC。公域 VOC 就是所有人都能看到的消费者反馈，比如亚马逊的产品星级和用户评价、社交媒体平台的评价、论坛的帖子等。私域 VOC 则是品牌与现有用户的互动，尤其需要关注的是用户流失，需要及时关注影响用户体验的因素。

互联网上的评论数以亿计，光安克自己的用户数量都已经突破一亿。私域 VOC 本身就会产生庞大的数据量，更何况还要收集公域的数据。而且一条评论里往往含有多个不同的反馈，比如"产品颜值高，但性价比不高，不过充电速度挺快"。要如何进行梳理分析，才能找出产品创新的机会，这就需要一套科学的标签体系去识别分析，进而产生 VOC 洞察。[②]

安克设计了一套标签体系，对 VOC 进行标记、分类，再进行管理和分析。产品维度的标签有产品功能、外观设计等，服务维度的标签有物流、服务态度、及时性等，用户维度的标签有消费金额、频次、周期、购买场景、内容偏好等。每个品类的 VOC 洞察模型不同，标签体系的逻辑和模型也不同。

[①] 陈亚蕾. 安克创新的全球化品牌塑造 [EB/OL]. （2024-01-19）[2024-10-31]. https://www.brandstar.com.cn/news/6306.

[②] 另外，竞争对手恶意刷单也会影响数据的真实性，从而对 VOC 洞察产生噪声。安克对此也有所考虑，他们通过技术手段，能够识别恶意刷单的数据。

即使有一套标签规则，日常工作中的可执行性也存疑，因为每个人对产品都有主观的判断，在问题归类、标签选择上可能会有所不同。更何况用户评论的语境不同，表达的情绪也会有多种解读。比如，同一条评论可能同时既是好评又是差评，有时候充电太快（积极评价）会与充电过热等安全隐患（消极评价）联系在一起。安克需要还原评价的语境，精准聆听用户的声音。

此外，不同部门对 VOC 有着不同的需求。产品团队需要对安克用户和竞品用户的产品反馈进行收集分析，从而建立一套标签体系。这套标签体系和客服团队、运营团队、用户研究团队的标签体系都是不同的。

这就需要标签具有很强的通识性，不能产生歧义且能让每个人都很好地理解。构建通识标签树经历了很长时间的迭代，安克花了几年时间进行优化，让标签做得更具有通识性，能够让各个部门面对一条用户评论很快达成共识，从而实现高效合作。

海量的数据收集、清洗和分析工作光靠人肯定是不能实现的，采用人工看评论的方式一天最多也就三五千条。安克内部打造了一套软件系统，实现数据的自动抓取、翻译、标签分类，并且不断迭代数据清洗方法和搜索引擎。

安克还与外部机构 Shulex 合作，共同打造 VOC。Shulex 提供数据采集、清洗和打标分析，采用人工智能领域的自然语言处理（Natural Language Processing，NLP）建立打标模型算法，提升清洗噪声和打标的能力。这套方法能够在很短时间内对几百万条用户评论进行分析，相当于做了上百万份的用户调查问卷。

人们或许会以为安克的创业团队来自谷歌，有强大的数据处理和分析能力，因此能够设计出先进的软件去执行这套方法。对于一般企业来说这是一种技术门槛。诚然，安克如今的 VOC 已经运用了人工智能先进技术。

事实上，VOC不仅是一种方法，更是一种追求，一种对用户体验的执念。

VOC是一套不断迭代的方法论，其最初依靠的工具仅仅只是Excel表格。企业首先要有做好产品的执念，然后才是用专业的工具和方法，最后形成制度，让整个组织的OKR[①]和KPI都围绕目标去执行。

在企业不同的发展阶段，都能采用VOC方法去寻求创新的突破口，确定产品策略是抢占竞争对手，还是避开竞争对手，并从中受益。在品牌初创阶段，团队要关注用户的每个环节，从上到下都要有意识去聆听客户之声。作为市场跟随者，进入市场之前，就要提前研究不同竞争对手的品牌，寻找进入市场的突破口。当品牌做到第一的时候，要去规避竞争对手产品存在的问题，围绕消费者需求对产品进行优化。

如何从VOC发起，去实现一次产品创新，安克形成了一套CTMO模型。C是Customer，消费者的需求；T是Technology，用技术解决方案去提升用户体验；M是Market，发现消费者哪些需求没有被市场满足；O是Organization，组建相应的组织进行布局。

安克的顾问以3D打印机产品为例来展示整个CTMO流程。目前市场上有多少消费者对打印机的综合表现不满意，不满意的地方在哪里（产品评价维度），比如打印精细度、打印智能度、打印速度等。3D打印的用户画像：有注重过程的，有注重结果的，有人喜欢打印手办，有人希望批量打印产品去销售。当划分好用户群和场景后，安克洞察到打印速度太慢、打印不够智能是最大的痛点。技术解决方案的目标就是提高打印速度和智能化水平。最后，在产品营销上要将"高于打印常规产品5倍速度"作为核心卖点，才有可能在竞争中脱颖而出。之后还要去了解用户反馈，用专

<hr>

[①]OKR：Objectives and Key Results，目标与关键成果法，旨在明确公司和团队的"目标"以及明确每个目标达成的可衡量的"关键结果"。

门的工具和方法论去聆听。

安克会为不同类别的客户设计不同产品，在营销活动中的广告设计也会根据目标用户进行有针对性的价值传递。在现实中，有不少企业在营销页面展示的产品信息并没有很好地传递产品的价值，广告突出的价值点与消费者的关注点往往是不同频的。只有精准把握用户场景和挖掘用户痛点，并精准提炼卖点，营销转化才能得到提升。

VOC 是一套贯穿产品创新、价值创造、价值传递的方法，不仅仅是在产品研发阶段提供机会洞察，还要指导企业的能力建设、营销活动和售后服务的展开。产品经理可以发现用户痛点，思考产品定义和用户沟通方式；研发人员可以通过数据分析发现产品改进机会，实现产品创新；营销过程要能操盘产品上市，有效传递价值；售后服务能够更好地聆听客户反馈，提升服务质量的同时再进行 VOC 洞察。

值得一提的是，安克将自己的客服团队命名为"客户体验中心"（简称"CED 团队"）。CED 团队一方面在为 VOC 提供支持，第一时间反馈用户信息，帮助挖掘用户潜在需求；另一方面则是扮演联结品牌与消费者的角色。安克会为新进入的团队成员赋能，提供培训和带教，因而 CED 团队能感觉到自己是在做有价值的工作。安克的 CED 团队的离职率很低，团队非常稳定。

VOC 体系还在持续不断迭代，安克跟外部专家合作，组建了一支实力强大且国际化的消费者认知团队。每年，安克都有几十万美元的专项预算，用于洞察 VOC，理解用户未被满足的需求，发现用户痛点，从而进行产品创新。

2023 年，安克跟亚马逊云科技一起成立了联合创新实验室。亚马逊平台本来就是安克 VOC 重要的数据来源，通过应用亚马逊的机器学习服务 Amazon SageMaker，安克可以更好地发挥 VOC 的价值，从而实现产品规划决策、产品质量优化、销售运营优化和营销投放策略优化等。此外，双方还将推动实现广告的智能投放，优化广告效果和提高投放效率。

VOC 输出的用户洞察会用于指导产品开发生命周期的管理，为每个阶段赋能，从而提高用户黏性。VOC 是嵌入企业组织里的，安克非常全面地展示了数字原生品牌的含义。

"爆品"是用来形容现象级的销售成果。通过 VOC 实现产品创新之后，还需要敏捷的供应链配合实现量产和出货。阳萌追求的是高质量的增长，安克在发展早期就稳扎稳打，在粗放的跨境电商行业里实现了供应链管理的规范化和精细化。这些组织能力不仅为安克打造"爆品"提供了坚实的基础，还能同步实现多个品类的快速拓展，把握产品创新的机会。

安克采用自主研发加外协生产的模式，安克自己只负责产品研发设计和质量把控，同时管控关键元器件和物料，生产环节则交由供应商和外协厂商。安克的供应链管理类似于消费电子品牌，通过自研的数字化系统实现与供应链的紧密联系，从而提升生产计划、物流计划和仓储库存的效率。在实现 SKU 增加的同时，还能不断提高运营效率，实现库存周转率提高和加快供应速度。

阳萌等创始人的计算机背景加上安克跨境电商的业务特点，让安克很早就重视数字化建设，不断用数智化赋能业务，助力品牌打造。最开始，安克主要是关注电商平台的运营指标，比如存货周转率、海运比和超期库存折旧等，用于监控公司运营的健康程度。之后是 VOC 的升级，通过大数据洞察用户需求，进行产品创新和规划。后来再不断打通不同的 IT 系统，实现数据的融合分析，让业务人员通过一套仪表盘看清全局，更好地提供商业决策支持。

2023 年，以 ChatGPT 为代表的大语言模型让业界看到人工智能技术在商业领域广泛应用的曙光。安克很早就开始部署人工智能，除了将技术用于产品创新外，还积极尝试运用 AI 技术全面提升组织效率。安克的办公系统飞书就全面接入 ChatGPT。安克成为继字节跳动后在大中华区第二家部署微软企业专属 GPT 服务的企业。

在安克，AI 工具已经为各个部门带来效率的提升。营销团队利用 AI 作图和创作视频脚本将 2 小时的工作缩短为 15 分钟；ChatGPT 使说明书翻译费用节约了 40 万—50 万元 / 年；利用 AI 回复邮件，客服团队每周提效达到 150 小时；等等。安克还聘请了华为的数字化和 AI 专家，希望运用 AI 技术重建底层 IT 能力，重塑工作流[1]，让公司效率指数级提升，推动更高效的产品创新。

四、领先用户参与创新

在众多用户中，有一种用户对于企业创新而言是可遇不可求的外部助力，那就是领先用户，他们是很多企业创新的源泉。1986 年，麻省理工学院（MIT）教授 Eric von Hippel 提出了领先用户（lead user）的概念[2]。领先用户是先进技术和方法最先的使用者，出于对技术的不满，他们会自己动手改进。

在安克的用户画像中，Power User 就是典型的领先用户。在 eufy 品牌的安防摄像头研发中，一位 Power User 为安克提供了详细的产品使用反馈，某种程度上相当于参与了产品的改进工作。

---

[1] 工作流：Workflow，是对工作流程及其操作步骤之间业务规划的概括描述。
[2] Hippel 从两个维度定义领先用户：一是相对于普通用户而言，领先用户可能提前几个月甚至几年就使用市场上即将普及的创新产品；二是如果需求得到满足，领先用户能获得比普通用户更大的收益。参考文献：Eric von Hippel. The Sources of Innovation [M]. New York(USA): Oxford University Press. 1988：107。

智能安防摄像头主要用于家庭监控。这一品类的创新更多的是在功能上比拼，比如像素从 2K、4K 再到 8K，另外就是增加一个防水功能。安克开始进入智能安防摄像头赛道的时候，国内厂商已经把价格做到很低了，安克很难有竞争力。

通过 VOC 方法，安克从目标用户的具体使用场景中找到了产品改进的空间，这也成为他们做智能安防摄像头项目的理由。安克在分析了大量用户调研数据后发现，美国家庭 70% 以上都是住在大别墅，他们的智能安防摄像头要么安装在屋檐下，要么安装在院子里的树上。

基于这个发现，安克的团队坚定地认为智能安防摄像头应该是无线的。国内更多的场景则是室内，用于看老人、小孩、宠物，因而可以配备一条线接电源。如果智能安防摄像头是无线的，那么续航就是美国家庭用户的痛点。

市面上最好的智能安防摄像头的待机时间通常在 30 天到 60 天，这意味着用户每隔一两个月就要更换电池或者将智能安防摄像头取下来充电，如此一来产品的便利性就大打折扣。为什么不想办法再延长智能安防摄像头产品的待机时间呢？长续航的智能安防摄像头其实是不小的挑战，国内很多品牌都尝试过，但最终都放弃了。

用户场景让安克确信长续航的研发方向，研发团队将他们在充电宝上的技术运用到智能安防摄像头产品上。经过了一年多痛苦的研发，安克顺利打造了一款续航超过 365 天的超长续航产品 eufyCam，远远超出了用户的期待值。eufyCam 不仅拥有超长续航，还具有 AI 人脸识别、免费本地加密储存、140° 广角镜头、IP66 专业防水等不亚于同类产品的功能。

2018 年，eufyCam 以 313 万美元的新品众筹，一举刷新了海外知名众筹平台 Kickstarter 的纪录。eufyCam 不仅创造了智能摄像头领域众筹最高金额，也是全球众筹金额最高的智能家居产品。

由于安克第一次涉足复杂度较高的安防摄像头产品领域，缺乏经验的他们做出的产品只得到 3.8 星的评分。这个成绩安克显然不能接受，也让一位来自德国的 Power User 非常不满意。

这位用户最早是在众筹平台上关注安克的。在使用安克的安防摄像头后，她在社交媒体安克论坛上发了近 800 条帖子，给安克提出各种各样的批评，或者说改进意见。她的部分帖子主题（见表 3-3）涵盖了产品的软件和硬件，非常具有专业性。

一提起德国人，就想到他们的严谨。打开每篇帖子，她的使用感受和问题描述都非常具体，比如具体的软件版本，视频或者音频错误是在什么情况下出现的，甚至还附加了 App 用户界面的截图。对于产品开发者来说，这是多么宝贵的财富！

表 3-3 eufy 专家级用户 2019—2020 年在论坛发布的帖子主题汇总

序号	主题
1	[eufy 凸轮] 保修案例：麦克风永久故障！
2	[eufy 凸轮] 运动检测区又名"活动区"问题
3	[eufy 智能掉落] 支持者开始生气：3 个月没有更新并回答问题！
4	[eufy 凸轮] 应用程序正在向我的手机发送来自我甚至没有 / 使用 / 拥有的门铃的毫无意义和不需要的数据！
5	eufyCam 质量问题讨论
6	[eufy 智能滴落] "尺寸确实很重要"调查
7	[eufy 凸轮] 我们需要的大型"增程器"调查
8	[eufy 凸轮] 传感器触发摄像头记录
9	[eufy 门铃] 数据存储调查的位置！
10	[eufy 进入传感器] 改进建议：显示每个事件的彩色持续时间！
11	[eufy RoboVac] 广泛的 L70 混合视频审查和测试！

序号	主题
12	[eufy 安全应用程序]v.1.5.2 的几个真正令人讨厌的问题
13	[eufy 凸轮]Android1.3.5- 翻译失败
14	[eufy 凸轮视频]Aggro-Bee 攻击原始 eufy 凸轮!
15	[eufy 凸轮]Android 应用程序更新 1.3.4
16	[已解决][eufyCam]eufy 安全应用程序永久崩溃，根本无法启动!
17	[eufyCam 错误报告]Android 应用程序 1.3.0_228（EU）
18	长期 eufyCam 压力测试

资料来源：安克论坛。为了保护用户隐私，隐去用户真实 ID 名。

　　硬件工程师的难题在于现实环境要比实验室环境更加复杂，往往会有许多意想不到的问题。这位用户正好反馈了具体场景下的问题。软件工程师经常需要花很大的功夫来找 bug[①]，如此严谨的用户给研发团队提供了免费的帮助。

　　安克的研发团队非常珍视这些反馈，即使是看上去尖锐的批评，他们也欣然接受，并从这位用户发布的帖子中吸收了不少产品改进建议。安防摄像头产品线的负责人每天加班加点，一条条仔细阅读用户反馈，同时推动研发团队快速改进。经过大半年的坚持、上千小时的研发后，他们成功将产品星级从 3.8 星提高到 4.6 星。到第二代产品上市的时候，安克 eufy 的安防摄像头一下获得了 4.7 星的好评。

　　安克的产品最终赢得了这位用户的心，她甚至定制了一条"eufyCam"的项链，用来展示她对于产品改进的贡献以及对安克的喜爱。如今这位用户依旧活跃在安克的论坛，提供反馈和解答其他用户的问题。

　　随着安克的用户数量增加，安克会在消费者分类过程中有意识地识别

---

①bug：现指程序错误，bug 原是指虫子，早期计算机体积较大，会有飞蛾钻进去导致机器失灵，后来就用 bug 一词来指代程序错误。

Power User，让他们作为种子用户参与到产品创新中，从他们那里获得产品创新的灵感。这些用户也能第一时间体验到安克的新品。如今，安克已经拥有超过 1 万名 Power User。

那么，要如何找到 Power User 呢？

众筹平台可能是这些用户的聚集地，因为乐于参与众筹的通常是领先用户。如今，越来越多的中国硬件创新者选择众筹平台作为打响新产品的策略，众筹平台成为不少 OEM、ODM 厂商走向 DTC 的第一站。企业应该有意识地将这些"梦想赞助商"[1]发展为自己的粉丝和 Power User。

事实上，Power User 可以无处不在。企业首先要改变对客户反馈的态度，尤其是对抱怨和差评的态度。差评是用户最情绪化的表达，却又是最直接和真实的感受。真实就隐藏着建设性的反馈，尤其是当他们提供"差评"的理由的时候，往往也提供了很多产品细节，包括具体的使用场景、不满意的功能等。面对差评，企业除了要安抚用户情绪和控制负面效应，还要正视差评，从中找到改进空间，发现机会。

五、数字化的创新营销

营销是品牌打造至关重要的环节。作为从亚马逊平台发展起来的品牌，安克会利用平台的广告资源去进行推广，塑造消费者认知。除了电商平台的推广，安克也非常懂得利用科技媒体和新媒体进行产品推广。美国的媒体产业非常发达，安克会经常邀请《纽约时报》《华尔街日报》等媒

---

[1] 小米手机 MIUI 的研发就离不开最早的一批粉丝，成功后的小米将这一百位领先用户称为"梦想赞助商"。

体巨头进行产品评测，并得到它们的好评和推荐。通过这些权威媒体的报道，安克慢慢得到海外消费者的认可。

安克还非常善于利用 Facebook、YouTube 等社交媒体的力量。早在 2012 年 8 月，安克就开通了官方的 YouTube 账号，主要用于发布官方广告。安克在主流社交媒体平台上都有官方账号，包括 Facebook、X（以前叫 Twitter）、Instagram、LinkedIn 等，用来日常宣传和用户互动。

此前提到的凯夫拉材料的充电线就是经典案例。这款产品在 2015 年上市后，安克将产品寄给网红，并告知他们产品是从防弹衣中得到的灵感。一位 300 斤重的网红用数据线在单杠上做引体向上，最后数据线还能正常使用。还有一位网红居然直接用两辆车去拉这根线，结果安克的充电线通过了极端测试，线没有断，从此一炮而红。"拉车线"的名号一下子从美国传遍全球。这些病毒营销让安克在欧洲、东南亚也赢得了不少粉丝，拉动了产品的销量。

如今，短视频已经成为消费者获取信息和内容消费最重要的方式。"营销手段关乎消费者对该品牌定位的整体感知。"①随着抖音电商的兴起（国外对应的是 TikTok 电商），内容消费和电商走向融合，内容驱动的商业化正在不断加速。安克是最早采用视频形式向消费者传递价值的品牌。

抖音海外版 TikTok 成为全球最火爆的短视频平台，安克在 TikTok 不仅开设了官方账号，还注重内容的本土化，开设当地的官方账号，比如印度尼西亚、英国、越南等。安克有专门的 TikTok 内容创作团队，负责短视频创作。一位美国当地的创作者拍出的视频在一周内播放量达到 1400 万，起到了引流和品牌宣传的作用。

---

① 陈亚蕾. 安克创新全球 CMO 陈亚蕾：品牌全球化之路，聚焦产品、用户、组织的极致创新 [EB/OL].（2023-04-07）[2024-10-31]. https://www.amz123.com/t/h0ydxXc4.

网红种草已经成为消费电子产品营销的必备环节，安克也不例外，他们将产品免费寄给外国的顶流科技博主进行专业评测。出人意料的是，安克不仅寻找专业垂直领域的博主（比如消费电子评测类）合作，还将产品寄送给搞怪猎奇博主，带来了大量播放量。

在 YouTube 平台上，一位名为"Vat19"的博主是专门寻找新奇礼物和玩家的网红，粉丝数量达到千万级别。安克免费寄给 Vat19 很多数据线，Vat19 的团队想尽各种花样来折腾安克的数据线。安克声称数据线可以经受 25000 次的折叠，一位成员在视频里从头到尾就在折叠数据线，想要验证这个数据。他们还用数据线拉车以测试数据线最大承受力，将数据线做成吊床，不断往上砸重物。10 分钟的视频全方位展示了安克数据线的耐用性，播放量超过 260 万。

在内容驱动商业化方面，中国企业反而具有先发优势。国内已经发展到"无抖音不营销"的地步，抖音已经形成完整的商业生态，从短视频发展到电商和本地服务，国外在这方面明显慢了半拍。安克作为面向世界的中国企业，能够将国内的实践应用于全球市场，让更多受众认知到安克的品牌和产品。

第四节　突破已有竞争格局

一、垂直品牌的三部曲

安克将自己的企业成长划分为渠道品牌、改良品牌、领导品牌三个阶段。渠道品牌阶段主要是选品，寻找亚马逊上缺乏优质产品供给的品类。改良品牌阶段则是寻找产品改良的机会，以微创新精准满足消费者的需求点。领导品牌阶段就是成为一个品类的代名词，当消费者想到某个品类的时候，首先浮现在脑海的就是品牌名称。他们会直接在亚马逊搜索品牌名，而不再是去品类中做筛选。想要成为品类的领导品牌，就需要在产品上做出最新、最独特的东西。[①]安克的三阶段划分对应垂直品牌的三种策略：性价比、差异化、技术创新。电商模式让性价比和差异化策略更容易奏效。

性价比策略就是提供质量不亚于现有品牌，但有明显价格优势的产品。价格是客观的，容易被消费者感知，带来最直接的冲击。消费者在电商平台寻找产品，价格、好评的排序是最常用的方式，性价比产品在这两种排序中都会得到较高的展示率。性价比策略在电商渠道更容易奏效，尤其是受到亚马逊平台推荐（平台有 Best Seller、Amazon's Choice 的标记），能够帮助企业在某个成熟品类迅速打开市场。

需要注意的是，性价比是一种市场策略，强调的是质量，而非品牌定

---

①8 年从 0 到亿，中国卖家模范生安克的国际品牌打造三段论 [EB/OL].（2020-01-02）[2024-10-31]. https://cn.anker-in.com/articles/37.

位。如果把性价比作为一种品牌定位，让其成为一种品牌承诺，那么长久下去会限制企业的发展空间。当消费者过度将品牌与"性价比"联系在一起时，品牌想要向上突破、走向高端就会受到消费者认知的阻力。另外，永远停留在性价比上是不利于创新的，性价比意味着毛利率的天花板很低，不利于企业未来加大创新投入。

以性价比策略打开市场，赢得部分用户群后，企业开始与客户建立联系，从而进一步把握客户需求，为后续的差异化策略和技术创新建立基础。差异化策略能够不断渗透，逐渐覆盖更多用户群和不同的价位段，尤其是往高价格段进军。电商平台具有长尾效应，比起传统的实体货架，数字化的商品展示和搜索功能能让小众用户群找到自己需要的冷门产品。因而电商平台让差异化策略变成可能。

安克的差异化早在 2013 年的充电宝 Anker Astro 系列就开始体现。那时候的安克进行了多种创新尝试，包括多种设计语言、外形、外壳材料，为不同场景和用户群提供多种功能选择（电池容量、输出功率、接口数量）等。Anker Astro 分为 4 个系列，可以看出安克在固定电量下尽可能做到便携。

Anker Astro 数字系列在电量足够大的同时还十分便携。以 2013 年款的 Anker Astro 3 为例，这款产品长度比当时的 iPhone 5 还短，可以轻松放在口袋里。小巧的 Anker Astro 3 却拥有 12000mAh 的电池容量，相当于当时的 iPhone 充电 6 到 7 次的电量。

Anker Astro mini 是安克后来经常被提及的爆款产品。这款产品的形状酷似口红（早期是棒状，后来是方柱体），拥有多种鲜艳的配色。安克捕捉到消费者对移动电源"小巧"和"好看"的两个需求：很多女性在出门时只带一个很小的包，只能装下很小的移动电源。2014 年，这款产品总销量超过 100 万只，成为第一款销量超百万的充电宝。

表 3-4　Anker Astro 系列产品

系列名称	电量 /mAh	输出功率	接口	尺寸	重量	价格
Anker Astro mini	3000	5V/1A	1 个 USB	9.4cm×2.3cm ×2.3cm	80g	20 美元
Anker Astro 3	12000	5V/4A	3 个 USB	11.1cm×8.3cm ×2.6 cm	300g	原价 99.99 美元，折扣价 44.99 美元
Anker Astro E4	13000	5V/3A	2 个 USB	15cm×6.2cm ×2.2cm	296g	90 美元
Anker Astro pro2	20000	9V/2A 或 12V/1.5A	3 个 USB	11.3cm×16.8cm ×1.6cm	830g	75 美元

数据来源：根据网上公开资料整理，价格为当时售价，后来价格有调整。

Anker Astro pro 系列主打大电池容量。2013 年的 Anker Astro pro 2 电池容量就达到 20000mAh。设计上，这款充电宝跟小册子一样大，带有金属外壳，还有一小块显示屏能够显示剩余电量。这块硕大的充电宝是为拥有多台电子设备的人士设计的，比如需要同时携带手机、平板电脑、数码相机出门的用户。这款产品还有能为笔记本电脑充电的版本，是较早能够实现这项功能的充电宝。

Anker Astro E 系列的设计一直在变化，而且电量也在不断扩大。Anker Astro E4 的电量只有 13000mAh，到 2015 年的 E7，电量已有 26800mAh。该系列不变的是带有一颗 LED 闪光灯，可以提供类似手电筒的功能。

早在 2014 年之前，安克还推出了能够为汽车电源点火的充电宝 Jump Starte，还推出了消费级的便携式太阳能充电器 Anker 14W Solar Power Charger。这款产品大小跟一本书差不多，将多块太阳能板折叠在一起，展开后可以用太阳能发电，并为电子产品充电。这些创新虽然非常小众，但却突破了原有产品的边界，体现安克在差异化产品创新上的大胆尝试。

2016 年，安克突破了充电器和充电宝的产品边界，打造了一款二合一的产品 PowerCore Fusion。这款产品融合了充电宝和墙插式充电器的功能，能够覆盖更多的使用场景，进一步提升用户外出的便利性。充电时，这款产品能够优先给电子产品充电，充满后又会给自身的充电宝充电。不充电时则可以直接作为充电宝使用。后来安克将这类产品设计得更加便携，推出一款二合一的能量棒。

图 3-3　安克二合一能量棒 [1]

安克的差异化主要围绕细分用户群和场景展开。为女士提供了时尚便携的口红充电宝，为苹果"果粉"提供的全家桶产品和便携能量盒都是围绕用户群展开的创新。为多设备用户收纳设计的多口充电器、用于户外活动的大容量应急充电宝则是围绕细分场景设计的。安克的差异化创新让他们满足更多消费者的需求，逐渐扩大品牌的用户群，提升品牌的复购率。

最后，技术创新能够不断巩固优势，使企业占据行业领导者的位置。

---

[1] Alaina Yee. Anker 511 PowerCore Fusion 5K review: A power bank made for travel [EB/OL]. (2023-09-07) [2024-10-31]. https://www.pcworld.com/article/2046830/anker-511-powercore-fusion-5k-review-a-smart-travel-companion.html.

产品是满足需求的载体，需求的满足是通过功能来实现的。品牌领导者的创新不仅停留在产品的差异化和微创新上，他们还会通过技术创新来突破原有功能极限。

充电器的核心功能是充电，核心功能的明显改进能够显著提升消费者的体验。在很难快速突破手机电池容量的时候，缩短充电时间是非常重要的产品改进，能够明显地提升消费者的用户体验，让他们感受到差别。

氮化镓材料的芯片就是令阳萌兴奋的新技术，安克是最早将氮化镓芯片用于消费电子领域充电的公司。这种新技术能够让充电器在体积明显缩小的情况下还能实现输出功率的提升。

氮化镓材料被称为第四代半导体材料，主要用于航天和军事领域的高功率和高速光电元件中。充电器给手机等设备充电需要将交流电转化为直流电，相比硅基的半导体材料，氮化镓能够将转化速度一下子提高三到五倍，甚至还能提高到数十倍。如此就可以将充电器做得小巧，同时让散热效果更好。

作为新材料，氮化镓还没有推广到消费电子领域，主要是因为价格昂贵，而且性能还没能完全发挥出来。选择氮化镓材料是安克的一项重要战略决策。早在2014年，阳萌就开始押注氮化镓材料。他从智能手机充电的发展中看到了氮化镓给充电器品类带来的广阔前景。最早的充电器功率只有5瓦，后来到20瓦，而国产手机品牌在这方面更是突飞猛进，40瓦，60瓦，80瓦，甚至突破100瓦。

从消费者视角来看，以前手机充满电需要的时间约为三个小时，当采用20瓦充电器时缩短到1小时20分钟，之后使用40—60瓦充电器时再缩短到30—40分钟。如今采用120瓦的充电器更是可以不到20分钟充满电。OPPO的"充电五分钟，通话两小时"已经升级为"充电五分钟，开黑①两小时"。

笔记本行业的充电器同样也在发生变化。随着小米、华为这些消费电子品牌进入笔记本电脑行业，消费电子的潮流被带进传统的笔记本产业。笔记本的充电器功率也从30瓦逐渐变成45瓦、60瓦，甚至更高。之前OEM厂商做的充电器笨重，而且是黑色的工厂风格，游戏本的充电器则更加笨重，没有人喜欢带着砖头般大小的200瓦充电器出门。智能手机品牌打造的笔记本充电器时尚小巧，跟手机充电器一样采用白色。

2018年，安克发布了全球首款使用GaN技术的充电器Anker PowerPort Atom PD 1。这款产品能够同时给手机和笔记本电脑充电，令人惊讶的是，这款充电器只有苹果MacBook笔记本原装充电器体积的40%，大小相当于一颗乒乓球。

之所以能够成为第一家将氮化镓半导体带到消费电子充电器的企业，是因为安克与开发氮化镓充电芯片的前沿芯片厂商保持密切合作。安克是这些芯片厂商的领先客户。首次开发氮化镓充电器产品需要跨越很多障碍，产品研发团队不仅需要学习材料科学知识、系统架构知识、热量管理知识，还需要理解应用场景。安克团队和芯片厂商要将双方的知识整合在一起，不断磨合成产品。

此后，安克继续跟合作方推出第二代氮化镓芯片，做出尺寸更小的65瓦的氮化镓充电器。安克与关键的芯片厂商保持着密切的联系，甚至是独家合作。安克可以领先竞争对手3—6个月的时间独家使用先进的氮化镓芯片，之后芯片厂商才会授权开放给其他充电器厂商。

---

① 开黑：指的是对电量消耗比较大的游戏使用场景。

图 3-4　安克氮化镓充电器 [1]

　　在安克发展的第十年，他们又推出了"安芯充"，一款 20 瓦的快充充电器，用 25 分钟就能够给 iPhone 13 充 50% 的电量，比苹果官方的 5 瓦充电器快了 3 倍。安芯充还加入了 AI 控温系统，能够实时监控充电温度变化，进行毫秒级的测温和智能调节，避免充电过热，从而保护手机电池，进一步提高充电的安全性。

　　安克通过性价比策略进入充电类产品的发达市场，通过产品的差异化创新不断覆盖更多的用户和使用场景，在成为行业领导者后又通过技术创新突破原有产品的极限，重新定义产品，持续巩固领先地位。

　　数码充电类成了安克公司最早成功的品类，这个品类主要用的是Anker 品牌，如今依旧是公司贡献最大的品类。随着新能源的发展，这一

①Jacob Krol. Anker's Nano Chargers Are the Ultimate Tech Accessory [EB/OL]. (2021-07-14) [2024-10-31]. https://edition.cnn.com/cnn-underscored/reviews/anker-nano-ii-charger-review.

品类又发展出消费级新能源细分品类，主要产品线为便携式储能。数码充电类和消费级新能源归为安克旗下充电储能类产品，二者合起来占据公司2023年营收的半壁江山（占比49.14%），品类营收高达86.04亿元。[1]

二、突破已有竞争格局

安克凭借着性价比、差异化、技术创新的垂直品牌三部曲，成功地在充电品类建立起了领导品牌——数字原生垂直品牌。这套策略很快被复制到其他品类，安克开始进入一个个新的产品品类，打造新的数字原生垂直品牌。

在充电品类做得风生水起的时候，安克并没有局限于眼前的成功，而是开始寻找第二增长曲线。消费电子是快速变化的行业，阳萌并不否认有一天人们可能不需要充电宝。更大容量的电池、更低功耗的芯片、更快的充电速度，这些智能手机厂商的新技术都在压缩充电宝品类的发展空间。

早在2014年，已经成为充电类产品领导者的安克就开始布局音频类产品，并推出主打性价比的便携式蓝牙音箱。这款产品的扬声器处仍旧印有醒目的"Anker"品牌Logo，以Anker品牌引流，将充电类产品老用户带向新品类。2017年，安克创立了音频品牌Soundcore（声阔），同年声阔品牌的扬声器就获得亚马逊最佳销量榜首。

与此同时，安克开始进军TWS[2]耳机，并在Kickstarter发起众筹。耳机与充电类产品一样，也是离智能手机最近的配件产品，成了安克拓展产

---

[1] 数据来源：安克2023年年报。
[2] TWS：True Wireless Stereo，真无线立体声。

品线的首选。蓝牙耳机很早就出现了，但 TWS 耳机真正迎来爆发还是始于 2016 年苹果 AirPods 的发布。

声阔品牌延续安克的性价比策略打开局面，其首款旗舰产品 Liberty Air 被用户视为苹果 AirPods 的替代品，曾在 2019 年第一季度挤进全球耳机销量前十的位置。① 今时不同往日，性价比的策略被越来越多的竞争对手学会。硅谷昂贵的创新一到中国就如野火燎原一般迅速规模化和低价化。AirPods 的价位在 1500 元到 2000 元，国内厂商可以将价格下调至 800 元、199 元，甚至 99 元，各种各样的产品迅速填满各个价位段。很快，TWS 耳机品类就成为一片红海。此外，在耳机品类还有传统的国际品牌，比如索尼、JBL、BOSE 等。

这次，安克直接跳到技术创新策略。耳机的基本功能是听音乐，不同于其他产品，这种基本功能的实现是需要一定技术门槛的。在基本功能对消费者没有足够吸引力，让消费者意识到这是一家能做好耳机的品牌之前，实施差异化策略收效甚微。安克开始思考：到底什么样的耳机才是好耳机？打动用户的深层次原因是什么？

为此产品经理、研发、销售争执不下。结合亚马逊的研究报告、当地机构的访谈、大量数据分析，安克发现打动北美地区用户的只有一点——耳机的音质。高通《音频产品使用现状调研报告》得出一个结论：在所有音频产品中，音质是驱动用户购买最重要的因素，甚至超过价格。②

拥有好的音质，其实是耳机最基本的功能，但音质更像是一种主观感受，难以用客观指标衡量。对于普通人来说，可以感知好坏，却无法描述好坏的程度。对于音质，研发工程师说了不算，但格莱美的专家可以，尤

---

① 36 氪．安克创新做耳机，声阔如何与苹果三星竞争？[EB/OL].（2021-10-19）[2024-10-31].
https://36kr.com/p/1447330437015686.
② 同上。

其是专业调音师。

安克邀请 10 位顶级格莱美调音师作为专业指导参与 TWS 耳机的研发中，提供反馈意见和创意。安克团队根据调音师的建议不断调试，成功打造出了 Liberty 2 Pro 耳机。

这款产品一经推出就迅速成为爆品，预售期间就实现了超过 100 万美元的销售额，成功在一片红海里破圈。更令人惊讶的是，Liberty 2 Pro 耳机的定价为 149 美元，相当于 1000 多元人民币，直接挑战传统国际品牌索尼、JBL 的价格。

一个刚成立不久的音频品牌如何能跟国际大厂抢市场？答案就是音质。格莱美的调音师为安克定义了好音质的标准，安克的研发团队则通过技术创新成功实现了打动用户的音质效果。安克专门成立了音频创新技术部，为所有音频类产品提供技术支持，持续迭代音频技术。

Liberty 2 Pro 是当时世界上独家采用 ACAA 同轴圈铁声学设计的 TWS 耳机。一般的 TWS 耳机只有动圈或动铁二者中的一个单体，动圈能够更突出低音，动铁则有更好的高音效果。同时安装动圈和动铁会造成低频和高频互相干扰，容易产生杂音。安克创造性地将大动圈和动铁单元的出音口固定在同一条轴线的导管上，同时用独创的筛选器来平衡调音，避免相互干扰，最终呈现中间高音、边缘低音的完美声道，为用户带来交响乐音乐会现场般的音效。

消费电子的创新不仅在硬件，还在软件，软硬件的配合为用户创造个性化的体验。安克为 TWS 耳机开发了一项 HearID 技术，并将其应用到声阔耳机应用程序 Soundcore App 中。它能够智能分析用户独特的听力特征，从而为每个人的耳朵量身定制声音。用户可以通过 Soundcore App 选择 22

种预设的 EQ[①] 声音配置文件完全控制声音，从而体验不同模式的音乐效果，比如低音增强、古典、舞蹈、嘻哈等。

尽管为产品开发软件会增加成本，但是用户非常喜欢 HearID 带来的震撼体验，也愿意为产品的高价买单。同时，App 能够延长硬件产品的生命周期，通过软件更新能为用户带来新的功能和体验。安克不单是一家硬件公司，还是软硬件一体的公司。安克有不少用户界面开发人员和上百位应用程序开发人员。[②]

为了赢得用户的信任，安克还邀请了之前的格莱美大师来为产品背书。Liberty 2 Pro 赢得了他们的信任，也给了安克信心。安克为这款创新产品在全球范围内，包括纽约、伦敦、东京、雅加达等地举办了多场盛大的发布会。

Liberty 2 Pro 的销量达到数十万，创造了当时中国品牌千元以上档位产品在海外的最佳销售成绩。之后，安克声阔品牌的销量长期位列电商平台高端 TWS 耳机销量前五，销售覆盖全球六大洲、50 多个国家，拥有超过 2500 万用户。[③]

Liberty 2 Pro 的成功让声阔在 TWS 耳机品类一炮而红并站稳脚跟。之后，安克又继续推行差异化策略，聚焦细分用户群的需求，挖掘痛点，针对不同场景推出音频产品。

[①] EQ: Equaliser，中文称为均衡器。EQ 的作用是通过调整不一样频段的频率，来达成频率的放大或衰减，从而让声音丰富多彩。参考：音律屋．混音必备知识｜让音色更好听：EQ 均衡器入门，各类术语大解析 [EB/OL]．（2019-10-14）[2024-10-31]. https://www.bilibili.com/read/cv3772176/.

[②] Nilay Patel. Why Charging Phones is such A Complex Business, with Anker CEO Steven Yang [EB/OL]．（2021-11-09）[2024-10-31].https://www.theverge.com/22769839/anker-battery-charger-gan-amazon-apple-mfi-lightning-iphone-magsafe-decoder.

[③] 36 氪．安克创新做耳机，声阔如何与苹果三星竞争？[EB/OL]．（2021-10-19）[2024-10-31]. https://36kr.com/p/1447330437015686.

在音箱产品线上，声阔推出高度保真音箱、家庭场景音箱、派对专用音箱 Flare 和 Rave 系列、防水的户外音箱 Motion 系列和便携式音箱。

在耳机产品线上，声阔品牌则有 TWS 降噪耳机 Liberty 系列、头戴式降噪耳机 Space 系列、睡眠耳机 Sleep 系列、运动耳机 Sport 系列等。其中，睡眠耳机最早是由老牌耳机品牌 BOSE 推出，但真正让这一细分产品走红的却是声阔的 Sleep Earbuds A20。这款产品在亚马逊睡眠音频设备的 Best Sellers 榜单中位居第 11 位，是榜单里耳机类产品第一名。①

2016 年，安克又瞄准了智能家居品类，创立了 eufy（悠飞）品牌，推出扫地机器人、智能安防类产品两条产品线。eufy 是希腊语，意思是"智简生活"。智能家居品牌已经成为安克继充电类产品之后的第二大业务。

eufy 品牌最早的产品是扫地机器人，选择女性群体为目标客户群。美国的扫地机器人市场很长时间都被扫地机器人品类的发明者 iRobot 占据。eufy 的进入策略依旧是性价比，他们推出的一款 499 美元的产品，价格是 iRobot 同类型产品的一半左右，但待机时间却长达 260 分钟。

智能清洁类产品的功能远比充电类、智能音频类产品复杂。智能清洁类产品是融合机械学、电子技术、传感器技术、计算机技术（人工智能）、控制技术等多种技术的机器人，帮助人们完成清洁工作，比拼的是清洁效果和智能化水平。清洁是最基本的产品功能，智能化则关乎产品为消费者带来的便利程度。如果产品的智能化不够，就会给用户带来困扰，用户最终还要花时间清洁扫地机器人。

为了解决地面清洁问题，安克推出智能清洁家居高端品牌 eufy（悠

---

① 小明 . 睡眠耳机月销超百万美元，是海外的年轻人都开始失眠了吗？[EB/OL].（2024-09-11）[2024-10-31]. https://www.52audio.com/archives/211599.html#:~:text=%E7%9D%A1%E7%9C%A0%E8%80%B3%E6%9C%BA%E6%98%AF%E4%B8%80%E4%B8%AA%E8%80%B3%E6%9C%BA,%E6%9C%89%E5%8A%A9%E4%BA%8E%E7%94%A8%E6%88%B7%E7%9D%A1%E7%9C%A0%E3%80%82.

飞）马赫，打造出世界上第一款具有无线蒸汽功能的洗地机。马赫洗地机集成了 110 摄氏度无线高温蒸汽技术，活氧除菌技术，综合清洁液、活氧、自烘干的三重自清洁技术等多项核心技术，单款产品就申请了超 80 项专利。

2024 年，eufy 品牌推出了集扫地、拖地和全能基站于一体的 Robot Vacuum Omni S1 Pro，为消费者带来彻底解放双手的深度清洁体验。

在清洁能力上，这款新品推出革命性的地板清洗系统，配备 Always Clean 拖把和装有臭氧水的双水箱。机器会提供 1 公斤的向下压力，模仿手洗，实时清洁拖把。扫地能力方面，产品也进行了升级，Omni S1 Pro 拥有 8000 Pa 的强劲吸力，可以深度清洁地毯和硬地板，去除毛发和深层污垢。方形设计（通常是圆形）不仅外观时尚，还能够毫不费力地到达难以触及的区域，如房间的边缘和角落。

智能化方面，Omni S1 Pro 提供十合一 UniClean Station，实现自动清洁和维护，它能够自动清空、自动清洗、自动补充、自动加热空气干燥、Eco-Clean 臭氧，还有自动废水收集、自动洗涤剂分配、LCD 触摸控制功能和密封集尘袋等，比上代产品的充电速度提升 20%。

智能清洁类产品不能算成熟品类，其产品形态还在不断进化中，来自中国的品牌让这个品类重新焕发生机，它们通过持续创新不断将这一品类带到新高度。除了深耕美国市场的 eufy，中国本土竞争惨烈的四大品牌科沃斯、石头、追觅和云鲸也开始出海，曾经的巨头 iRobot 在中国品牌的冲击下经营每况愈下。在快速成长的新赛道，面对强大的竞争对手，快速的技术创新是安克 eufy 的最佳策略[1]。

---

[1] 这种创新品类的竞争，可以参考本书第二章"大疆：新技术开创新市场"。

图 3-5　eufy 的智能清洁类产品[①]

随着 2020 年以来新能源汽车的火爆，电池的技术进步和成本降低，加上新能源汽车催生的充电需求，储能行业也随之成为火热的赛道。在储能大赛道下，家庭储能细分赛道打得好不热闹，也为安克的充电类产品带来新的增长机遇。

最早入局的华宝新能，从 ODM 走向自主品牌的德兰明海，帮助大疆打造电池后出来创业的正浩，这些家庭储能企业都着眼全球市场，向世界展示从中国制造走向中国智造的繁荣景象。先行者已经成为独角兽，跟同胞竞争难以靠性价比取胜，安克作为后来者，要如何破局？

首先，家庭储能产品某种程度上就是个超大号的充电宝，两类产品具有很强的关联性，安克借助 Anker 品牌在充电类产品的领导地位推出新产品。

基于场景的差异化是安克的策略，安克深入用户的家庭场景，寻找消费者的本质需求。即使是"拥挤"的家庭储能细分领域，安克还是能找到自己创新的空间，他们聚焦在更细分的场景——阳台储能。

阳台储能是介于移动储能和户用储能之间的形态。移动储能就像个小箱子一样可以提着四处走动，适合户外露营等场景。户用储能则需要在

---

① 图片来源：安克创新 2023 年财报。

屋顶固定安装一大块太阳能板，在家里安装储能柜，实现太阳能发电和储能。

相比于移动储能加太阳能板，安克的阳台储能场景更固定，能够给用户持续节约电费。与动辄上万美元的户用储能相比则更加灵活，成本更低。用户可以 DIY 安装，在安装费用高昂的发达国家能够节省不少人工费。这款产品一上市，安克就后来居上，变成阳台储能细分领域的第一名。

安克在家庭储能领域已经推出了单独的子品牌——Anker SOLIX（见图 3-6）。SOLIX 品牌围绕不同场景进行差异化创新，形成了多条细分的产品线，包括户外露营 C 系列、家庭备电和移动储能 F 系列、阳台光伏储能解决方案 E 系列、户用储能解决方案 X 系列等。

图 3-6　Anker SOLIX 系列 F（左）和 E（右）

性价比、基于场景的差异化、技术创新提升核心功能，安克垂直品牌的三部曲策略源自 VOC 方法的竞争策略。从性价比到差异化再到技术创新，对应的就是安克的不同类型的用户画像。基于对产品场景和产品功能维度的情绪偏差分析（VOC 方法），安克才能在一个品类中展示出与众不同的创新，将一个品类不断进行细分，持续打造具有独特价值的产品。

三、扩张：浅海与长尾

安克通过持续的品类扩张实现企业增长，而且产品越来越复杂，产品的智能程度也越来越高。安克似乎离手机制造只有一步之遥。安克会造手机吗？这也许是很多人好奇的问题！

对此，阳萌坚定地说不。安克试图专注于小品类（配件和智能硬件），而不是大品类（手机），因为安克很清楚想要在这两个极端取得成功，需要的是完全不同的结构和潜在机制。凭借安克的团队结构，他们可以做好小品类，他们不想在大品类中灭亡。[①]

在品类扩张方面，阳萌将自己的深思熟虑总结为"浅海战略"。在消费电子领域，手机、PC 是非常大的品类，手机就是万亿级的赛道；此外还有很多小的品类，比如耳机。别看这些小品类的市场体量很小，如果从事多个小品类，也可以成为一家伟大的公司。

阳萌经常以半导体行业举例。在半导体行业，德州仪器名气远远比不上英特尔和高通，却常年稳居半导体公司前列，营收和盈利非常稳定。德州仪器主要做的是细分品类，有 70 条产品线，而不是英特尔和高通做的超级品类——CPU。在其他行业也有类似的情况，宝洁和 3M 也是经营多个细分品类的公司。

实行浅海战略确实有机会成为大企业，浅海战略很难不让人想起长尾理论。长尾理论是《连线》杂志总编辑克里斯·安德森（Chris Anderson）于 2004 年提出的，用于解释亚马逊、奈飞等商业平台的经济模式。长尾理论指的是原来不受重视、销量很小的产品或服务，由于种类繁多，最终

[①] Nilay Patel. Why Charging Phones is such A Complex Business, with Anker CEO Steven Yang [EB/OL]. (2021-11-09) [2024-10-31].https://www.theverge.com/22769839/anker-battery-charger-gan-amazon-apple-mfi-lightning-iphone-magsafe-decoder.

累计起来的总收益要超过主流产品的现象①（见图 3-7）。如果以品类为横轴，以销量为纵轴，阳萌的"浅海"就是长尾，"深海"则是需求量大的大单品，比如手机、电脑等。

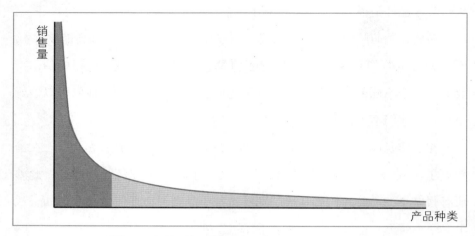

图 3-7　长尾理论：深色是大品类，浅色是小品类长尾

　　为什么是"浅海"？阳萌认为超级品类和细分品类的管理遵循不同的逻辑。超级品类需要 CEO 亲力亲为，抓好每一个细节。但是每位管理者的管理半径是有限的，如果做多个品类则覆盖不过来。以苹果为例，苹果聚焦超级品类，其管理方式类似于创业公司。核心管理团队聚在一起，对每个产品细节进行决策，能够一竿子插到底进行管理。②

---

① 传统零售店是实体货架，商品需要竞争货架的位置，电商和网络平台不存在这个问题，许多小众产品同样能得到展示的机会，能够让目标客户找到并实现销售。

② 《哈佛商业评论》曾刊登过一篇苹果大学 Joel M. Podolny 教授和 Morten T. Hansen 教授介绍苹果组织管理的文章 *How Apple Is Organized for Innovation, It's about Experts Leading Experts*，其中介绍了关于 iPhone 产品细节的决策。

　　另外，从管理者的优势和特质考虑，阳萌自认为更适合去为更多创造者赋能，提供平台和方法，帮助优秀的创造者成功。他经常思考的问题是产品赢的逻辑，如何复制赢的逻辑，并形成组织能力。因而安克更适合去做细分品类，实施浅海战略。

　　事实上，安克在进入充电类产品的时候已经完成了一次品类选择。早期安克面临着三个选择：一是手机保护壳产品；二是充电宝、充电器；三是耳机等音频类产品。对于当时的安克而言，音频类产品门槛还比较高，而手机保护壳产品则完全没有技术含量，因此最终选择了充电类产品。这是从企业能力的维度评估能不能够得到机会。

　　从市场的维度，安克在充电类的成功与竞争环境息息相关。"浅海"品类不是世界级巨头的主战场，这就为其他品牌留下了生存空间。事实上，充电类产品是被巨头忽视的地方：智能手机的电池续航在海外市场是长期的痛点，而充电类产品则被手机巨头长期忽视。

　　"安克成功的很大一部分原因在于智能手机的电池续航时间不够长"[1]，《华尔街日报》的技术专栏作家评论道。锂离子电池的进步程度远远赶不上智能手机的发展。

　　手机电池的进步速度赶不上芯片功耗的增加、屏幕的不断扩大以及摄像头的不断升级，更赶不上人们享受游戏、音乐、视频、社交媒体等手机应用带来的电量消耗。这些都刺激了充电需求的增长。

　　安克当时的目标市场是美国，不同于国内市场，续航问题很长时间都被主流的智能手机品牌所忽视。在发达市场，安全是消费者非常在意的事情，因而品牌厂商在电池容量和充电速度上会做比较保守的选择。比如三

[1] Nick Statt. How Anker is Beating Apple and Samsung at Their Own Accessory Game [EB/OL].（2017-05-22）[2024-10-31]. https://www.theverge.com/2017/5/22/15673712/anker-battery-charger-amazon-empire-steven-yang-interview.

星 Note 7 系列的电池问题让他们损失惨重，之后很长一段时间都采用保守的电池方案。

保守的电池设计和充电方案让发达市场的续航痛点存在很长时间，也为安克的充电宝产品线提供了难得的发展机遇。[①]安克抓住了这一关键痛点，并为用户带来各种各样的充电产品解决方案，也拉起了第一条成长曲线。

如果说保守的续航设计可能是出于安全的考虑，那么手机充电器则是被巨头忽略的品类。这也给安克的持续增长提供了宝贵的机会。即使是在 2024 年，当中国科技自媒体走出国门跟海外媒体一起参加展会，也能从充电器辨别出使用者国别。中国的电子产品充电器体积小巧、设计时尚，甚至在品类里还有多种细分产品，外媒的充电器则显得笨拙而且难用。[②]

美国知名消费电子媒体 The Verge 将安克在充电器上的成功归结为苹果、三星等顶级手机品牌在这一细分品类的失败。一位《华尔街日报》的专栏作家甚至痛斥苹果的充电器配件昂贵且低劣。[③]苹果在推出 iPhone 12 系列之后，不再配备原装充电器。这又给安克留下了发展空间。

在管理咨询中，品类扩张的决策选择有两个比较知名的模型：GE 矩阵和风险报酬矩阵。GE 矩阵考虑的是两个维度：市场吸引力和企业竞争

---

① 在中国市场，华为手机率先采用大容量电池，尤其是 Mate 系列以其长续航赢得了商务人士的青睐。让华为手机一炮而红的 Mate 7 手机电池容量高达 4100 毫安时，同期的苹果 iPhone6 仅有 1810 毫安时，下一代大屏的 iPhone 6s Plus 也只有 2750 毫安时。此外，快充是中国品牌缓解续航焦虑的另一种方案，这就是为什么"充电五分钟，通话两小时"这句 OPPO 手机的广告语能够广为流传。中国手机品牌对续航的关注也许是后来安克在中国市场很难打开局面的原因之一。

② 差评硬件部. 看完国外媒体的充电头后，我开始替他们窒息了 [EB/OL]. （2024-06-07）[2024-10-31]. https://www.bilibili.com/video/BV1Jy411z7k9/?spm_id_from=333.337.search-card.all.click&vd_source=d0446827cc7cb24d27c29816cb5380af.

③ Nick Statt. How Anker is Beating Apple and Samsung at Their Own Accessory Game [EB/OL]. （2017-05-22）[2024-10-31]. https://www.theverge.com/2017/5/22/15673712/anker-battery-charger-amazon-empire-steven-yang-interview.

力。风险报酬矩阵考量的则是产品创新的成功率（风险）和回报。对于安克而言，细分品类是综合考虑外部竞争环境和内部组织能力后的最佳选择。

智能手机是万亿级的赛道，市场吸引力很大，回报也很大，但风险更大。智能手机研发难度极大，还需要解决供应链问题，这对一般企业而言都是难以企及的。更何况一批"巨无霸"企业经过多年的竞争，早已站稳脚跟，在消费者心中建立起了品牌认知，并且行业内已经完成了品类细分，出现各种各样的差异化产品。

智能音频、扫地机器人、智能投影、智能安防、消费级储能等都属于智能硬件浪潮中的分支。安克进入的这些赛道都有着不错的市场吸引力，在进入的时候行业都处于高速增长中。高速增长意味着行业的竞争还没有结束，终局还没有到来，后来的进入者还有机会分一杯羹。

与此同时，这些赛道面对的竞争对手有不少独角兽企业，但却不是那种营收多于安克 10 倍的"巨无霸"。从产品的角度来看，这些赛道的产品复杂度是安克够得着的，不少产品之间存在技术共用。即使这些行业已经形成初步的终局，安克仍然可以通过 VOC 找到产品创新的突破口，开创细分品类。

以 VOC 方法为衡量尺度，智能手机不管是在场景的维度，还是在产品使用体验的维度，其产品洞察的难度都远远超过上述细分领域。相比之下，安克进入的这些细分品类的应用场景比较有限，VOC 的可操作性也比较强。

四、吸引创造者的平台

随着组织不断成长，小公司的敏捷和创新会逐渐被大公司的官僚主义所取代，创新力大不如前。GoPro、Arlo①、iRobot，这些企业在单一品类都取得了巨大的成功，之后却止步不前，甚至开始被中国公司追赶上。如何避免陷入这些公司的困境，让安克实现持续创新，是阳萌深度思考的问题。

消费电子是快速迭代、生死更替的行业，没有一个品类能够长期处于风口之上，一个品类的出现甚至还会导致另一个品类的快速消亡。以音乐播放器为例，最开始是索尼的随身听，之后是MP3，再后来基本就被智能手机取代了，数码相机、MP4也是如此。

想要在消费电子行业长期发展，就要回归消费者最本质的需求，不能因为过度关注竞争而忽略客户。尽管技术突飞猛进，技术迭代越来越快，但是消费者的本质需求却变化不大。比如MP3消失了，但是大家依旧有听音乐的需求。

"如果能真正观察消费者最本质的需求，不留恋于某一种产品形态，用极致的技术去满足，甚至超越消费者最本质的需求，就有机会长久发展，成为一家伟大的公司。"②技术迭代对于墨守成规、因循守旧的企业是风险，对于全球顶级公司，却提供了弯道超车的绝佳机遇。

在一个垂直品牌做到领导者后，坚持品类扩张能够让企业持续处于创业状态，保持对客户需求的洞察，对新技术的敏感，同时保持组织活力。然而，中国企业没少吃多元化发展的苦头，许多原本经营良好的企业由于

---

① Arlo：美国安防产品公司。

② 36氪.对话安克阳萌：痛苦关掉10个品类后，我学会了找对人和分好钱[EB/OL].（2024-04-25）[2024-10-31]. https://mp.weixin.qq.com/s/56sunhKyLVc3v2qa2TnoqA.

盲目多元化最终走向倒闭的命运。

2022 年，安克忍痛关掉了割草机器人、手持清洁设备、电动自行车等 10 条产品线[①]。当时安克已经有 40 条产品线，在这些竞争激烈的领域，有些产品线的负责人并没有展现出必胜的决心。

浅海战略意味着安克要在多个不同的品类进行创新，这让他们对于高层次的人才有更为迫切的需求。阳萌对于管理有非常深刻的认知，"先人后事"已经成了安克管理团队的共识。安克的人才标准是什么？创造者！阳萌还进一步总结了创造者的三个特质："第一性、求极致、共成长"。

"第一性"指的是第一性原理（First Principle）。第一性原理最早是来自亚里士多德，意思是"每个系统中存在一个最基本的命题或假设，它不能被违背或删除"。后来被特斯拉 CEO 马斯克不断使用而成为科技圈的热词。

第一性原理是马斯克思考问题的方式。运用第一性原理，特斯拉打造了可循环利用的火箭，从而大幅降低了火箭的发射成本。马斯克会不断刨根问底，找到问题的根源，拷问产品每个零件、每个流程步骤存在的意义。

第一性原理为创新提供了明确的方向，让团队更加坚定。对于团队领导者而言，最重要的是方向。如果方向错了，再多的努力也是徒劳的，而且会打击团队士气。所谓"一将无能，累死三军"。

在明确方向之后，"求极致"就变得至关重要。创新是艰难的工作。马斯克虽然明确知道降低电池成本可以大幅降低特斯拉整车的成本，但这却需要经过多年的努力才能取得成功。在这段过程中马斯克几度濒临破产。

---

① 36 氪. 对话安克阳萌：痛苦关掉 10 个品类后，我学会了找对人和分好钱 [EB/OL]. (2024-04-25) [2024-10-31]. https://mp.weixin.qq.com/s/56sunhKyLVc3v2qa2TnoqA.

对于"求极致"，阳萌也总结了三点表现：第一是敢于冒险，因为创新是需要冒很大风险的活动；第二是想尽一切办法，创新来自不断尝试，需要绞尽脑汁；第三是能够坚持去获得长期和全局的最优，创新的过程是煎熬的，一旦顶不住压力就会妥协、求其次。

最后，创造者要是一个能够"共成长"的人。关于"共成长"，阳萌也总结了三条：第一是长期主义，安克希望打造领导品牌，品牌打造是快不得的，需要参与者能够延迟满足，站在未来看现在；第二则是有公心，能够以团队为重，常怀感恩之心；第三是持续学习和自省，能够自我觉察和自我净化，科技行业一日千里，只有不断学习才能持续创新。

按照阳萌的标准，苹果的乔布斯、特斯拉的马斯克、英伟达的黄仁勋、AMD的苏姿丰都满足这些标准，属于典型的创造者。安克看到的浅海隐藏着数不清的机会，但抓住机会需要创造者。对于安克而言，专业技能和经验固然重要，但具有创造者特质的人才则更为重要。

阳萌对此深有体会，在此前的招聘经历中，他发现专业和经验匹配的应聘者，最终不一定能行，就是因为缺少创造者的品质。不仅仅是产品经理、技术、设计、品牌，甚至是行政人员，都需要这种品质。阳萌甚至认为，企业对于创造者的争夺是一种零和博弈，安克多找到一位，别的企业就会少一位。

为了寻找创造者，性格内向的阳萌甚至亲自上阵，拍摄了公司的招聘宣传视频。此外，他还积极参加各类访谈，向不同领域的人才传递安克的理念和价值观。ChatGPT火爆之后，阳萌在媒体平台的出镜也变得多了。他对人工智能发展提出了许多独到而深刻的见解，比如未来芯片要实现"存算一体"。另一方面，他其实也在借着专业场合，不遗余力地传递安克的价值理念，从而吸引和招揽人工智能方面的人才。

什么样的组织才能吸引创造者？

安克在充电、智能音频、智能家居等不同的品类都取得了成功，已经形成了实现产品创新的组织能力。在安克的发展历程中，阳萌一直关注产品成功背后的逻辑，并将其转变为组织能力。

"在速生速死的消费电子行业，要想成为一家持续赢的公司，需要通过组织创新，把方法流程化、能力平台化和组织开放化，通过赋能把公司变成一个适合出海硬件创业者的平台。"[1]

安克有众多的产品线，阳萌会把 80% 的时间用于打造"组织"这个产品，而不是具体的某款产品。组织也是产品，好的组织才能吸引和凝聚一批创造者，一起去创造，满足消费者最本质的需求。

阳萌认为好的创造者平台是"机会多、伙伴好、培训好、回报高、氛围好"。第一是安克的品类扩张和渠道拓展都能为创造者带来更多机会，创造者不管是在产品线还是在新的区域市场，都能扮演关键角色，甚至在某个国家独当一面。另外，安克还会让员工在两三年内在不同岗位轮岗，开拓视野，提升领导力。

第二是平台能为创造者提供好的伙伴。安克聚集了很多行业的领军人才，比如全球领先的智能驾驶汽车感知算法的开发者、全球顶级学术会议和实验性大赛的冠军获得者、全球顶级公司中成长最快的职业经理人等。还有很多优秀的产品线负责人，以及很多成长很快的技术人才和产品开发人才。

第三是为创造者提供培训。创造者本身就有不断提升的需求，企业需要为其提供学习提升的机会。安克设有安克大学，公司内部会花大量时间去为不同岗位、不同阶段的创造者积累培训材料，形成完整的培训体系，

---

[1] 朱雯卿. 全球一亿用户撑起百亿营收，安克创新的数字化出海新故事.[EB/OL].（2022-11-10）[2024-10-31]. https://www.36kr.com/p/1995172150686217.

帮助新手快速掌握知识成为专家。同时，各个团队还会互相分享和互相激发。以营销团队为例，团队每个季度会选出最佳营销案例、最佳创意案例等让大家互相学习。

安克一直致力于打造学习型组织，这点令外部专家都印象深刻。与安克合作的专家介绍道，在安克的卫生间定期都会展示不同的海报，海报上都是可供学习的知识点。尽管大家平时都很忙，但构建学习型组织能让团队掌握共同的语言，实现同频共振。

第四是要给创造者好的回报。阳萌非常推崇华为的价值分配，安克"坚持劳动者分配的价值远大于股东分配的价值"。[1]阳萌用给员工支付的薪酬、福利和留给股东的扣非净利润之和除以公司收入来衡量公司的"剩余价值"。苹果、华为等一流公司的计算结果为30%。由于还没有达到这个标准，阳萌在公司内部戏称安克为"二流公司"。

事实上，安克在员工待遇方面非常大方。除了有竞争力的工资和奖金外，公司每年还将利润中的相当比例拿出来分享。从2016年开始，安克就对超过800名员工实施股权激励。安克还设置了季度"Spot Bonus"、业务季度奖、研发项目奖、年度"卓越奖"以及年度经营奖励基金等短中期激励机制。应届生甚至有机会在三年的时间里就挑战百万年薪。对于新兴业务，安克会拿出股份给到新业务团队。当团队做出利润后，公司会按数倍的价格回购，从而给团队带来丰厚回报。

最后，好的平台还要有好的氛围。安克的创始团队来自谷歌，他们也将硅谷的组织文化带到中国。安克非常崇尚平等、开放、坦诚、真实的文化。阳萌以及其他高管都没有自己的办公室，他们跟其他人一起并排坐在

---

[1]36氪.对话安克阳萌：痛苦关掉10个品类后，我学会了找对人和分好钱[EB/OL].（2024-04-25）[2024-10-31]. https://mp.weixin.qq.com/s/56sunhKyLVc3v2qa2TnoqA.

开放的工位上办公。员工还可以预约阳萌的空余时间，与他进行面对面的交流。

　　阳萌希望安克能够"活得久、活得好、活得开心"。[1]组织就像生命一样会持续成长，组织能力是一个可持续发展和变革的过程。对于组织变革，阳萌亲力亲为，花了很长时间去学习华为，比如华为的集成产品开发（IPD），理解华为 IPD 变革的精髓，并有节奏地稳步推进。

创造新需求——
喜玛诺案例

①苏庆先."神秘的安克"与全球化的底层逻辑[EB/OL].（2022-02-11）[2024-10-31].https://new.qq.com/rain/a/20220211A001UU00.

本章小结

跨境电商领域创造了很多造富神话，安克属于最早享受跨境电商红利的企业之一。跨境电商只是安克的开始，是其主要渠道，却不足以代表其全部。安克从一开始就不满足于成为一家贸易公司，"创造者"才是安克的基因。安克希望"弘扬中国智造之美"，为消费者带来一种更好的电子产品选择，带来能够被消费者使用多年的高质量产品。

产品创新是一切的基础，安克让我们看到产品创新的机会无处不在。无论是低热情、低投入度、低单价的"三低品类"，还是充满竞争对手、陷入内卷的赛道，安克总能找到自己创造独特价值的地方。

安克通过技术创新带来功能体验的改善，解决客户在不同细分场景里的痛点，用产品设计美学满足客户的情感价值。最开始是以性价比打动用户，之后是靠产品设计和微创新。随着公司不断成长，安克的创新深度也在不断提升，从充电协议，到材料，甚至到芯片，成为"全球第一移动充电品牌"。从性价比，到差异化，再到技术创新，企业的创新能力不断增强，品牌价值也不断提升。

安克是一家极富创新的公司，其创新不仅体现在产品上，还有营销、品牌打造、组织管理等多方面。"以客户为中心"是一句常见的口号。安克基于数字化技术，将这句话变成了一套方法论、一套工作流程，打造成聚焦客户需求的数字化组织。

DTC品牌的鼻祖Andy Dunn提出的数字原生垂直品牌（DNVB）概念是对安克最好的描述。安克不仅在需要技术创新的消费电子行业实现了DNVB的品牌打造，还展示了他们在不同品类持续打造DNVB的能力，在一个又一个快速成长的品类里打破现有的竞争格局，占据一席之地。

洞察用户需求的方法，市场营销学里有很多，比如深度访谈、问卷调查等。传统方法需要组建另外的专业团队，没有直接分析用户数据来得直接。利用大数据的方法追踪用户需求也不是安克独创的方法，这种方法最早被用于产品推荐。利用公开的用户反馈进行产品改进的方法更多是用在软件产品上，安克则成功地用在硬件创新上，并且出神入化。手机厂商小米开始用社区的模式汇聚粉丝为产品创新提供建议，开创了互联网时代的硬件创新，安克则不局限在社区的私域，而是从电商平台、社交平台等公域获得更大量的数据，从海量数据中完成需求洞察。

安克的 VOC 在用户洞察方面直接而高效，更重要的是跟自己的业务高度融合，形成完整的闭环。从用户需求洞察到产品创新，再到价值传递和用户评价反馈，从用户评价反馈又回到用户需求洞察。这个闭环都是以数字化形式展开，包括电商平台、社交平台、内部平台。

安克非常注重成功背后的逻辑，总结了一套品牌打造的方法，并开始为其他业务，甚至外部企业赋能。在充电品类取得成功后，他们又陆续进军智能音频、智能家居，形成了智能充电品牌 Anker、智能家居品牌 eufy、智能 3D 打印品牌 AnkerMake、智能投影仪品牌 NEBULA、智能音频品牌 Soundcore、智能工作品牌 AnkerWork 等六大品牌。安克将公司的品类扩张限定在市场规模有限的小品类中，实施浅海战略。通过多个小品类的成功，打造多个品牌，走向一家伟大的企业。

安克在多个不同品类持续打造 DNVB，持续创造受消费者喜爱的

"爆品"，这说明安克的 VOC 方法是可以学习的，具有可复制性。安克可以利用这套方法为有志于产品创新的创造者赋能。安克致力于打造为创造者赋能的平台，吸引更多优秀的创造者参与其中，打造更多满足消费者需求的创新产品。

安克涵盖了互联网时代以来众多的创新技术元素，包括搜索、电商、社区、社交媒体、智能硬件、人工智能等。作为一家诞生于移动互联网时代的企业，安克的管理模式不同以往，产品、业务、组织都有数字化的烙印，从多个维度展示了新质生产力。这种模式非常适合数字化时代的商业活动，值得更多企业关注、研究和学习。

更重要的是，安克的成功让我们在内卷的世界里看到希望，他们提供了一条独特的新质生产力转型路径。即使是竞争激烈的品类，安克仍旧可以通过聚焦客户，洞察需求，找到消费者未被满足的需求，找到产品创新的机会，用创新创造独特价值。

第四章

CHAPTER 4

传音：聚焦利基市场创新

2023 年，全球手机销量榜前五名中出现了一个陌生的名字。在华为、小米、OPPO、VIVO、荣耀这些大家熟知的品牌之外，人们开始意识到手机市场还有一家叫"传音"的公司。

2023 年对于手机市场来说并不是一个好的年份。全球智能手机全年出货量为 11.7 亿部，同比下降 3.2%，全年出货量创十年来最低。[1]传音却逆势而上，全年手机整体出货量约 1.94 亿部，在全球手机市场的占有率为 14.0%，在全球手机品牌厂商中高居第三位；智能手机占据全球智能手机市场 8.1% 的份额，排名冲到全球第五。在手机市场持续疲软，手机产品竞争日益激烈的情况下，传音的逆袭显得格外耀眼。

传音专注于新兴市场，许多人都没有听过这家公司的名字，也没有在中国市场看到他们的产品。根据 IDC 的数据，2023 年传音在非洲智能手机市场的占有率超过 40%，已经多年蝉联非洲第一的宝座。传音也因此享有"非洲之王"的美誉。

传音所在的手机产业是一片红海，尤其是在国内市场。21 世纪初，中国本土的手机品牌迎来第一波崛起。然而，好景不长。山寨机的异军突起加上国际品牌诺基亚的强势来袭，早期的国产手机品牌逐渐式微，其中就包括当时大名鼎鼎的国产品牌波导手机。传音的创始团队基本来自波导。

传音创立的 2006 年正是中国华强北山寨机厂商爆发的前夜。在国家"走出去"战略的号召下，大大小小的山寨机厂商从国内风靡到席卷全球。有的企业甚至在新兴市场成为头部，比如 G-Five 手机一度在印度市场做到第一。只是，眼看他起高楼，眼看他宴宾客，眼看他楼塌了。山寨机的火爆只是昙花一现，如烟花般短暂。

为了避开激烈的市场竞争，传音的创始人竺兆江在非洲大陆找到了手

---

[1]数据来源：IDC 公司。

机市场的蓝海。不同于那些一心"卖货"的出海企业，竺兆江有着自己的坚持——他希望打造一个中国品牌。就像在许多新兴市场国家看到的无处不在的日韩品牌广告牌一样，他相信中国品牌也可以做到。经过多年的深耕，传音逐渐成为深受新兴市场用户喜爱的品牌。

全球手机市场有不少优秀的中国品牌，华为、小米、OPPO、VIVO，他们都是在中国市场取得了巨大成就后不断进军海外市场，成为全球性的手机品牌。传音却是个特例，这么多年过去了，传音即使在非洲市场站稳脚跟，也没有回到国内市场。

传音出海的时代，许多中国企业还没有掌握多少值得称道的核心技术。他们要面对的是陌生的市场，还有那些在全球范围不断扩张的国际巨头，比如后来全球手机市场的王者三星。

如今，出海又成为热词，新兴市场、"一带一路"，逐渐成为许多中国公司眼中的新机会，传音的成长更具有研究意义。

<table>
<tr><td>第一节</td><td>从渠道建设开始</td></tr>
</table>

一、发现被忽略的蓝海

非洲是传音手机起家的大本营，在很多人眼里，非洲无论是经济发展水平还是消费能力，都远远不如国内市场。对于许多创业者而言，非洲是缺乏市场吸引力的不毛之地。为什么是非洲？这是很多人问竺兆江的问题。

竺兆江毕业于南昌航空大学机械电子工程专业，具有技术背景的他并没有从事技术工作，而是成为一名销售。1996 年，竺兆江进入波导，成为销售传呼机的基层业务员。在功能手机时代，波导手机以一句脍炙人口的"波导手机，手机中的战斗机"的广告语，传遍大江南北，为国人所熟知。

波导股份成立于 1992 年，起初从事的是传呼机的研发制造，后于1999 年进入手机行业，并连续三年登顶国产品牌手机销量第一。2003 年，波导手机出货量达到 1000 万台，一举超过诺基亚、摩托罗拉等国际品牌，成为国内市场第一名。

在这家以营销见长的公司，竺兆江凭借其卓越的销售能力，三年后就成为波导华北区首席代表，之后又担任销售公司常务副总、国际业务部总经理等高层管理职务。在波导工作期间，竺兆江走遍了 90 多个国家和地区，他发现了非洲市场这片蓝海。然而，他提出的开发非洲市场的建议却没有得到采纳。

2006 年，竺兆江离开了波导手机，创办了传音。彼时正是国产山寨机兴起的前夜，异军突起的山寨机加上气势如虹的诺基亚，让许多国产手机品牌的发展每况愈下。

从 PC 时代开始，华强北就是中国最发达的电子元器件集散地之一。进入功能手机时代，华强北成为手机产业的集散地，具有全球最强大的手机生产能力。华强北的手机达人不仅可以修手机，还能发挥奇思妙想，自己设计出千奇百怪的手机。

功能手机虽然没有智能手机那么精密，但其设计制造也不只是组装零部件那么简单。那时候的功能手机除了通话之外，还有一些软件应用，比如闹钟、音乐、简单的游戏等。这些功能的实现需要将处理器、基带等多种复杂的零部件集成在一起，还要完成软硬件的调试。

2003 年，台湾的芯片设计厂商联发科公司进军手机市场。他们带来的一站式手机解决方案极大地降低了手机市场的进入门槛，为山寨机的爆发提供了可能性。联发科的芯片将手机需要的音频、视频解码、信号处理等多种类型芯片整合在一起，厂商在联发科手机芯片的基础上加上屏幕、键盘和外壳，就能推出一款手机。联发科的芯片加上华强北强大的手机供应链，使得山寨机迅速占领低价市场，挤压国产手机品牌的生存空间。

为了避开国内激烈的竞争，竺兆江把眼光投向海外市场。他在香港注册了传音科技，为东南亚和印度市场的手机品牌做 ODM。然而，山寨机的战火很快从国内烧到东南亚和印度市场，竞争异常激烈。另一方面，国际巨头在印度市场对一家在当地做到头部的中国手机厂商发起了专利诉讼，这也是传音转向非洲市场的催化剂。2007 年 11 月，传音开始进军非洲市场。

据当时的传音手机代工厂商回忆，竺兆江到非洲是下了很大的决心的，而且前期投入也很大。① 进入非洲市场的决策是源自竺兆江之前的非

---

① 林金冰. 传音之秘 [EB/OL]. （2015-05-08）[2024-10-31]. https://weekly.caixin.com/m/2015-05-08/100807426_all.html.

洲市场经验，以及他对非洲市场的理性分析。

早在波导时期，竺兆江就留意到广袤的非洲市场。他亲自到当地考察，做了详尽的调研报告，甚至还给波导的高层提出了关于非洲市场的产品定位。竺兆江发现非洲市场的手机渗透率很低，非洲用户更希望拥有便宜的手机，功能不用太多，只需要先满足通话这种基本功能就行。他觉得波导手机可以以此进军非洲市场。然而，当时的高层还是认为非洲没有市场。

竺兆江非常看好非洲的市场潜力。非洲市场仅次于中国大陆和印度市场，是全世界人口第三大的市场，人口也达到 10 亿数量级，而且人口结构还很年轻，便于接受新事物。

经过大量的分析调研，竺兆江发现非洲市场只有三星、诺基亚等少数手机品牌，竞争相对于其他市场要小很多。另外，从发展阶段看，非洲发展比中国要慢，可以利用中国的技术和资源，推出适合当地市场的产品，这对于传音是个不错的机会。

之所以选择非洲市场，还有一个重要的原因——竺兆江想做一个品牌，一个中国品牌。

竺兆江在波导的时候跑了 90 多个国家和地区，他看到索尼、松下、三星、LG 等日韩品牌的广告遍布全球。竺兆江心里也有一个品牌梦，他希望有一天来自中国的品牌，也能够在国际上备受瞩目。[①]

国内市场竞争太过激烈，想要做成手机品牌难度太大。非洲市场是竞争激烈的手机行业中一片被忽视的蓝海，同时还具有巨大的市场潜力，为传音进行长期精耕细作，打造品牌提供了可能性。

传音的战略选择其实是利基市场（Niche Market）战略。利基市场通

---

① 电子时报. 传音控股执行长竺兆江：扩大先发优势，非洲无惧竞争 [EB/OL]. (2015-09-11) [2024-10-31]. https://mp.weixin.qq.com/s/aKjHE5aJNYh7fVDzR6wdRw.

常指的是具有一定市场潜力但规模不大，别人不愿意提供产品或服务的市场。彼得·德鲁克在《创新与企业家精神》中称之为"生态利基"，迈克尔·波特在《竞争战略》中则视之为低成本、差异化之后的"集中战略"。

锁定非洲市场后，传音也是有所取舍，他们不做最低价位的部分，而是从中端价位开始切入市场，打造出自己品牌的特色与价值。2007年，传音在非洲市场推出了第一款手机，名字为 TECNO T780，主打当时国内流行的双卡双待。

TECNO 是传音在非洲打造的第一个品牌。2008年6月，传音在非洲建立第一个分支机构，机构设置在非洲第一人口大国，也是当时非洲第一产油国尼日利亚。同年7月，传音决定全面进军非洲市场，从经济发展较好的尼日利亚、肯尼亚开始，辐射到撒哈拉以南的非洲国家。

二、长跑型企业的追求

在传音进入非洲市场的同一年，乔布斯发布的 iPhone 开启了手机的智能时代。2007年之前，手机主要以功能手机为主，主要用于语音通话、短信和简单的网络连接。功能手机简单易用，功耗较低，待机时间更长，而且价格较低。与智能手机最大的区别是功能手机没有独立的操作系统，功能在手机设计阶段就已经固化，只有少量专门设计的软件，但用户无法轻易安装和升级以获得丰富的软件服务和提升使用体验。

乔布斯开启的智能手机时代则让消费者找到了进入移动互联网时代的入口。智能手机拥有独立的操作系统，可以连接移动通信网络上网。除了通信功能外，智能手机还能实现摄影摄像、社交、娱乐、商务办公等多种功能。随着移动通信网络的升级和智能手机软硬件的升级迭代，智能手机以其无可比拟的多功能和便利性完成了对功能手机的替代。

从 2007 年 iPhone 发布以来，智能手机迎来了爆发式增长。通过拥抱谷歌的安卓系统，许多手机厂商快速迈进智能手机时代，尤其是中国品牌如雨后春笋般成长，迅速推动了智能手机对功能手机的替代。这一进程在 2016 年完成，2011 年全球智能手机的出货量仅占 28.77%，到 2016 年则达到 74.60%，而且此后稳定在 74% 左右（见图 4-1）。

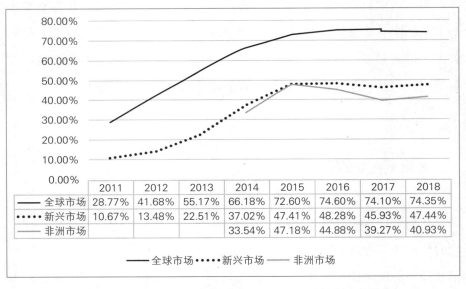

	2011	2012	2013	2014	2015	2016	2017	2018
全球市场	28.77%	41.68%	55.17%	66.18%	72.60%	74.60%	74.10%	74.35%
新兴市场	10.67%	13.48%	22.51%	37.02%	47.41%	48.28%	45.93%	47.44%
非洲市场				33.54%	47.18%	44.88%	39.27%	40.93%

图 4-1　2011—2018 年全球智能手机出货量占比（渗透率）变化 [①]

在竞争激烈的中国市场，智能手机的迭代速度不断加快，主流手机品牌一年可能会更新三款甚至更多，而且还会区分出高端旗舰机型、主打拍照的机型、主打性能的机型、性价比机型等不同产品系列。智能手机不仅

①数据来源：根据传音招股说明书的数据整理。

是一种科技产品，还具有了时尚快消品的特征。

新兴市场则呈现另一番景象。在新兴市场，智能手机对功能手机的替代潮跟全球市场同步开始，但进程缓慢，甚至还没有完全结束。同样在2015年左右，新兴市场的智能手机出货量占比突破40%，达到47.41%（见图4-1）。之后就停滞不前，即使到2018年都未曾突破50%。其中，非洲市场也出现相似的状况，智能手机出货量占比停留在40%左右。

在非洲市场，手机产品的竞争逻辑与发达国家、中国本土完全不同。即使在今天，许多新兴市场的国家和地区的手机普及率还很低，手机也主要以功能手机为主。根据传音招股说明书展示的数据，2014年到2018年期间，非洲市场的功能手机出货量占比稳定在60%左右（见表4-1）。可以说，非洲市场的手机消费者还处在"从无到有"的阶段，而不是功能先进程度的竞争。

表4-1 2014—2018年非洲市场智能手机和功能手机出货情况

（单位：亿台）

年份	功能手机出货量	智能手机出货量	出货总量	功能机占比
2014	1.07	0.54	1.61	66.46%
2015	1.03	0.92	1.95	52.82%
2016	1.13	0.92	2.05	55.12%
2017	1.33	0.86	2.19	60.73%
2018	1.27	0.88	2.15	59.07%

数据来源：传音招股说明书引用IDC统计数据。

经济发展水平是阻碍非洲市场手机智能化的最重要因素。对于非洲市场的用户而言，首先要解决的问题是能够拥有一部手机。这意味着厂家需要提供足够低价的产品，让经济欠发达地区的人们能负担得起。

尼日利亚是传音进军非洲的第一站。尼日利亚是非洲最大的经济体，其经济发展水平远远领先于非洲其他国家。根据世界银行数据，2023 年尼日利亚的国内生产总值（GDP）仅为 3628.1 亿美元，[1] 相当于同期中国山西省的水平。

尼日利亚人的收入很微薄，恩格尔系数非常高。根据尼日利亚最大的在线储蓄和投资平台 PiggyVest 调查发布的《2023 年 PiggyVest 储蓄报告》，2023 年，超过 70% 的尼日利亚人的月收入不到 249000 奈拉，[2] 相当于 1093 元人民币。[3] 20% 的被调查者甚至没有收入，收入超过 1000000 奈拉（4390 元）的仅有 6%。在支出方面，受访者选择的六大支出分别是食物（87%）、水电费（58%）、交通（48%）、租房（39%）、衣服（35%）和儿童（21%）。[4]

---

[1] 数据来源：世界银行。

[2][4] PiggyVest. The PiggyVest Savings Report 2023 [R/OL]. [2024-10-31]. https://www.piggyvest.com/reports/2023/income.

[3] 奈拉是尼日利亚货币，2023 年，1 元人民币相当于 227.80 尼日利亚奈拉。

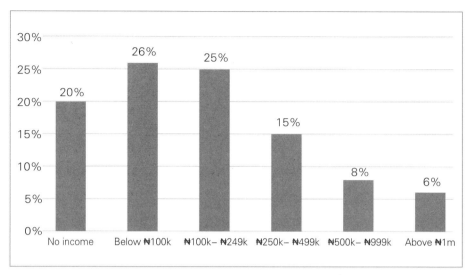

图 4-2　2023 年尼日利亚月均收入分布情况 ①

　　即使到了智能手机时代，价格仍然是非洲手机市场竞争的长期关键因素。根据数据公司 Counterpoint 的数据，低价手机在 2019 年和 2020 年主导了非洲的智能手机市场。200 美元（约为人民币 1400 元②）以下的手机占比超过 80%，100 美元以下的手机占比稳定在 50% 的市场份额。③ GSMA 移动网络贸易协会的数据显示，2019 年在肯尼亚、加纳和埃塞俄比亚等国家，一部入门级手机平均就花费了一个人月收入的 69%，在这些国家最贫

---

① 数据来源：The PiggyVest Savings Report 2023。

② 汇率按照美元∶人民币等于 1∶7 算。

③ Counterpoint. TECNO Beats Samsung to Claim Africa Smartphone Top Spot in 2020[EB/OL].（2021-04-19）[2024-10-31]. https://www.counterpointresearch.com/insights/tecno-beats-samsung-africa-top-2020/.

穷的 20% 的人口中，这个花费则是他们月收入的三倍。[①]

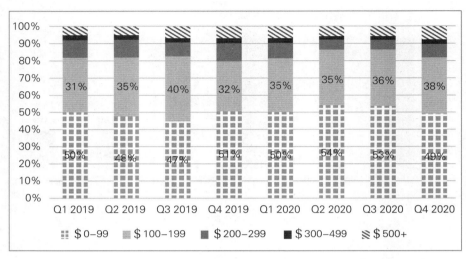

图 4-3　2019—2020 年各季度非洲手机市场价格分布[②]

非洲地区具有一定的市场潜力，但需要的是用低价去满足基本的功能，而不是用最新、最先进的技术。对于暂时没有太多核心技术但又有成本控制能力的中国企业来说，非洲市场可以说是最好的栖息地。

价格是非洲手机市场竞争的最关键因素，而低成本恰恰是中国厂商的强项。中国有完整的手机供应链，庞大的中国市场体量带来的规模优势足以让元器件成本一降再降。质量不断提升的国产供应链还能替换进口零部件，进一步降低了产品的物料成本。

---

① GSMA. The State of Mobile Internet Connectivity 2019[EB/OL]. (2019-07-16)[2024-10-31].
https://www.gsma.com/solutions-and-impact/connectivity-for-good/mobile-for-development/
wp-content/uploads/2019/07/GSMA-State-of-Mobile-Internet-Connectivity-Report-2019.
pdf.
② 数据来源：Counterpoint。

智能手机就像时尚快消品一样，刚发布的时候价格昂贵，但一旦新品发布，老款就会迅速降价。非洲手机还处于功能手机阶段，不需要像智能手机一样主打最新的技术、设计、芯片和传感器，老款元器件的售价往往要低很多。

竺兆江认为进入非洲市场是个机会，因为可以利用中国手机供应链的优势，以及从中国市场获得的经验，为非洲用户提供满足他们需求的手机产品。质优价廉的手机，让非洲人也享受到科技带来的便利。

作为一家手机 ODM 出身的中国厂商，实现低成本的手机研发制造对于传音而言自然不在话下。传音旗下的三大手机品牌在价格上都非常有竞争力，这是他们能够在非洲市场跟三星竞争，不断蚕食三星的市场份额，同时顶住国内手机品牌进攻的基础。

表 4-2 传音旗下三大品牌手机的价格

品牌	TECNO	itel	Infinix
价格	功能手机 77.6 元 / 部 智能手机 486.9 元 / 部	功能手机 54.6 元 / 部 智能手机 300.4 元 / 部	578.8 元 / 部

数据来源：传音公司招股说明书中 2019 年上半年数据。

然而，低价只是基本的准入门槛。成本控制在日益成熟的手机供应链中不是什么秘密，别的手机品牌同样也可以做到。国内华强北的山寨机厂商更是能轻松地把手机做到白菜价。

事实上，早在 2008 年的时候，在国内大杀四方的山寨机厂商就已经走出国门，远赴非洲，希望将其在国内快速发家致富的打法复制到新兴市场。起初，山寨机在新兴市场的发展势头很猛。然而，追求赚快钱的企业终究都难以长久。

山寨机商业模式是快速抄袭，低价出货，没有正规销售渠道，目的是实现快速变现，质量得不到保障。当时走出国门的山寨机，很多连通话这样的基础功能都没有做好，引起了当地用户的不满，影响了中国手机产品的口碑。质量欠佳的产品终究只是一锤子买卖，要知道，对于非洲消费者而言，一部手机可是一笔不小的开销。

在深入非洲调研后，竺兆江发现很多手机厂商不愿意花心思在非洲市场。许多民营企业"还是以简单贸易的心态进入非洲市场"，[①]而不能够踏踏实实地对当地进行深度的需求洞察。

在决定进入非洲市场后，传音不以快速盈利为目标，而是面向本地消费者需求开展长期经营，更加关注企业的品牌和口碑。在确定打造品牌后，传音经常回绝一些客户提供的 ODM 订单。为了坚持发展品牌，他们宁愿舍弃这些订单。

"我们是长跑型企业，绝对不会为了短期利益出卖未来。"[②]这是传音创始人竺兆江在采访中经常提到的一句话，也是他在公司内部不断倡导和传递的价值观。"不会为了短期利益而出卖未来"，在不同的报道中，不同级别的传音管理者都表达了相同的理念。

对于一家中国民营企业而言，非洲是完全陌生的市场。进入非洲市场，传音需要面对很多挑战，包括当地的政策法规、海关税务、全球的供应链管理等，而传音更多思考的是为非洲市场带去什么。

"十年前，没有人会选择中国制造的产品，因为大家不确定中国产品的质量，大家都希望用日本的产品。"一位埃塞俄比亚的传音零售合作伙

---

① 周慧娴. 封面人物丨千里传音：竺兆江 [EB/OL].（2023-12-14）[2024-10-31]. https://www.163.com/dy/article/ILUTL5V3051982PD.html.

② 田萧. 科创板传音控股创始人竺兆江如何在非洲开疆拓土？[EB/OL].（2024-04-24）[2025-03-25].https://mp.weixin.qq.com/s?__biz=Mzg4MTEyNzc4Mg==&mid=2247576792&idx=5&sn=de021fc10f79cdeef94dfd6f94619f27.

伴在接受电视媒体采访的时候说道，"但随着时间的推移，他们已经完善了自己的产品，其质量与大部分日本产品一样好。"这位老板的9家商店每个月可以销售12000部到15000部传音手机。

时至今日，即使传音已经在非洲市场登顶多年，作为中国企业的传音也没有回到中国市场。"你会发现它有自己的坚守，不盲目，就是面向非洲市场，去最好地满足用户的需求。你也看到传音也没有回到国内跟各个品牌去竞争。"这是荣耀手机前总裁赵明在接受专访时对传音的评价。[1] 传音的坚守也得到了同行的认可。

战略要学会
做减法

三、再现深度分销模式

在非洲市场，买得起手机是第一步，"买得到"则是当地消费者使用手机的另一道阻碍。传音进入非洲之时，非洲手机市场超过九成都是通过开放通路销售的。[2]非洲当地的电信运营商规模较小，而且很分散，难以成为销售手机的主流渠道。

改革开放以来，中国在经济和技术发展方面都取得了长足的进步。相比于非洲大陆，中国在制造业、零售业和手机产业具有相对的先发优势。中国市场的今天就是非洲市场的明天，可以将中国市场的商业实践复制到非洲市场，解决当地市场遇到的问题。

传音的高管团队大多拥有在波导手机工作的经历，波导手机在国内市

① 马关夏. 国产手机幸存者：传音、一加如何活在华为们的势力范围之外 [EB/OL]. (2019-10-23) [2024-10-31]. https://new.qq.com/rain/a/TEC20191023000158400.
② 电子时报. 传音控股执行长竺兆江：扩大先发优势，非洲无惧竞争 [EB/OL]. (2015-09-11) [2024-10-31]. https://mp.weixin.qq.com/s/aKjHE5aJNYh7fVDzR6wdRw.

场登顶的策略被传音迁移到了非洲。传音进军非洲，不仅仅是出口手机产品，更是出口早期国产手机品牌的成功实践。

传音进入非洲市场的时候跟波导在国内的市场类似，他们要挑战国际知名的手机品牌，获得当地消费者的信任。波导进入手机行业的时候，国际品牌摩托罗拉和诺基亚已经在中国市场站稳脚跟。

这些国际品牌拥有世界一流的技术实力和品牌号召力，在国内市场也找到了渠道合作伙伴，建立起成熟的代理分销制，快速适应了中国本土市场的营销环境，占领了中国市场。所谓代理分销制，是通过几家大型代理商（全国、省级或地区级）或批发商将产品送到零售终端。

深度分销模式是中国本土品牌快速崛起的重要策略之一，波导的自建营销网络模式是其中的佼佼者。波导是从寻呼机业务转型进入手机市场的，无论是技术实力还是品牌知名度，波导都难以与国际品牌抗衡。因此，波导果断选择放弃代理制，转而投资建立自己的销售体系。

当时波导在全国设立了 41 家省级销售公司，300 多家地级办事处，拥有 5 万家零售终端，同时还配有超过 500 人的营销服务团队。这套销售体系被人们称为"中华手机第一网"。[1]波导的销售网络深入乡镇，覆盖面极为广泛。通过"农村包围城市"的策略，波导从乡镇市场向中心城市扩张，打得国际品牌措手不及。此外，波导的自建营销网络更加扁平化，有效降低了中间费用，提升了手机在终端零售市场的价格竞争力。

相比代理分销制，波导的模式更有利于品牌的建立和维护。实行代理分销制可能导致不同代理商之间相互竞争，进而引发压价倾销、区域内窜货等问题，最终造成价格混乱。如此不仅降低了零售商对品牌的忠诚度，

---

①孙伟．波导：抢占市场跑道的手机攻略 [EB/OL]．（2004-05-18）[2024-10-31]. http://www.emkt.com.cn/article/157/15712.html.

也给消费者带来了困扰。波导会派销售人员直接到店面服务，加强与零售商的沟通与合作，更好地把握市场动态和竞争对手动向，从而提升市场反应和售后服务的响应速度。

深度分销模式的要害在于改变品牌商跟分销商的关系——品牌商通过提供客户顾问服务，帮助分销商更好地控制终端，从而加强对渠道的管理，并提升对消费者的服务质量。在电商兴起之前，"渠道为王，终端制胜"这一理念在中国商界被奉为圭臬。

传音领悟到了国产品牌深度分销的精髓，将这套模式成功复制到非洲市场，进而在当地扎根。渠道是品牌连接用户的重要管道。从客户的角度来看，欠发达地区的消费者缺乏对产品选择的决策能力。他们在选购手机产品时，通常需要到店里咨询店员，查看真机产品或产品模型，使用过程中遇到问题也会寻求售后帮助。依靠渠道布局的优势，国内的OPPO、VIVO品牌能够在消费电子的几波浪潮中屹立不倒，从MP3到功能手机，再到智能手机，并在智能手机竞争中保持领先地位。

传音在非洲市场首先遇到的是功能手机时代的王者诺基亚，之后是智能手机时代长期占据全球第一的三星。面对强大的国际品牌，传音同样采用"农村包围城市"的策略，直接去诺基亚和三星忽视的贫穷地区。传音的手机不仅出现在大城市，还会由销售员装箱拉到乡下销售。通过在渠道建设上的精耕细作，传音逐渐赢得当地用户的信任。

一家名不见经传的中国手机品牌想要进入海外市场并不容易。更何况，野蛮生长的山寨机在全球市场横冲直撞，对中国制造的形象造成了不小的负面影响。在非洲市场，由于山寨机质量差加上缺少服务网络，中国制造给当地用户留下非常不好的印象。

在发展早期，传音也是山寨机的受害者。在2008年传音开始开拓渠道的时候，当地人一听是来自中国的企业，有时甚至会将销售员轰出去。

假冒伪劣产品不仅会模仿传音手机，甚至还出现在传音的销售渠道上，一些渠道商为了赚钱也进行掺假销售。

传音依旧坚持稳扎稳打，通过正规路径铺货，不断构建自己的渠道网络。在肯尼亚打击山寨手机的行动中，传音还和当地通信协会联手，打击当地市场流通的假手机，保护自己和消费者的权益。在渠道管理上，传音也非常规范。传音自创立之日起就实行"先收款再发货"，明确"不能赊账"的原则，从而加快现金流动，降低了新兴市场的风险。

传音的销售模式非常传统，主要采用"国包—省包—地包"模式，光在尼日利亚，传音的"国包商"可能就超过 10 家，渠道渗透到大大小小的村落。除了一级经销商，传音还不断加强与一级经销商下游的分销商和终端零售渠道合作。在重点市场，传音坚持渠道下沉策略，配备销售专员与当地的经销商、分销商和零售商长期保持日常沟通，从而及时获得一手的市场反馈和需求信息，帮助当地经销商进行需求预测、产品生命周期管理和区域配货管理。

传音还利用中国手机市场的先发优势，为后发的新兴市场渠道赋能。改革开放以来，中国的零售行业发展迅猛，传音将国内零售行业的经验输送到新兴市场，建立了完整的零售终端管理体系。

传音在国内招聘专家，外派当地开展工作，逐渐完成对各级经销门店的信息化升级改造，在信息不发达的非洲建立了通畅的销售网络，实现对市场需求和销售情况的实时监控和定期分析。提前进行市场预测以及对市场需求的快速反应，让传音在新兴市场形成了渠道壁垒。

中国本土的零售人才也能够为传音的非洲渠道赋能。中国零售快速经历了从线下渠道走向线上渠道，再到线上线下融合的发展。在国内，传音不仅可以找到有国美、苏宁经验的传统零售店人才，也能找到华为直营店、小米直营店这类手机零售店的人才，还能找到京东、淘宝的电商人才，为新兴市场渠道赋能。

传音外派到非洲的员工往往都很年轻，充满干劲。外派非洲充满挑战，需要在非洲工作一年，这给了他们很多成长的机会。传音的零售经理需要深入一线，提供业务指导，甚至在当地管理一支团队。很多国内企业都无法给年轻人提供这样的锻炼机会。

如今，传音的工作人员已经跟当地的零售商打成一片，定期收集销售信息，为终端提供支持。在当地的集贸市场，可以看到传音的销售人员不停地跟当地的摊贩打招呼，在玻璃柜前叮嘱商贩把传音的手机放在显眼的位置。当地的经销商还会带着传音的工作人员深入偏远的村落，实地了解手机销售情况，传音的工作人员则会帮他们分析销量数据，并找出影响销售的原因。

非洲的渠道商很多是小批量发货的客户，这就需要传音在管理上保持高度的灵活性。想要节省成本，就需要与当地仓储物流体系进行配合。传音非常重视物流网络建设，陆续在阿联酋、埃塞俄比亚、印度、孟加拉国等海外国家设立了物流仓，形成销售市场联动、中央物流与区域物流优势互补的物流配送体系。通过综合采用空运、海运等多种运输方式，传音实现了非洲、东南亚、南亚等地区产品及原材料的快速交付。

随着当地运营商逐渐发展壮大，运营商在手机渠道扮演的角色也越来越重要。一开始，当地运营商对传音有所顾忌。不过，在他们看到传音的产品力之后，很快便与传音建立了合作伙伴关系，比如 MTN、Airtel、Etisalat 与 Safaricom 等当地运营商。传音手机可以帮助他们扩大用户基础与提高平均用户营收贡献度（Average Revenue Per User，ARPU），因此自然也得到他们的支持。

通过提供本地化的优质产品、在广告上大力投入，以及对渠道赋能，传音深度绑定非洲当地的渠道商。经过多年的精耕细作，传音已经在非洲和南亚等地的新兴市场国家建立起了一套覆盖面广、渗透力强、稳定性高的营销渠道网络，形成以经销商销售为主、少量运营商销售为辅的销售模式。这一深度分销的渠道网络不仅帮助传音与当地用户建立了信任和联系，也为其后续获得当地市场的专业知识并进行产品创新打下坚实的基础。

在非洲市场站稳脚跟后，传音开始进军南亚市场，尤其是世界人口第一大国印度。进入印度市场，传音依旧在渠道建设方面下大力气。从 2016 年开始，印度市场的经销商数量迎来爆发式增长；2017 年，当年新增的经销商数量就高达 1206 家。

表 4-3 传音 2016—2019 年上半年的经销商数量变化

年份	当年新增经销商数量（个）	其中：印度新增（个）	印度新增占比
2019 年 1—6 月	308	215	69.81%
2018 年度	631	475	75.28%
2017 年度	1362	1206	88.55%
2016 年度	972	816	83.95%

数据来源：传音招股说明书。

如今，传音已经进入全球 70 多个国家和地区，与超过 2000 个具有丰富销售经验的经销商客户建立了深度合作，其销售网络覆盖非洲、南亚、东南亚、中东和南美等全球主要新兴市场。

四、给用户带来安全感

与渠道网络相辅相成的是售后服务网络布局，售后服务也是当年波导成功的关键要素之一。波导依靠其庞大的分销网络在全国建立了一套维修服务网络，覆盖上千个地县级城市，同时还加强了对服务人员的培训，要求所有销售人员都要通过考核，具备一定的维修能力。售后服务关乎当地用户的产品体验，能够提高用户黏性，增强用户忠诚度。

以往非洲市场缺乏手机售后服务保障，如果手机摔坏了，非洲用户很可能就会放弃手机。进入市场的早期，传音的 TECNO 手机品牌是设有专门的售后办公室的，能做到随叫随到，为用户提供售后维修服务。

"强大的售后服务，令当地消费者很有安全感。我们就是要告诉消费者，选择传音，买得开心、用得放心；就是要告诉消费者，传音会扎根于此，是有责任和担当的中国企业。"[1] 传音副总裁阿里夫说道。

售后服务不仅解决了非洲用户的痛点，也帮助传音在当地建立了信任。利基市场通常被大企业忽视，企业通过为利基市场提供特殊的产品和服务建立竞争优势，传音的售后服务就属于这类活动。

2009 年，传音直接投资数亿元人民币，成立了售后服务品牌 Carlcare，成为第一家在非洲本地建设售后服务网络的外国手机厂商。Carlcare 的服务品类涵盖手机、电脑、平板电脑、家用电器、照明等电子产品。Carlcare 有专门的门店，门店配有经过培训的专业团队，能够处理业务问题和用户投诉，并且能够快速完成产品维修工作。

令人惊讶的是，Carlcare 不仅是 TECNO、Infinix、itel、Oraimo、Syinix 等传音旗下品牌的官方售后服务品牌，还能为传音品牌以外的产品提供专业保养服务。

---

① 许立群．传音，向世界传递好声音 [EB/OL]．(2018-05-18)[2024-10-31]. http://world.people.com.cn/n1/2018/0518/c1002-29997785.html.

图 4-4　传音售后服务品牌 Carlcare 门店[1]

　　传音的售后服务，大大提升了当地用户对品牌的信任度。目前，Carlcare 已经成为非洲最大的电子类及家电类产品服务方案解决商。Carlcare 拥有 7 家维修工厂，超过 2000 家服务中心（含第三方合作网点），服务覆盖非洲、中东、东南亚、南亚、拉美的 50 多个国家和地区。Carlcare 的 App 在全球的月活跃用户数超过 2000 万，为客户提供售后服务超过 1 亿次。

①Calcare Service. About Calcare[EB/OL].（2020-01-09）[2024-10-31].https://www.carlcare.com/global/news-detail/1/.

<table>
<tr><td>第二节</td><td>本土化的产品创新</td></tr>
</table>

一、基础设施的补充

2013 年，三星提出"为非洲打造"（Built for Africa）的本土化策略，[①] 开始大力发展非洲市场。三星不仅为非洲市场提供产品，还要提供解决方案。"为非洲打造"包括政府解决方案、智能手机解决方案和智能生活方式解决方案。政府解决方案关注教育、医疗保健、农村电力供应三大领域。智能手机解决方案则是推出三款专为非洲市场设计的智能手机——三星 Galaxy Grand、Star 和 Neo。智能生活方式解决方案包括智能电视、空调、洗衣机、相机、打印机和音响系统等专门为非洲设计的六大品类。作为世界级的品牌，三星在市场营销和本地化发展方面都是一流的。

早年，在非洲人眼里手机分为两种，一种是以三星、诺基亚为代表的真品，另一种则是充斥着山寨机的 China。[②] 与国产手机相比，国际手机品牌在通话质量和品牌知名度方面优势明显。初到非洲市场，当地手机零售店老板听到传音是来自中国的厂商，二话不说就闭门谢客。与这些国际品牌相比，传音即使在售价上有优势，也难以赢得当地消费者的信任。想要在非洲市场跟三星打持久战，传音不能仅仅依靠低价优势，还要比竞争对手更懂本地人的需求。

---

① Zimkhitha Sulelo. Samsung launches 'Built for Africa' range [EB/OL]. （2013-03-26）[2024-10-31]. https://communicationsafrica.com/commerce/samsung-launches-built-for-africa-range.

② 林金冰. 传音之秘 [EB/OL]. （2015-05-08）[2024-10-31]. https://weekly.caixin.com/m/2015-05-08/100807426_all.html.

　　通过与非洲当地用户的深度交流，竺兆江在进入非洲市场的时候就发现了传音可以发挥优势的地方。尽管世界知名手机品牌具有品牌和质量的优势，但他们销售的还是以通用产品为主，在为非洲用户定制产品方面不是特别上心。

　　2007 年，传音在非洲推出的第一款手机是 TECNO T780。这是一款双卡双待手机。"双卡双待"这种设计已经成为众多国产手机的标配，这种源自华强北手机厂商的设计恰好能解决非洲手机用户的痛点。

　　双卡双待能够让用户同时使用两张 SIM 卡，并在不同电信运营商之间切换，从而满足节省话费、节省流量费用、获得更好通话质量的需求，还能实现工作、生活场景互相分离。这种设计最初主要是为了满足用户节省话费的需求，因为之前国内跨省通话的漫游费非常高昂。

　　非洲的基础设施十分简陋，当地的通信运营商数量众多，但各自的网络覆盖范围都非常小，且彼此之间还不能互通，跨运营商之间的通话费用要远远高于同一家运营商内部通话的费用。就如同国内跨省通话需要支付高昂的漫游费一般，非洲居民之间日常通话的成本也极高。非洲人民跟中国的老百姓有着相同的痛点。

　　当时的非洲出现了一种现象，为了节省通话费用，当地居民会同时购买多张 SIM 卡，通过给手机更换 SIM 卡的方式避免跨运营商通话。这正是国产双卡双待手机最佳的应用场景。

　　2007 年，传音的创始团队在非洲市场调研中发现了这个痛点。在决定将非洲市场作为目标市场后，传音于 2008 年推出了第一部四卡机器 TECNO 4Runner，产品一上市就广受好评。2011 年，传音正式进入非洲市场还不到四年的时间，其旗下品牌 TECNO 就收获了"非洲双卡手机第一品牌"的荣誉。

　　传音手机的出货量也飞速增长。2010 年，传音手机的出货量达到 650

万部，2013年达到3700万部，2014年达到4500万部。到2014年的时候，传音在非洲的粉丝已经数以亿计，全球销售的双卡手机累计超过2亿部。[1]

非洲的经济发展相对滞后，落后的基础设施给生活带来了诸多不便，但这也为手机设计提供了创新的机会——解决社会经济条件限制给用户带来的痛点。双卡双待手机的存在就是为了弥补通信网络基础设施的不足。

除了通信网络条件，非洲的另一大基础设施问题是电力。传音团队在实地调研中发现，有些地方虽然手机网络信号不错，但稳定的电力供应却成问题。在尼日利亚、南非和埃塞俄比亚等国家，政府为节省电力经常采取分区断电措施，导致人们几个小时都没法为手机充电。在刚果民主共和国等欠发达市场，人们甚至需要带着手机跑到三四十公里外的地方付费充电。

超长待机的手机是传音应对非洲落后的基础设施条件的另一个产品创新案例。传音手机通常都具有不错的待机时长，传音甚至推出了一款待机时间长达二三十天的手机，获得了不错的市场反馈。

"我可以24小时不停地用这款手机通话、浏览网页，没有问题。但三星就不行。"一位在拉各斯工作的企业高管出于续航的原因将他的三星S3换成了TECNO L8手机。[2]

围绕续航能力差的痛点，传音还在非洲率先推出了快充技术。他们发布了使用双IC高压快充4.5A快充技术和低压直充5A快充技术的产品，领先于手机行业的友商们在非洲采用的5A直充快充技术。

此外，在非洲某些国家还会出现频繁停电的情况，这会对手机电池

[1] 林金冰. 传音之秘 [EB/OL]. (2015-05-08) [2024-10-31]. https://weekly.caixin.com/m/2015-05-08/100807426_all.html.
[2] Jenni Marsh. The Chinese phone giant that beat Apple to Africa [EB/OL]. (2018-10-10) [2024-10-31]. https://www.cnn.com/2018/10/10/tech/tecno-phones-africa/index.html.

战略来自日常洞察

寿命造成影响。为此，传音与 Richtek Technology 合作开发了一种比市场上其他产品充电速度更快的低成本电池，同时开发了 AI 驱动的技术来优化电力分配，从而延长手机电池寿命。

传音为当地消费者带来了买得起且适合当地使用的手机产品，某种程度上也是在为非洲居民提供基础设施。非洲没有经历过完整的 PC 时代，传音等手机厂商则直接将他们带进移动互联网时代，为当地人的生活带来极大的便利。

"我们目前还没有太多钱可以花在电子产品上，但我们仍然希望获得质量上乘的产品。很多年轻人会倾向于法国的产品，在电子产品方面，中国品牌帮了我们大忙。"一位肯尼亚首都内罗毕的大学生表达了对传音手机的喜爱。这位大学生同时也是 Instagram 和 YouTube 平台上的视频博主，她直播的唯一设备就是由中国设计、非洲制造的传音手机。

二、文化隐藏着需求

由于深入非洲大陆，传音在与当地人的日常相处中，发现了当地民族文化中隐藏的需求。新兴市场的经济发展水平还不高，这也意味着全球化和现代化潮流对这些国家的影响还不够深，当地文化得到更好的保留，从而展示出与其他民族不同的独特之处。

语言是最直接的独特性。对当地地方语言的支持是赢得用户最有力的方式，也是最容易被忽略的方式。国内藏族同胞对 iPhone 手机情有独钟，就是因为 iPhone 手机在初始设定中很早就包含了藏文设置选项，可以跟使用英文、汉语一样方便，甚至还有输入法。①相比之下，安卓手机直到安卓 6.0 版本才支持藏文，而且藏文输入法还需要另外安装。iPhone 的预先支持藏文让其很早就赢得藏族用户的心。

传音手机很早就为非洲用户提供当地语言的支持。很多国家的官方语言主要是英语、法语、阿拉伯语、葡萄牙语等国际语言。除此之外，非洲本土还有超过 800 种语言，而且这些语言非常复杂。

传音投入重金开发斯瓦希里语、豪萨语等非洲本土语言输入法，安装在传音旗下的手机中。传音的 TECNO 手机成为第一个为埃塞俄比亚市场提供阿姆哈拉语键盘的手机品牌。传音除了不断增加对当地语言的支持，还加入当地的口语化设计，以提升用户体验。这些小众语言在其他手机品牌则很难被覆盖，传音也因此赢得当地用户的青睐。

音乐播放已经成为手机主要的必备功能之一，音乐更是非洲人民生活中不可或缺的一部分。非洲人民非常热爱音乐，对他们而言，音乐是一种重要的表达方式。基于此，传音研发了适合非洲音乐的低音设计和喇叭设计，并在 2016 年推出配备超大音量扬声器的音乐手机 TECNO Boom J8。此外，在发售时还随机赠送一款定制的头戴式耳机。

除了手机的硬件设计外，这款手机还提供了专业的音乐制作 App "音乐大师 Boom Maxx"，帮助音乐爱好者制作自己喜欢的音乐。普通用户可以跟专业音乐达人一样模拟不同的场景，处理声音，调节出完美低音。根据自己的喜好编辑音乐，摇滚、布鲁斯抑或古典，为用户打造在家里听音乐会的体验。

① 赵娟. 为什么藏族同胞人人都喜欢用 iPhone？[EB/OL].（2017-07-21）[2024-10-31]. https://www.ednchina.com/news/20170721iPhone.html.

225

图 4-5　传音 TECNO Boom J8 手机宣传海报 ①

　　对于手机设计，不同民族由于文化不同，大家在手机设计的审美和偏好上也有所不同。在国内市场，大部分人讲究手感体验和方便携带，希望手机尽可能轻和薄。但在新兴市场，很多时候手机重量还跟产品质量联系在一起。传音同时经营非洲市场和印度市场，就发现了二者的差异。尼日利亚人会更喜欢较重的手机，他们认为重的手机质量更好；而印度人则截然相反，他们认为好手机应该是做得更轻。

　　与民族生活和文化相关的需求洞察，需要手机厂商深入当地，在当地人的日常生活中观察、沟通、交流，从当地人的视角出发来看待产品，从而发现未被表达或未被满足的需求。围绕这些需求，手机厂商可以开展诸多的功能创新。

---

① Temitope A. Impressive Features of New Phone [EB/OL]. (2016-04-12) [2024-10-31]. https://www.pulse.ng/news/tech/tecno-boom-j8-impressive-features-of-new-phone/xqcyjbe.

三、被忽视的人种学

"这款手机真的很适合自拍。"一位埃塞俄比亚的年轻女店员一边自拍，一边夸奖她手里的 TECNO Camon 手机。[1] 拍照是智能手机的重要功能之一，能够在黑夜中清晰地拍摄出黑种人的面部，是传音手机的主打特色，也是传音最为人熟知的创新。

2016 年，一位黑人网友的夜间合照和自拍照片让人忍俊不禁，一时间在网络刷屏。在黑夜，进光量不足，黑种人用户由于肤色很难在相机中显示出清晰的面部轮廓，拍照的时候只能看到两排洁白的牙齿和一双惊讶的眼睛。

这主要是因为手机厂商在拍照时会对人的面部进行定位，当光线较暗时就很难对深色皮肤的人进行准确定位，白种人和黄种人则不会存在这种问题。

传音很快洞察到了黑种人用户的痛点，并迅速成立特别工作小组尝试解决这个问题。为了攻克深肤色拍照的难题，一线团队从非洲拍摄和收集了上万张黑种人的照片发往国内研发小组，还专门请了在中国的非洲留学生当模特，进行拍照试验。从芯片到算法，小组做了大量的研究。

最终，他们放弃了其他手机厂商通用的脸部轮廓定位，转而利用人工智能技术进行五官特征定位，比如眼睛和牙齿。在拍摄时增大曝光量，再通过算法优化，让黑色的皮肤呈现巧克力色的效果。

凭借为深肤色用户设计的"美黑"拍照手机，传音在非洲市场又收获了不少用户。深肤色拍照技术已经成为传音的重要核心技术，公司不仅拥

---

[1] Jenni Marsh. The Chinese phone giant that beat Apple to Africa [EB/OL]. (2018-10-10) [2024-10-31]. https://www.cnn.com/2018/10/10/tech/tecno-phones-africa/index.html.

有海量深肤色影像的数据库，还开发了针对深肤色人像数据的定制算法。传音的人工智能深肤色影像移动终端被工信部认定为"国家级制造业单项冠军"。

人种特征是硬件产品创新不可忽视的因素。在手机发展的早期，许多厂商会思考手机屏幕尺寸对于手掌握持舒适度的影响，但人种的差异却很少被人关注。在人种特征上，新兴市场的用户跟手机产业已经成熟的发达国家市场和亚洲市场的用户展现出显著的不同。专注新兴市场的传音在这方面下了不少功夫。

撒哈拉以南的非洲天气炎热，用户处在炎热的环境下容易出汗，影响手机使用。为此传音就特别设计了具有防汗功能的手机，他们基于非洲环境，开发了表面防腐蚀涂层技术。传音的手机产品的防水防腐蚀设计，使其抗强酸性能达到 pH 3.5，抗酸度显著高于同配置竞品手机。此外，传音还建立了首个基于非洲消费者汗液酸碱度的数据库。

手机产品的本地化创新，传音人总是如数家珍，这是他们在非洲市场获得成功的原因，也构成了在非洲市场的"护城河"。为非洲市场定制开发的技术后来也成了他们进入其他新兴市场的有力武器。比如，为非洲用户设计的防汗液创新还被借鉴到印度市场。

在开拓印度市场的时候，他们发现印度人直接用手抓饭吃，在这种场景下，一般手机的屏幕操作会非常困难，尤其是手上沾有油的时候，很难进行指纹解锁。传音在原有防汗设计的基础上，定制开发了指纹的防汗、防油污算法，使得日常残留油污、易出汗的手指在传音手机上使用指纹解锁时，比其他手机有更高的成功率。这种设计让他们迅速进入印度市场。

四、真实需求的创新

2014 年，传音已经在非洲站稳脚跟，其功能手机产品在 2015 年年初已经做到全球第一。事实上，传音在非洲近 20 年里也不是一帆风顺的，他们成功抵挡了一波又一波的竞争浪潮，其中有华强北山寨厂商的进攻，也有手机行业知名品牌厂商的挑战。

"双卡双待"毕竟不是门槛很高的技术，其他竞争对手也能快速跟进，同时在价格优势上也不亚于传音，尤其是国内的华强北厂商。可以说，"双卡双待"是国产手机厂商众多特色中不起眼的一个。

联发科芯片降低了制造手机的门槛后，华强北的厂商们脑洞大开，设计出了五花八门的手机。在华强北，你可以看到三卡三待手机、跑马灯外壳的手机、点烟手机、刮胡刀手机、超长待机手机、立体环绕喇叭手机、投影手机、手表手机……一时间，在智能手机来临的前夜，华强北的功能机已经让人看花了眼。

可惜的是，这些花里胡哨的设计大多是为了博眼球，吸引消费者购买，从而实现快速变现，而非实实在在地满足用户某些方面的需求。竺兆江发现国内的许多民营企业更多的是"卖货"的心态，而不是花时间去倾听当地用户内心的真实需求。以客户为中心，洞察用户需求，本土化创新，很多企业都明白这些道理。然而，洞察用户需求，究竟洞察什么？

最开始，竺兆江就化繁为简，聚焦手机必备的通话功能和质量。通过深入当地社会，传音洞察到了不少创新的机会。社会经济条件的限制、民族独特的文化生活、人种特征的差异，都是硬件产品创新的创意来源。我们可以用卡诺模型^①来衡量这些功能对当地消费者的价值。

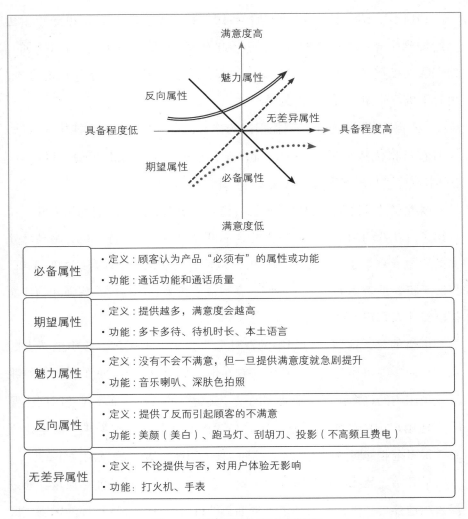

图4-6 卡诺模型与传音的手机创新

---

①卡诺模型：KANO 模型是东京理工大学教授狩野纪昭（Noriaki Kano）发明的对用户需求分类和
优先排序的有用工具，以分析用户需求对用户满意度的影响为基础，体现了产品性能和用户满
意度之间的关系。其将产品服务的质量特性分为必备属性、期望属性、魅力属性、反向属性和
无差异属性五类。

　　随着对当地的深入了解，传音又针对性地推出多卡多待、待机时长、本土语言等具有期望属性的功能；之后针对非洲用户的文化生活和人种特征，推出了音乐喇叭、深肤色拍照等具有魅力属性的功能。这些解决当地用户痛点的功能，能够快速提升客户的好感度。

　　非洲市场的整体发展相对滞后，对于传音而言既是挑战，又蕴含着机遇。这片未被充分开垦的市场给了传音定义产品的机会。非洲市场的消费者购买力有限，他们更希望购买便宜而且实用的手机。手机的炫酷功能如果不够实用，对于当地用户而言就是浪费钱。想要满足非洲市场的需求，厂商其实不需要有多么领先的技术，而是要深入当地用户的生活，从质量、功能、应用场景等方面去进行产品的本土化创新，从而赢得当地人的认可。

　　传音关注的不是手机既定的标准，而是非洲用户在日常生活中的真实感受，并从中捕捉关键细节进行微创新。这是传音深受非洲用户喜爱的重要原因。"当多数品牌还在进行硬件规格的竞争时，我们早已把焦点放在消费者体验上。有些技术的难度并不是非常高，但是很多企业可能没有为用户考虑到细节问题，我们为用户想到了，也钻研了这个技术。"[①]传音的一位营销管理人员说道。

　　手机是模块化创新的产物，许多技术变成零部件模块，然后被集成到一起，融合成一部手机产品。核心的产品体验通常被一些品牌转化为直观的、可量化的数据，这些可比较的数据往往是由关键零部件决定的，比如芯片和屏幕，国际品牌在这些方面具有更强的掌控力。我们经常听到的跑分，芯片其实起了决定性的作用。在实际生活中，智能手机的许多功能用

---

① 马芳，鲁力，熊雅灵. 不是华为、小米，这个低调的深圳手机品牌在非洲那么出名？[EB/OL].
（2016-07-25）[2024-10-31]. https://mp.weixin.qq.com/s/2tWIPeBe3PylvNV5UhJXhw.

把自己变成客户——
丰田美版塞纳

户是用不到的。对于消费能力有限的非洲用户来说，他们更愿意为必要的功能买单。

德鲁克将生态利基战略分为收费站模式、专门技术战略、专门市场战略三种模式。[①]传音专注非洲市场的选择其实是一种专门市场战略，这种战略是围绕利基市场的专门知识展开的。这种战略成功的前提是要对市场有系统性的理解，并基于这种理解做出特殊的创新贡献，才能赢得目标市场，保持领先地位。

五、本土化创新机制

深度洞察当地需求，倾听非洲用户的心声，是传音成功的关键。早在竺兆江从事传呼机销售的时候，他就会根据不同用户的需求去推荐合适的产品，而不是一味地推销。他还会认真研究客户的不同需求，并不断进行整理，理解用户的使用体验。

开拓非洲市场是十分艰苦的工作，这不仅有来自竞争的压力，还有当地生活的挑战。非洲天气炎热，部分地区丛林密布，睡觉时要忍受蚊虫的叮咬，甚至还会染上疟疾。竺兆江带着团队深入非洲市场，他们经常会在街上跟行人交谈，到商店询问，观察了解当地人使用手机的习惯、对手机的看法。

来自孟加拉国的传音副总裁阿里夫·乔杜里在一次访谈中透露，在创业的 12 个年头里，他去非洲超过 100 次，而且调研的地方不局限于一线

---

①彼得·德鲁克．创新与企业家精神 [M]．北京：机械工业出版社，2007：419-421．

城市，还有很多非常偏远的地方。^①

"我们针对当地市场做了非常深度的调查研究，产品研发更是高度重视本地化的特色，包括本地语言、本地声音、本地审美观在内，毕竟台湾人喜欢的辣，与湖南人喜欢的辣一定有所不同。"^② 竺兆江说道。

"Think Globally, Act Locally"（全球化视野、本地化创新）是传音进军非洲市场的策略，利用国内的供应链优势推出低价产品，吸收发达经济体和国内手机行业的发展经验，进而针对非洲市场进行本土化创新。与其他进入非洲的手机品牌不同的是，传音即使是做功能手机，也能做出不少本地化创新。

从创业初期开始，传音就专门成立了战略洞察部，专注于深入研究非洲用户非常细微的需求。随着公司不断发展壮大，传音不仅在深圳、北京、上海建立研发中心，还在法国巴黎设有合作的设计团队，在尼日利亚的拉各斯、肯尼亚首都内罗毕也同样设有研发中心。非洲的研发中心就是专门为了本土化设立的，致力于改善手机 App 的功能，提升用户体验。

传音还有很多从国内派往非洲一线的销售人员，负责定期跟当地用户进行沟通，洞察当地用户需求。即使是今天，当地市场的洞察依旧是传音产品研发的抓手。从传音在招聘平台发布的一则招聘广告中，我们可以看到关于传音招聘市场洞察主管（驻尼日利亚市场等）、用户洞察经理等岗位的工作职责描述。

"作为总部的海外地区代表，负责 1 个左右海外国家本地对接，保持

---

① 王雷生. 从中国来，到非洲群众中去 [EB/OL].（2018-09-07）[2024-10-31]. https://www.sohu.com/a/252550380_115280.
② 电子时报. 传音控股执行长竺兆江：扩大先发优势，非洲无惧竞争 [EB/OL].（2015-09-11）[2024-10-31]. https://mp.weixin.qq.com/s/aKjHE5aJNYh7fVDzR6wdRw.

与部门本地同事和本地其他业务团队的密切互动，在工作中通过调研、走访等方法不断提升自身对当地业务和用户的熟悉程度和知识积累，参与建立海外国家本地洞察点体系搭建，承接本地业务的调研需求，支持产品规划。"

传音对于非洲市场的洞察，正如任正非提到的那样——让听见炮火的人指挥战斗。

非洲的落后给了传音在快速迭代的 3C 赛道精耕细作的机会，但这也意味着经济回报可能不如其他成熟市场，需要付出更多的耐心。传音更多的是聚焦于自己的目标市场和目标客户，不断提供好的产品和服务，以提高品牌影响力。在非洲建立本地化的经营体系不是一蹴而就的，需要金钱、时间与人力的累积，更离不开对当地用户需求的深刻洞察和长期联系。

非洲各国发展存在差异，不同国家的智能手机渗透率和网络升级进程各不相同。传音循序渐进，跟随非洲各个国家的网络升级进行产品更新换代，逐渐从功能手机向智能手机过渡。

通过中低端产品占据非洲主要市场份额后，传音开始向高端手机市场迈进。传音利用材料创新推出折叠、卷曲等新形态的折叠屏手机，还发布了探索者卫星通信技术、全场景快充技术、AirCharge 隔空充电技术、AIGC 人像美拍和数字人等技术。传音高端手机产品的发布进一步提升了品牌形象，也提振了手机销量。2020 年，传音旗下的子品牌 TECNO 在非洲市场完成了对三星的超越。

随着华为、小米等国产品牌在国内市场发展壮大后，非洲市场也成为他们新的增长点。在遭遇美国制裁前，华为一度在非洲市场占据 10% 的市场份额。对于国产品牌进军非洲，竺兆江早有预料。他认为国际品牌在非洲的竞争是不可避免的，传音更重要的是关注自身的竞争力，而不是过分担心竞争。

竺兆江坚信传音能够遇强越强，"把优势扩大再扩大，把产品、品牌、营销、售后服务等环节都做好，就无惧于世界上任何强者"。[①]后来的发展也验证了竺兆江的思考，传音不仅在非洲的大本营稳如泰山，还开始走出非洲，将在非洲市场的打法移植到其他新兴市场，在南亚地区持续得到增长。

在非洲市场登顶后，传音不断在新兴市场开疆拓土，人口众多且年轻化的南亚市场是他们的新增长点。在南亚市场，2023 年传音在巴基斯坦智能手机市场排名第一，市场份额也超过 40%；在孟加拉国市场排名第一，市场占有率超过 30%；印度作为世界人口最多的国家，已经成为众多手机品牌的必争之地，竞争日益白热化，2023 年传音占据了印度 8.2% 的市场份额，暂时位居第六。[②]

---

① 电子时报. 传音控股执行长竺兆江：扩大先发优势，非洲无惧竞争 [EB/OL].（2015-09-11）[2024-10-31]. https://mp.weixin.qq.com/s/aKjHE5aJNYh7fVDzR6wdRw.
② 数据来源：传音公司 2023 年年度报告。

<table>
<tr><td>第三节</td><td>同当地"共创、共享"</td></tr>
</table>

一、成为当地人的品牌

提起传音，同他们的深肤色拍照一样令人印象深刻的，莫过于他们的刷墙广告，整栋楼都被 TECNO 品牌蓝白色的 Logo 所覆盖的场面非常震撼。在非洲人头攒动的集市上，每个广告牌、每张店面的海报、每块玻璃、每个店门，密密麻麻，铺天盖地都是蓝色的 TECNO 广告。这在非洲屡见不鲜。从旅游城市到贫民窟，只要有墙的地方就有传音的涂墙广告。

早年国内常见的广告手法，也被传音移植到非洲，而且有过之而无不及。刷墙的方法在电视不普及、媒体不发达的非洲是提高品牌知名度最直接有效，也是成本最低的方式。传音用铺天盖地的广告让当地用户目之所及，皆是传音。

"在肯尼亚，你要么在报纸，要么在户外广告，要么在电视里，要么在很多人的手里，都会看见传音手机。"[①]传音副总裁阿里夫说道。

广告是提升品牌知名度、塑造品牌形象最有效的方法，尤其是在欠发达地区。消费者获取信息的方式有限，大面积的刷墙广告能够让消费者看到产品，知道产品特点，记住品牌名称。

---

① 王雷生．从中国来，到非洲群众中去 [EB/OL]．（2018-09-07）[2024-10-31]. https://www.
sohu.com/a/252550380_115280.

图 4-7 传音的刷墙广告 [1]

另一方面，广告也面向渠道商。中国市场在早年产生央视广告"标王"就是这个逻辑，渠道商会通过广告判断品牌的实力，因此许多企业会拼命去争夺"标王"宝座。当渠道商见到铺天盖地的传音广告时，他们会认为这是一家有实力的企业，是有影响力的品牌，因而更愿意跟传音合作。

除了在非洲占据先发优势，传音在打造品牌上也是倾尽全力。"要么做第一，要么做唯一，要么第一个做"，传音的营销人员总是希望想出竞争对手难以模仿或超越的营销策略，他们称之为"黑手党提案"。[2]

在产品发布和新店开张时，他们会邀请当地知名的明星、网红，甚至当地政府领导。有这些当地人心目中的名流来为品牌背书，久而久之也提

① Eric Olander. TECNO's New AI-Powered Camera Software Artificially Lightens Black Skin Tones [EB/OL]. (2021-06-09) [2024-10-31].https://chinaglobalsouth.com/2021/06/09/tecnos-new-ai-powered-camera-software-artificially-lightens-black-skin-tones/.

② 林金冰 . 传音之秘 [EB/OL]. (2015-05-08) [2024-10-31]. https://weekly.caixin.com/m/2015-05-08/100807426_all.html.

升了传音的品牌形象。

传音的重磅音乐手机 Boom J8 发布的时候，就邀请了尼日利亚最出色的 MC 之一 MC Bash 来主持活动，同时邀请了尼日利亚音乐界的许多重量级歌星，比如传奇人物 Ruggedman、Weird MC、Chuddy-K、Klever-J、Capital Femi 等 10 多位歌手。

传音知道非洲用户的喜好，通过赞助他们喜爱的节目来提高品牌影响力。传音赞助了尼日利亚当地的热门综艺《尼日利亚偶像》（*Nigerian idol*），这是一档真人秀电视歌唱比赛，类似于国内的《中国好声音》。在节目比赛期间，传音还在 TikTok、Instagram、Facebook 等平台跟粉丝互动，粉丝可以参与活动赢得奖励。

除了音乐，非洲人民还非常喜爱足球，英超比赛有来自非洲的球星，在非洲有非常多的观众。2016 年，传音就与英超俱乐部曼城签署了三年赞助协议，成为曼城俱乐部手机和平板电脑的官方合作伙伴。2024 年，传音还成为非洲重要足球赛事"非洲国家杯"官方唯一手机品牌赞助商。通过足球赛事赞助，传音进一步拉近与非洲用户的距离。

如今，传音已经形成了 TECNO、itel、Infinix 三大手机品牌，能满足不同用户的需求和价值追求。

随着竞争日益激烈，传音专门创立了 itel 品牌去满足更低价位的市场，避免影响 TECNO 中高端的市场定位。TECNO 品牌则不断走向高端，打破原来的天花板，尝试打造更高端的旗舰机型。在 TECNO、itel 之外，传音又打造了面向时尚、科技、新潮的消费族群的电商品牌 Infinix，主要销售渠道是线上。①

---

① 电子时报. 传音控股执行长竺兆江：扩大先发优势，非洲无惧竞争 [EB/OL]. (2015-09-11) [2024-10-31]. https://mp.weixin.qq.com/s/aKjHE5aJNYh7fVDzR6wdRw.

多品牌策略就意味着在推广上要有更多的投入，传音不是单纯成本导向的厂商，他们愿意从价格和推广策略上去进行差异化设计，塑造品牌形象，以长跑的心态去打造品牌，赢得非洲用户的认可。①

表 4-4　传音旗下三大品牌的定位

品牌	定位	用户	机型	渠道	市场
TECNO	中高端品牌	新兴市场的中产阶级	功能手机、智能手机	线下	全球 60 多个国家和地区
itel	大众品牌	新兴市场的广大基层消费者以及价值导向型用户	功能手机、入门级智能手机	线下	全球 50 多个国家和地区
Infinix	时尚科技品牌	时尚、科技、新潮的年轻人	智能手机	线上为主	全球 30 多个国家和地区

数据来源：传音公司招股说明书。

在非洲当地，传音的三大手机品牌拥有非常高的认可度。由当地权威媒体《非洲商业》每年评出的非洲最佳品牌榜单中，传音的三大品牌常年排名前列。2022 年，TECNO 排名第六位、itel 排名第十五位、Infinix 排名第二十五位。② 这些品牌在非洲的用户认可度丝毫不亚于来自发达国家的世界一流品牌。

非洲的发展要比中国慢上几个节拍，手机在非洲还不普及。在一些非洲国家，能用上手机的人就如同中国早年能拥有"大哥大"一样风光。传

---

① 马芳，鲁力，熊雅灵 . 不是华为、小米，这个低调的深圳手机品牌在非洲那么出名？[EB/OL].（2016-07-25）[2024-10-31]. https://mp.weixin.qq.com/s/2tWIPeBe3PylvNV5UhJXhw.
② FRANKLINE KIBUACHA. Brand Africa 100: The Best Brands in Africa-2022 [R/OL].（2022-06-09）[2024-06-1]. https://www.geopoll.com/blog/best-brands-africa-2022/.

音手机在不少非洲国家还成了珍贵的礼物，结婚或订婚时，男方会送一部传音手机来展示诚意。①

传音更成功的一点是，他们甚至还让非洲很多国家的用户把这些手机品牌当作他们自己国家的国民品牌。这是传音成功的地方，也是让传音人感到心情复杂的地方。一位传音的营销管理人员在喀麦隆出差时遇到一位 TECNO 手机用户，对方称赞 TECNO 手机的质量，却将其认为是德国制造的产品。《非洲商业》制作榜单的媒体也曾将 itel 品牌当成非洲品牌。②

2014 年，一家深圳的友商到非洲开会，他们竟然不知道非洲还有一个同样来自深圳的手机品牌。在手机产业，在中国本土市场成名的华为、小米、OPPO、VIVO 等都已经是全球知名品牌。这些品牌的成功早已不局限于中国本土市场，他们将中国手机带向世界各地，得到全球众多消费者的喜爱。不同于这些品牌，传音在国内则低调得多。即使是在非洲市场，也很少有人知道 TECNO、itel、Infinix 这三大手机品牌来自同一家中国企业。传音的产品和宣传中没有任何中国元素，也看不到任何汉字。

二、同当地"共创、共享"

传音给非洲带来的最大的帮助莫过于就业和制造能力。2011 年，传音在埃塞俄比亚首都亚的斯亚贝巴建立了第一条手机装配线。埃塞俄比亚劳

---

① 赵觉程.听两位中国企业家讲"非洲故事"[EB/OL].（2018-09-04）[2024-10-31]. https://mil.news.sina.com.cn/2018-09-04/doc-ihiqtcan7714159.shtml.

② 马芳，鲁力，熊雅灵.不是华为、小米，这个低调的深圳手机品牌在非洲那么出名？ [EB/OL].（2016-07-25）[2024-10-31]. https://mp.weixin.qq.com/s/2tWIPeBe3PylvNV5UhJXhw.

动力成本低、政策支持力度大，且地理位置优越，为物流提供了便利，但是当地熟练的技术工人相对较少，需要投入大量的财力和精力去培养当地人。

在当地建厂是传音融入当地、秉持长期主义的体现，也是在践行其"共创、共享"（Together We Can）的企业价值观。传音不仅利用中国在手机产业的优势造福当地用户，还将中国的发展模式输出到新兴市场国家。

改革开放早期，中国通过国际品牌在中国建立工厂、引进技术，再慢慢发展成世界工厂。如今，中国企业在非洲的角色与当年国际品牌在中国的角色相似，只是到非洲发展的中国企业更多的是从事轻工业制造，电子制造则很罕见。苹果手机是"加州设计，中国制造"，传音手机则实现了"中国设计，非洲组装"。

传音在埃塞俄比亚有两家工厂，工人基本来自当地。传音在当地创造了大量的就业机会，不仅为当地工人提供了体面的薪资，也提供了学习的机会。一个年轻人在当地学校的计算机系毕业后，通过到中国接受培训，回到埃塞俄比亚就晋升为质量主管，这对于他而言是非常难得的职业发展机会。

图 4-8　传音在埃塞俄比亚的工厂 ①

　　如今，埃塞俄比亚的工厂已经从不到 40 名员工发展到上千名，从组装功能手机走向组装智能手机，从满足本国需求到辐射非洲其他国家。传音成为埃塞俄比亚有史以来第一家将本国产品出口到海外赚取外汇的企业。这让传音赢得了当地政府的支持和认可。② 除了埃塞俄比亚，传音之后还陆续在印度和孟加拉国设立了工厂。

　　随着手机在非洲市场的普及率不断提高，当地消费者对手机维修服务的需求也迎来爆发式增长，手机售后维修服务面临人才短缺的问题。2020

① Jenni Marsh. The Chinese phone giant that beat Apple to Africa [EB/OL].（2018-10-10）
　 [2024-10-31]. https://www.cnn.com/2018/10/10/tech/tecno-phones-africa/index.html.
② 埃塞俄比亚积极学习中国模式，有一部纪录片《埃塞俄比亚制造》专门讲述三位女性工人在中
　 资工厂的经历、憧憬和困惑。

年，传音旗下的售后服务品牌 Carlcare 在尼日利亚成立了 Carlcare 维修培训学院，招收当地学员，通过专业化、标准化的培训课程，为当地培养手机售后服务人才，同时也为当地青年人提供技能培训和就业机会。

图 4-9　传音的 Carlcare 维修培训学院 [①]

在传音新办公大楼里，经常可以看到非洲朋友前来上班。电梯里，来自南亚的员工用英语交流，有时候还会听到一些完全听不懂的方言。中午，传音的员工会带着他们去园区的餐厅就餐，中外员工一路上交流不断。

为了更好地实现本地化，融入当地社会，传音会尽可能地雇佣非洲当地人。通过在当地购置土地，兴建办公楼，传音希望尽可能地吸引更多本地优秀人才加入传音，与当地"共创、共享"。本地化人才能够提供当地视角，更好地打造本土化的产品，从而打动当地的消费者。

传音的"共创、共享"还带动了当地企业的发展，不少非洲当地的合

---

① 传音控股．传音 Carlcare 尼日利亚维修培训学院成立 4 周年，赋能本地职业技术人才 [EB/OL]．（2024-09-12）[2024-10-31]. https://mp.weixin.qq.com/s/2yizC9NoRZvjE521-u4wyw.

作伙伴都成了所在国民营企业的前 50 名或前 20 名。[①]传音希望持续推动当地电子制造业的发展，同时也积极响应国家的"一带一路"倡议，将非洲的成功经验带到更多新兴市场国家。

传音与当地的"共创、共享"不局限在商业活动中，还融入了当地的日常生活。传音跟当地社区保持着紧密的联系。传音会出资为当地年轻人提供学习机会，比如提供洗车工具，传播可持续发展的知识。肯尼亚内罗毕的一位员工非常热爱健身，传音支持他在当地建健身房，这让他产生了强烈的归属感。

传音还积极投身当地的公益事业。从 2020 年开始，传音携手联合国难民署开展"教育一个孩子"全球教育项目，助力非洲难民儿童改善教育条件，保障其受教育的权利。传音旗下品牌也以各自的名义积极投身公益事业。itel 在 2021 年启动了"小小图书馆"捐赠计划，目标是完成 1000 家 itel 小小图书馆建设。Infinix 为联合国教育科学文化组织的 CogLabs 项目提供手机和笔记本电脑等设备支持。Oraimo[②] 赞助 Eargasm For Charity 慈善音乐会，以支持非洲音乐发展。2020 年，TECNO 携手曼城足球俱乐部及全球知名足球媒体 GOAL 发起为期 4 个月的"Go For Great"实习体育记者圆梦计划，帮助有志从事体育新闻的年轻人参与曼城赛事报道。

三、复制移动互联生态

移动互联网成为传音在手机业务之后的重要战略布局。在新兴市场，

---

① 赵觉程 . 听两位中国企业家讲"非洲故事"[EB/OL].（2018-09-04）[2024-10-31]. https://
mil.news.sina.com.cn/2018-09-04/doc-ihiqtcan7714159.shtml.
② 传音旗下的数码配件品牌。

传音扮演起构建移动互联网生态的角色。一方面，传音具有用户基础。手机是移动互联网的入口，传音长期深耕新兴市场，在当地积累了深厚的用户基础，掌握了海量的移动互联网用户。另一方面，传音作为来自中国的手机品牌，具有看到未来的先发优势——他们可以在国内激烈的智能手机竞争中看到非洲手机市场未来的发展趋势。当非洲大陆跳过 PC 时代，直接进入移动互联网时代时，传音有了更多前人的经验可借鉴。

早在打造 iPod 的时候，乔布斯就指出了消费电子产品的要害——软件。此后苹果打造了 iOS 手机操作系统，通过软硬件一体的设计提供最佳的智能手机用户体验。在国内，小米创始人雷军深谙此道，凭借基于谷歌安卓系统深度定制的操作系统 MIUI 圈了一群"米粉"，打造适合中国用户的手机。小米手机硬是在手机市场的红海中快速脱颖而出。

对于非洲等新兴市场而言，他们自身缺乏优秀的开发者，也缺少愿意为当地市场开发应用程序的开发者。传音是中国企业，能够利用中国本土大量优秀的手机软件开发者为非洲用户开发本土化的软件，推动非洲移动互联网的发展。

首先还是智能手机的关键——操作系统。传音与谷歌建立了紧密的合作关系，其智能手机采用的是谷歌的安卓系统，所有设备都获得了谷歌认证。谷歌的多个安卓系统计划也通过传音得到市场扩张，其 Android Go 系统和 Android One 系统大大降低了智能手机的配置要求，能够提升入门级智能手机的使用体验，刚好与传音手机相得益彰。

传音旗下的三款手机品牌分别基于谷歌安卓系统深度定制了操作系统：TECNO 的 HiOS、itel 的 itelOS、Infinix 的 XOS。XOS 于 2015 年发布，是传音最早的智能手机操作系统。HiOS 于 2016 年随着音乐手机 TECNO Boom J8 一起发布，此后按照安卓升级的节奏每年更新。XOS 和 HiOS 在视觉设计、交互体验、底层算法等方面不断迭代，不仅设计美观，还紧跟智能手机前沿技术，提供了人工智能、多设备互联等服务。传音的手机操作系统已经成为非洲的主流操作系统之一。

由于中国在移动互联网领域具有相对的先发优势，传音能够借鉴国产手机品牌在操作系统上的优秀功能设计，招募到国内优秀的手机软件人才。国产手机的快速发展培养了无数手机软件工程师，在深圳可以轻易地找到这方面的高层次人才，他们既有技术，又有开发经验。传音分别在上海、深圳和重庆等地建立了自主研发中心。

手机是移动互联网时代的智能终端，而操作系统则是真正的入口。传音基于其操作系统在非洲的领先地位，能够为其他软件提供进军非洲市场的机会。谷歌、Facebook 等巨头选择跟传音合作，将他们的产品作为传音手机的预装软件，从而快速切入新兴市场，获得更多新用户，提高市场份额。

智能手机与功能手机最大的区别在于其软件服务的多样化和更优质的体验。无论是苹果的 iOS 还是谷歌的安卓生态，智能手机的软件应用主要是由第三方开发者完成的。然而，非洲市场没有那么多优秀的软件工程师，对其他国家的开发者也缺乏市场吸引力。因此，传音决定自己为非洲用户定制开发手机应用，为他们提供音乐、游戏、短视频、内容聚合等服务。

Palmchat 是一款即时聊天工具，目前注册用户数已经超过 1.1 亿。Palmchat 最早是针对功能手机开发的产品，凭借独特的界面、时尚搞笑的表情符号、引人入胜的聊天室得到非洲当地年轻人的喜爱。Palmchat 当时还具备类似微信"摇一摇"的功能，可以寻找和添加附近的好友。令人惊讶的是，这款应用不仅适用于智能手机，还兼容功能手机。

新闻聚合类应用 Scooper 是一款类似于"今日头条"的产品，是非洲头部的信息流和内容聚合平台。Scooper 的月活量大概在 2700 万，在非洲法语区、英语区、阿拉伯语区国家排名靠前。Scooper 在 2023 年还新增了自制节目，以激发当地 UGC [①] 创作者的创作热情。

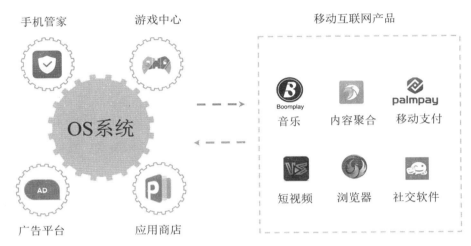

图 4-10　传音的软件生态 [②]

　　传音的 App 并不完全由自己开发，而是在国内寻找具有成功经验的合作者。传音选择与国内老牌互联网企业网易合作，成立了合资公司传易集团，先后联手打造了音乐流媒体平台 Boomplay、短视频平台 Vskit、移动支付产品 Palmpay、社交软件 MORE、音频分享平台 Soundi 等。

　　Boomplay 最早是在尼日利亚的业余说唱歌手和商人帮助下创建的手机预装软件，Boomplay 会预装在每部 TECNO 手机上作为默认的音乐播放器。后来，这款应用逐渐发展为其他手机也可以下载的音乐应用。

　　在海外，主要的音乐播放平台有 Apple Music、Spotify，但往往需要付费才能获得更好的音质。然而，大多数尼日利亚互联网用户都是通过非法

---

①UGC：User-Generated Content，用户生成内容。
②图片来源：传音招股说明书。

途径下载音乐或在 YouTube 上免费播放音乐的。

传音致力于将非洲和国际艺术家汇聚于一个移动平台，通过合理的价格和带有广告的流媒体服务吸引音乐爱好者。传音不仅与索尼、环球、华纳等音乐巨头达成版权合作，提供超过一亿首歌曲，允许用户播放全球热门曲目；还签约了非洲本地音乐人，拥有 750 万音乐家进驻的 Boomplay 平台，打造符合非洲用户审美的音乐库。

Boomplay 的月活用户数达到 7500 万人，目前已经成为非洲最大的音乐流媒体平台。2023 年，Boomplay 还陆续上线了音乐游戏、直播、音乐人赋能平台（Boomplay for Artiste）等增值功能。

Vskit 类似于国内的抖音，但却是全球唯一聚焦非洲用户的短视频社区产品。Vskit 发布于 2018 年，至今已全面覆盖非洲的所有国家，月活用户数超过 3000 万人，已经发展为非洲地区最受欢迎的短视频平台之一。Vskit 平台还扮演着 MCN 机构的角色，独家签约的网红已超 2000 人。

Palmpay 是一款移动支付应用，类似于国内的支付宝。除了基本的转账和缴费功能外，Palmpay 还能满足用户衣、食、住、行、育、乐等全方位、多场景的支付需求。

MORE 是针对非洲本土市场的内容分享社交媒体，界面设计与 Facebook 相似。MORE 利用人工智能技术为用户提供个性化的信息流，还能按照兴趣组群，帮助用户结交兴趣相投的朋友。

Soundi 是一款音频分享平台，为用户提供个性化的电台、播客、有声书等多品类音频内容，类似于苹果的播客和国内的喜马拉雅电台。

传音还与互联网巨头腾讯合作，与微光创投共同成立成都云览科技有限公司，围绕新兴市场打造了 Phoenix 浏览器。通过用户洞察和运用推荐算法，Phoenix 推出本地化服务，提供本地用户感兴趣的内容。目前，Phoenix 支持超过 25 种国际语言，覆盖"一带一路"沿线 65 个国家，是全球用户增长最快的安卓浏览器。

传音的移动互联网本土化不仅存在于应用层的功能和交互创新，还针对非洲等新兴市场的基础设施特点进行底层技术布局，从而优化软件的服务体验。传音通过非洲运营商数据中心部署、构建混合云、多可用区部署等方式，实现非洲地区网络服务质量的显著提升。

通过与亚马逊云科技合作，传音的移动互联网服务能够跟上快速增长的用户数量。Boomplay 的歌曲都存储在亚马逊云，通过合作共建，为用户提供更高数据内容解析度且无延迟的服务。Vskit 短视频应用的数据传输量大，考虑到非洲用户对流量和资费的敏感性，传音和亚马逊优化了视频存储和解压缩技术，让用户能够更经济地上传和欣赏短视频。此外，他们还提高了视频的发布效率，提高模型训练效率以提高视频推荐的精准度，不断提升用户体验。

2022 年，传音将移动互联网列为公司的三大战略之一，希望进一步提高移动互联网的变现能力。传音在构建移动互联网生态中规划了两个阶段目标，第一阶段是基于自身的流量资源，通过用户洞察培育独立的移动互联网应用产品。这一目标已经基本实现。截至 2023 年年底，有多款自主与合作开发的应用产品月活用户数超过 1000 万人，包括 Boomplay、Scooper、Phoenix 等。传音基本上是把国内的移动互联网生态圈复制到了非洲，并实现了本地化服务。

第二阶段，传音希望构建开放生态，打造"传音新创平台"。为此，传音专门出资成立了一家基金，与针对非洲市场的基金和孵化器合作，投资孵化非洲早期移动互联网创业项目。传音希望发挥其在智能手机硬件方面的优势，结合本地用户洞察能力和积累的移动互联网流量，以及结合资本和渠道资源，支持非洲本地创业团队和以非洲为目标市场的创业团队。

传音基于手机硬件产品的市场份额在新兴市场积累了大量的用户，从而掌握了新兴市场重要的流量入口。借鉴苹果手机的 App Store 应用商店模式，以及国内手机品牌的发展经验，移动互联网有望成为传音的重要增长点。尽管新兴市场用户对软件服务的付费能力有限，但传音可以通过应用预装、应用分发、广告展示、付费素材 / 主题以及本地化服务聚合等商业模式提升盈利能力。

在硬件生态方面，传音在新兴市场构建了自己的生态链，类似于小米生态链。2014 年，传音就创立了专业 3C 产品配件品牌 Oraimo，围绕手机提供时尚、精美的产品，包括智能音箱、智能手环、移动电源、TWS 蓝牙耳机等。Oraimo 目前已覆盖非洲、东亚、东南亚、拉丁美洲等 50 多个国家和地区，服务用户超过 1 亿。

2015 年，传音创立了家用电器品牌 Syinix，致力于本土化创新和提供高品质产品，主要产品包括智能电视、空调、冰箱、洗衣机、微波炉等。目前 Syinix 已经在非洲 20 多个国家销售。

此外，传音旗下的三大手机品牌也借助其手机品牌的优势，开始拓展产品线。例如，TECNO 品牌除了手机，还销售笔记本电脑和智能产品，包括智能音频产品、智能可穿戴设备、智能配件，甚至机器狗等。itel 品牌下的产品还有智能电视、笔记本、TWS 耳机、智能手环 / 手表、充电宝 / 家用储能，乃至灯泡和插排。itel 品牌还针对小孩推出 Keekid 品牌，产品包括智能手表产品和绘画平板。Infinix 品牌同样提供笔记本、电视和 TWS 耳机等产品，不断丰富其产品线。

本章小结

在众多出海的手机厂商中，传音的起点并不是一个尖子生。传音出海时，功能手机市场已进入成熟期，而智能手机处于导入期。在竞争方面，手机产业是大赛道，很快就成为一片红海。在国内市场，国产手机品牌不仅要面对世界级手机品牌的竞争，还要应对华强北山寨机的凶猛攻势。

在这种形势下，希望从ODM走向品牌，实现新质生产力转型的传音采用了利基市场战略。他们另辟蹊径，选择了竞争相对较小，也容易被人忽略的非洲市场。传音在非洲市场不是简单地从事贸易，而是深入洞察用户需求，追求长期主义，用心经营用户。

德鲁克认为利基战略的目标是在一个小范围内获得垄断地位，而且成功的利基战略的着眼点就是让自己尽可能地低调。[①] 传音无疑是成功的，他们在非洲默默无闻，经过十余年的精耕细作，传音成为手机的"非洲之王"，非洲市场也成了传音向其他新兴市场扩张的根据地。

关于传音的成功经验，竺兆江有一段非常清晰的总结："我们的生存法则在于一直坚持优质品牌、本地化创新和共创共享。传音坚持从产品功能、技术、设计、售后服务等方面打造优质品牌，坚持在全球化思维的前提下，执行本地化创新的解决方案。此外，我们也有着专业的团队，也在当地建造工厂，通过本地化雇佣进行行业人才培养、储备，同时定期发展当地公益。这是我们发展至今的

---

① 彼得·德鲁克. 创新与企业家精神[M]. 北京：机械工业出版社，2007：407.

重要原因之一。"①

优质品牌、本地化创新、共创共享,对应的刚好是战略意图、关键策略和组织模式。传音在非洲市场积累起来的专用知识,逐渐成为其竞争优势,后来者在专业市场难以与其竞争。

中国制造走向中国智造的新质生产力转型,首先是源自企业家的战略意图——竺兆江的出发点是打造中国品牌。打造品牌意味着企业需要自己面对终端消费者进行产品定义和价值传递。以往的 OEM、ODM 这两件事是由他们下游的品牌商客户完成的,ODM 虽然提供了产品设计,但在价值定义上没有话语权,产品的价值传递也是由品牌商完成,价值定义和价值传递恰恰处于微笑曲线的高位。传音的追求是建立中国品牌,需要自己掌握价值定义、价值传递和价值交付等关键环节,涵盖自建渠道、产品创新、品牌建设等关键活动。

本土化创新是传音完成产品定义的方法,也是其赢得竞争的关键。创新指的不单是技术创新,而是能够用新的技术、工艺、材料、商业模式等实现新的价值。传音的本土化创新其实就是不遗余力地去洞察目标用户的需求和痛点,并利用中国手机产业链的技术优势、中国本土的软硬件人才和技术资源去为当地用户打造产品。

实现本土化的创新,打造品牌,就需要跟当地建立长期密切的联系,坚持长期主义,走向用户经营。传音将国产手机品牌的深度分销模式复制到新兴市场,扎扎实实构建渠道网络,也为当地用户提供售后服务。通过与渠道商共创、共享,传音能够实现洞察需求,监测需求的变化,从而推动产品创新和产品迭代。通过提供优质的售后服

---

① 周路平. 传音创始人:手机在非洲销量第一,生存法则靠这三点 [EB/OL]. (2019-01-03)
[2024-10-31]. https://www.sohu.com/a/286474959_120059707.

务，能够提高用户黏性和客户的留存率。广告和品牌活动能够占据消费者的心智，产生品牌联想，为客户提供购买的理由。这一系列活动都离不开企业对于长期主义的坚守，就如同传音一直强调的——"不能为了短期利益出卖未来"。新质生产力转型需要坚持长期主义。

如今，中国企业迎来了新的出海潮。这次与此前的山寨机时代不可同日而语。竺兆江认为中国企业出海已经进入新阶段。首先，中国企业开始学会面向本地用户开展经营，聚焦客户需求创新，走出了简单的"卖货"思维；其次，在竞争中活下来的中国企业开始更加注重长期经营，注重品牌和口碑，不再过分追求短期利益；最后，中国整体工业和技术水平的提升，中国企业出海的时机已经成熟。① 今天出海的中国企业，不再只是"模仿"和"低价"，而是具有新质生产力的中国品牌。

① 赵觉程. 听两位中国企业家讲"非洲故事"[EB/OL].（2018-09-04）[2024-10-31]. https://mil.news.sina.com.cn/2018-09-04/dcc-ihiqtcan7714159.shtml.

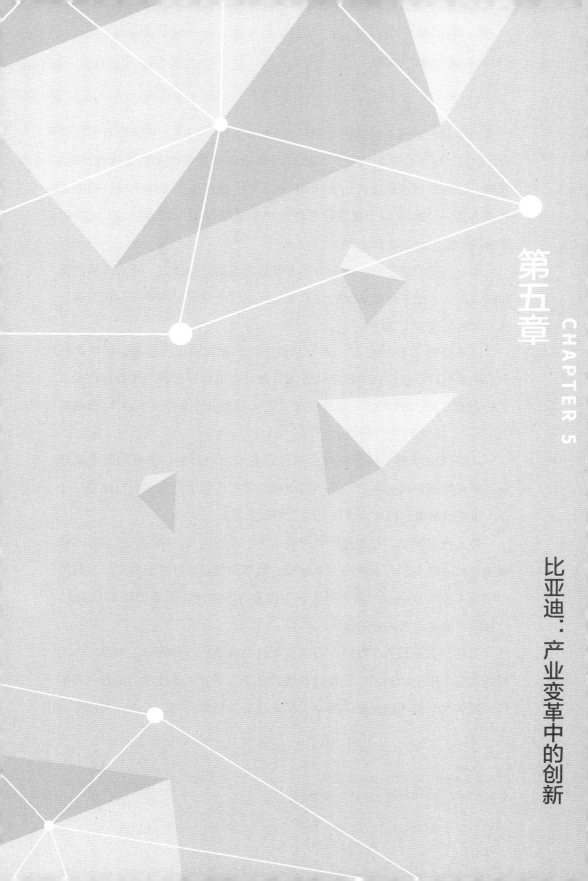

第五章

CHAPTER 5

比亚迪：产业变革中的创新

2019 年，我国新能源汽车销量为 120.6 万辆，仅占全年所有新车销量的 4.67%。短短四年时间后，2023 年全年国内新能源汽车销量达到 949.5 万辆，新能源新车销量占比高达 31.6%。[①] 比亚迪是这波快速增长的主要推动力之一。2019 年比亚迪的新能源汽车销量为 22.95 万辆，到 2023 年则达到了惊人的 302.44 万辆。[②]

如此夸张的销量增长，考验的不仅是企业的营销能力，还有产品创新和制造能力。比亚迪是如何做到的呢？按照比亚迪自己的说法，比亚迪为这一刻足足准备了 20 年。

比亚迪创立于 1995 年，最初从事手机二次充电电池业务，后来拓展到手机零配件制造。在手机电池领域打败日本电池巨头后，比亚迪创始人王传福有了更大的梦想，他希望进入更大的产业，证明中国人也能制造汽车。

从手机电池到手机零配件的多元化发展尚可理解，毕竟同属手机产业，面对的是相同的客户。从手机电池、零配件制造到直接造车则是一个令人震惊的决策，许多人试图劝说王传福放弃。

进入汽车领域，首先是产业跨度太大，比亚迪当时刚进入手机零部件制造领域，需要同时面对两大新领域。汽车的制造难度可想而知，当时国内也有不少功成名就的知名企业试图挑战这一领域，但最后都不了了之，比如同样来自手机产业的波导。

另外，汽车是百年产业，许多技术已经成熟，产业链分工细致。作为对行业完全陌生的新手，比亚迪即使获得了入场券，在技术上追赶仍需时日。更何况，汽车产业巨头林立，比亚迪要如何在德国、日本、美国等国

---

① 数据来源：中国汽车工业协会、CEIC。
② 数据来源：比亚迪 2019 年、2023 年财报。

的一众世界品牌中找到立足之地？

造车的另一大转变是业务模式的变化。在手机产业，比亚迪做的是制造，面对的是世界知名手机品牌。而进入汽车行业，比亚迪直接面对消费者，业务模式转变为2C[①]。这两者是完全不同的逻辑。

虽千万人吾往矣，王传福最终坚定地进军汽车产业。经过20年的努力，比亚迪成了汽车产业变革的领导者，推动几十年来都缺乏重大创新的传统汽车产业从内燃机时代向新能源时代的转型。

比亚迪从创立之初就有很多有悖于教科书的决策，比如在庞大的产业中实行垂直一体化，在一家公司内部实现集成创新。然而，当我们从头梳理这家公司的发展历程，便会发现比亚迪的发展逻辑是自洽的，也并未脱离管理学的基本原理。比亚迪的创新发展为管理产业变革提供了诸多有益的启示。

①2C：2C 是指面向个人消费者，2B 则是指面向企业。另外还有 B2C（Business-to-Customer），是指商家通过互联网平台直接向消费者提供商品或服务的商业模式。

第一节　战略的辩证法

一、价值转移的战略窗

在 20 世纪 90 年代初，王传福堪称天之骄子。他毕业于中南大学物理化学专业，26 岁时就被破格提拔为中国北京有色金属研究院总院 301 室副主任，还被评为国家级高级工程师、副教授。1993 年，研究院成立了深圳比格电池有限公司。公司希望利用包头丰富的稀土资源进行产品开发，王传福因此被外派至深圳。

在深圳，王传福感受到了创新的活力。当时在北京创业注册一家公司需要层层审批，而深圳则是一片试验田，今天申请注册，明天便可获批。很快，年轻的王传福就被深圳的经济活力感染了。

1994 年，王传福从国际电池行业的动态中得知日本停止生产镍镉电池的消息，敏锐地发现了进入电池行业的机会。1995 年，王传福在深圳创立了比亚迪，从事二次充电电池的 OEM 业务，主要生产的就是日本人即将放弃的镍镉电池。

那时候的二次充电电池主要有三种（见表 5-1）：第一种是当时技术最为成熟的镍镉电池，主要用于移动电话，还会用于电动工具等其他产品。第二种是镍氢电池，主要用于移动电话、便携式计算机设备、电动工具等。相比第一种技术，镍氢电池无记忆作用，能量密度更高，且更为环保。第三种是锂离子电池，其能量密度更高，输出电压比前两种更高，适合数码产品。而锂聚合物电池是在 21 世纪初才开始出现的。

移动电话的普及是比亚迪创立时的重大时代机遇，这是一条可以长期发展的赛道。随着移动电话的快速发展，电池需求也不断扩大。然而在电池行业，比亚迪则把握住了产业内部价值转移的战略窗口期。

表 5-1　二次充电电池对比

电池	电压	能量密度	记忆作用	环境问题	主要应用
镍镉电池	1.2V	低	有	产生镉毒性问题	移动电话、电动工具、电动玩具、应急灯
镍氢电池	1.2V	中	无	环保	移动电话、便携式计算机设备、电动工具、优质电子产品及无线电话
锂离子电池	3.6V	高	无	环保	移动电话、便携式计算机设备、个人数据助理器、数码设备（应用于对能量密度要求较高的产品）
锂聚合物电池	3.6V	高	无	环保	与锂离子电池相似并能适应产品对电池外形的要求

来源：比亚迪香港招股说明书。

有趣的是，比亚迪创立的时间刚好是一个历史的拐点：镍镉电池从出货价值来看已经到达历史的拐点，之后开始逐渐下滑（见图 5-1）。随着第二代手机逐渐取代"大哥大"成为主流产品，钴酸锂电池更适合体积较小的新一代手机。由此，锂离子电池以惊人的速度扩张，逐渐开始取代镍电池。锂离子电池在 1996 年的出货价值较上个年度翻了三倍有余。

从三者的技术参数对比看（见表 5-1），锂离子电池毫无疑问是最佳选择，也是电池领域未来的发展方向。从当时的行业数据看，锂离子电池取代镍镉电池只是时间问题（见图 5-1）。二次充电电池领域在 20 世纪末发生价值转移，需求和利润逐渐从镍镉电池转移到锂离子电池。

新技术对老技术的替代过程往往十分残酷。曾经风光无限的老技术和产品可能在短短几年内便销声匿迹。最为经典的案例莫过于同样在手机产业的诺基亚，智能手机刚发布时，诺基亚的市场份额几乎占据半壁江山，然而短短数年时间就沦落到无人问津的地步。

镍镉电池也是如此，2001 年的镍镉电池较 1995 年的出货价值直接腰斩，而锂离子电池则翻了近 8 倍（见图 5-1）。进入 21 世纪后，锂离子电池很快就成为市场主流。从战略管理的角度来看，比亚迪应该选择代表未来的锂离子电池技术，但王传福却从日本人放弃镍镉电池中看到了机遇。

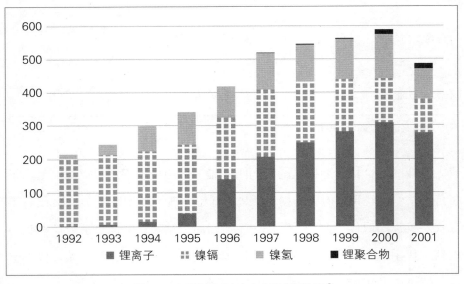

图 5-1　全球市场二次充电电池交货价值[①]

―――――――――

[①]数据来源：比亚迪香港招股说明书引用 IIT 报告 2001 年数据。

时间回到 20 世纪 90 年代，三洋、东芝等一批日本电池制造商几乎垄断了整个电池市场，占据着世界上超过 90% 的市场。日本人为了保持技术垄断，禁止出口充电电池技术和设备，甚至禁止在中国设立电池工厂。当时中国的技术还很薄弱，中国企业很难进入技术含量较高的电池行业，更先进的锂离子电池领域就更难上加难了。

日本人退出镍镉电池市场恰好打开了一扇战略窗口。从产业发展来看，锂离子电池对于镍镉电池的替代还需要时间，无论是扩大规模还是降低成本都需要时间。与此同时，快速发展的移动电话带动了整个电池产业的需求扩张，也顺带维持了镍镉电池的高需求。日本人的退出让中国厂商有了发展空间，也避开了强敌。

这就给了比亚迪宝贵的发展时机。1995 年，比亚迪开始从事二次充电电池的 OEM 业务，并且专攻镍镉电池，主要用于无线电钻、电锯、应急灯等产品。

设备投资是比亚迪创业初期遇到的难题。当时日本电池厂商的一条生产线要几千万元的投资，这对一家初创企业而言无疑是天文数字。作为行业的后来者，如果选择跟随领先者的道路，那在竞争中将处于被动地位。后来者需要另辟蹊径，出奇制胜。

这种思考在王传福后来接受《中国企业家杂志》的一次采访中也明确提道："当时锂电池是很高门槛的行业，第一个发明、制造都是日本人，他一条生产线就是一两亿美元。全世界都觉得锂离子电池就是这么做的，但实际上我们中国这么做死定了，一亿美元对我们来说想都不要想。但是我们又想做，就要探索出新的方法。我们是学技术的，方法还是可以探讨出来。早期没有自动化的时候很多产品不是也可以做出来，关键是怎么想。走别人的路再和别人竞争是没法竞争的，包括后面的汽车，你和别人一模一样的打法，你凭什么打赢？"[1]

制造电池在当时是非常难得的机会，想要抓住这个机会就需要创新。相比日本企业，比亚迪的优势在于中国拥有规模庞大的廉价劳动力。日本厂商的设备造价昂贵，是因为其采用的是全自动化的生产线。如果采用设备和人工结合的方式，而非全自动产线，就可以大大降低设备投入的成本，从而制造出低成本的电池。

制造电池的原材料和制造工序与日本企业相似，不同的是每个步骤的执行是机器还是人，二者是可以换算成钱进行对比的。这不就是王传福版本的"第一性原理"吗？回归到电池制造的基本逻辑——物理和化学的工艺流程，而不是纠结于制造方式。

王传福算了一笔账，"一套进口设备20万美元。按60个月折旧，一个月2万元人民币。如果这笔钱用来雇佣工人，2万元可以请多少人，十几个人顶不上一个机械手吗？"[2]

王传福还选择自制生产设备。这在当时是被逼无奈之举，但却成为比亚迪后来发展的制胜法宝。王传福找到了当时对设备和机械制造有经验的专家，组成了一支十几人的研发团队。他们通过快速学习掌握电池制造的原理，根据电池特性进行设备创新。比亚迪的工厂里很快就出现了一大批非标准的、半自动化的不知名设备。

通过自制的设备结合人工操作的制造模式，比亚迪扬长避短，将资本密集型的行业转变为劳动密集型，成功把一条日产4000颗镍镉电池的生产线降到只需要100多万元人民币的成本。另外，由于比亚迪的前期固定成本非常低，其折旧可能只有日本企业的全自动产线的1/10。同样一颗电

---

① 刘涛. 王传福"技术派的力量"[J]. 中国企业家杂志, 2007（22）：50-62, 64-65.
② 同上。

池，比亚迪的成本是别人的 1/4，甚至 1/5。

凭借巨大的成本优势，比亚迪以低于竞争对手 40% 的价格冲进市场，很快就打开了低端市场。1995 年，刚创立不久的比亚迪就实现了 3000 万颗镍镉电池的销售业绩。比亚迪生产的工具电池性能稳定，加上欧美市场旺盛的需求，比亚迪迅速在电池市场站稳脚跟。

1996 年，比亚迪开始为台湾无绳电话制造商大霸供应镍镉电池，此前大霸主要从三洋采购。大霸是美国电信巨头朗讯的 OEM 厂商，比亚迪也间接进入了朗讯的供应商体系，开始进攻日本电池制造商的基本盘。1997 年，在台湾大霸增加订单的基础上，比亚迪还收获了电动工具行业的多家大客户。

电池产业同时处于规模扩张和技术迭代两种状态中，比亚迪在享受市场增长红利的同时并没有忽视技术的进步。1997 年，比亚迪开始进军镍氢电池和锂离子电池，并很快实现了 1900 万颗镍氢电池的销售业绩。[①]

低成本的优势让比亚迪在 1998 年的亚洲金融危机中逆势而上。在相同质量标准下，比亚迪的成本比日韩竞争对手低了 30% 到 40%。亚洲金融危机导致全球电池价格下跌了近 20% 到 40%。在众多日本厂商面临亏损的情况下，比亚迪凭借其低成本优势实现了 90% 的年增长。[②]同年，比亚迪陆续在欧洲和美国设立分公司，在香港设立办事处，意味着他们在国际市场更上一层楼。

在锂电池领域，比亚迪继续采用"自制半自动设备 + 人工"产线的制造方式，将昂贵的锂电池价格打下来。按照王传福的说法，"对设备要求

---

① 曾鸣，彼得·J. 威廉姆斯．龙行天下：中国制造未来十年新格局 [M]．北京：机械工业出版社，2008：85.
② 同上。

越高、投入越多的产品，我们这种方法就越有优势"。[1]1998 年，比亚迪实现了锂离子电池的批量出货。

在日本厂商垄断锂电池市场的时候，一颗电池售价高达 8 美元，比亚迪的出现直接将价格拉低到 2.5 美元。同样是日产 10 万颗锂电池的产线，换算到单颗电池上，比亚迪的成本只要 1 元人民币左右，而日本厂商则要 5—6 元人民币。

表 5-2　每天生产 10 万颗锂电池的生产线比较[2]

生产线	需用工人	设备投资	分摊成本 （人民币）	原材料成本
比亚迪	2000 名	5000 万元人民币	1 元左右	基本相同
日系厂	200 名	1 亿美元	5—6 元	基本相同

短短三年的时间，比亚迪的锂离子电池业务营业额从 1999 年的近 4800 万元人民币快速发展到 2001 年的近 56230 万元人民币，实现了超过 10 倍的增长。[3]比亚迪在价值转移的战略窗关闭之前，迅速跟上下一代技术，实现了从镍镉电池向锂离子电池的无缝对接。

比亚迪的"自制半自动设备＋人工"生产模式还具有很强的柔性，能够生产多品种的产品。如果需要生产另一种电池，比亚迪只需要根据新的工序对原来的产线进行调整，对员工进行重新培训即可实现。上一个新品

---

① 曾鸣，彼得·J.威廉姆斯．龙行天下：中国制造未来十年新格局 [M].北京：机械工业出版社，
　2008：80.
② 同上。
③ 数据来源：比亚迪港股招股说明书。

种的产品，日本厂商可能要几周时间，比亚迪几天就能实现。如果采用全
自动的产线，调整的空间有限。一旦电池技术完成迭代，又需要重新投入
巨额资本建设新产线。

2001 年，比亚迪能够提供 150 种型号不同的电池，具有日产 200 万颗
镍电池（包括镍镉电池和镍氢电池）和 30 万颗锂离子电池的制造能力。[①]
当时手机行业竞争激烈，品牌商会发布多种型号的产品，比亚迪的模式帮
助他们赢得了不少国际客户。

表 5-3　1999—2001 年比亚迪主要电池型号及年营业额[②]

（单位：百万元）

电池	产品描述	系列	主要应用	1999 年	2000 年	2001 年
锂离子电池	方形电芯及电池组	LP	移动电话、笔记本电脑 * 及摄录机 *	48	219.5	562.3
镍氢电池	圆柱形电芯及电池组	AA	电动玩具及无线电话	142.5	214.9	242.1
		SC	电动工具及应急灯	101.8	239.3	272.3
		AAA	无线电话	11.5	24.9	18.9
		A，C/D	便携式影音光碟机、游戏机及应急灯	36.9	39.1	38.5

---

① 曾鸣，彼得·J.威廉姆斯．龙行天下：中国制造未来十年新格局 [M].北京：机械工业出版社，
　2008：87.
② 数据来源：比亚迪港股招股说明书。

续表

电池	产品描述	系列	主要应用	1999 年	2000 年	2001 年
镍氢电池	圆柱形、方形电芯及电池组	AA	无线电话及电动玩具	6.6	13.6	67.7
		AAA	移动电话及无线电话	2.6	4.8	24.5
		SC	电动工具	2.3	5.1	1.5
		A，C/D，PA，PB，PC，PD	对讲机、摄录机、便携式影音光碟机、镭射光碟机、无线电话、电动工具及移动电话	1.4	60.5	10.6

注：* 当时正在开发中。

从产业发展的维度来看，比亚迪的制造模式也恰好帮他们抓住了电池行业价值转移的窗口期。在短短 10 年里，镍氢电池逐渐挤压镍镉电池的市场份额，而锂电池又开始替代镍电池，在这样的产业环境下，投资全自动化的产线其实是不明智的。因为这种替代过程会不断降低设备的投资回报率，从而让企业在成本上失去竞争优势。一旦电池技术替代的进程加速，原有的投资就可能打水漂。

王传福的无奈之举却阴差阳错地成为顺应技术迭代的策略，让比亚迪作为后来者在享受电池扩张红利的同时，成功避开了产业价值转移的阵痛。在日本人退出镍镉电池之时进入并利用独特制造模式站稳脚跟，之后迅速进入锂电池生产领域。

回顾比亚迪的早期发展史，这种"小米加步枪"的模式经常被人提及，而回归到产业发展的历史大背景中，其中的战略启示更值得玩味。

二、制造也能自主创新

比亚迪以其"垂直整合"而闻名。垂直整合又称纵向一体化，是指企业对产业链上下游进行整合，从而加强对产业链的掌控能力，比如收购上游的原材料供应商。

在分析比亚迪垂直整合的时候，其实需要在这个术语前面加个定语——"什么的"垂直整合。如果加上前面的定语，比亚迪其实有三个阶段的垂直整合：电池制造的垂直整合、手机产业的垂直整合和新能源汽车的垂直整合。比亚迪的垂直整合可以追溯到其创立早期的二次充电电池时期。

首先，比亚迪的"自制半自动化设备＋人工"生产模式本身就是一种垂直整合，这种方式直接整合了上游的制造设备。在进入锂电池制造领域的时候，王传福带着 200 万元人民币去日本购买设备。结果日方要价 500 万美元，而且还扬言中国人没法做锂电池。

王传福直接将镍电池的制造设备应用到锂电池生产上，不能兼容的地方就重新设计，或者直接用人工和夹具替代。比如极片的裁剪，比亚迪最初是用裁纸刀和挡板作为夹具，之后改用剪板机，再后来升级为自动分切机。

一台日本进口的涂布机价格近 2000 万元人民币，而比亚迪通过自主研发迭代，第一代涂完双面需要两道工序，第二代则能同时涂两面，第三代还能控制涂刷的具体位置。

虽然自制设备不符合被广泛认可的产业分工和专业化原则，但设备制造与电池制造属于不同类别，通常由不同部门进行设计制造才更有效率；而且，这种规律在产业成熟期更为适用，因为分工要建立在稳定的规模效应的基础上，在产业发展早期是否适用有待商榷。快速迭代的电池技术会缩短上游设备的产品生命周期，从而降低设备的投资回报率。

相比之下，比亚迪的模式在节约成本的同时，还能获得制造业非常需要的柔性和敏捷性。自研设备使企业不会受制于人。如果引进技术，设备的零部件替换和维修保养都需要依赖设备供应商，这不仅会增加成本，还会降低响应速度。

比亚迪的模式采用的是福特制流水线 ① 的原理。比亚迪把电池制造流程分解为许多简单的工序，比如打磨、移动电池到检测机器、装箱码放整齐等。每组工人只负责一个工序，因而不需要经过复杂的培训，只要掌握一两个关键动作就可以上岗。这种方式能够极大地降低劳动者的准入门槛，尽可能多地吸纳低成本的劳动力。

在比亚迪的流水线上，除了半自动化的设备，还有很多辅助工具来降低对工人的要求。人工组装的时候，如果手的移动范围较大，误差不会很大，但在最后的零配件组装上则容易产生较大的误差。为了避免这种情况，比亚迪设计了很多夹具，若不符合标准就无法完成组装。流水线上的每个步骤都有模具和卡尺控制质量规格。

检验电池充放电时间的测试箱也是比亚迪自行研制的。

全自动流水线的物料运输使用的是自动化物流，但比亚迪的流水线并不完全连续，电池坯的运输甚至仍使用塑料箱来完成。

---

① 1915 年，福特汽车高地公园的工厂里，组装工人多达 7000 人。他们大多数来自底特律的农场，很多人甚至刚到美国不久。令人惊讶的是，这些人所讲的语言达 50 多种，甚至很多人几乎不会讲英语。很难想象，这么多陌生人聚在一起，即使语言不通，也能高效完成配合，制造出设计复杂的 T 型车，而且产量超过之前任何公司。（《改变世界的机器》中的一段描述）提起福特制，很多人都知道"流水线"，一种制造流程的创新，一种管理模式的变革。福特制还有一项被人忽略的意义就是通过最大限度的劳动分工尽可能地降低了就业的准入门槛，吸纳了劳动力。在福特制的劳动分工下，员工只需要完成一个动作，不需要从事太复杂的工作，只需要接受几分钟的培训就可以上岗。这对于今天是非常具有启示意义的。管理的创新是要降低对人的要求，同时为人才赋能。

比亚迪在应用研发上投入了大量精力，不断寻找更低成本的工艺。

比亚迪半自动化制造能力的核心并不在于工艺流程设计，而在于对大规模制造的管理能力。组织众多工人在流水线上协同工作，确保产品质量和效率才是难题。

当摩托罗拉和诺基亚等国际客户第一次到比亚迪参观时，他们对比亚迪的制造模式感到震撼，但同时也担心人工操作可能带来的质量问题。然而，比亚迪成功地打消了他们的疑虑。相比之下，自动化生产线一旦发生错误，可能会导致上千万颗电池的大批量错误，而半自动化的模式就能避免这种批量错误。

比亚迪从产品的开发设计、制造、销售到服务，每个环节都有品质控制标准。比亚迪有一支多达 500 人的品质团队，负责与不同部门合作制定质量管理方法，包括质量管理目标 、政策计划和管控模式。比亚迪每道工序都设有班组，负责监督每个工人的工作状况，确保每道工序按时按量完成任务。

为了确保交付给客户的是高质量产品，比亚迪采用了 100% 检测的模式。在完成生产后，完全通过质量检测的产品才能销售给客户，质量次一点的则卖给二级市场当替换电池，再次的产品就需要重新返工。这种模式虽然增加了成本，但是比亚迪的成本大幅领先对手，给予他们实施 100% 检测的成本空间。

比亚迪的工艺流程可能容易被学习，中国的人口红利也并非比亚迪独享，但如何组织规模庞大的工人群体实现高效和高品质制造，却是同行难以模仿的。这种能力也在比亚迪后续的手机、新能源汽车领域发挥巨大作用。

这让比亚迪成为当时全国唯一一家电池日产能达到百万颗的制造商，国内同行的日产能则只有数万颗。"中国任何一家二次充电电池生产商的产量也不足比亚迪的 10%。"① 王传福说道。

除了制造模式和支持其制造模式的管理能力外，比亚迪让竞争对手难以模仿的另一个核心优势在于其深入电池上游的材料领域的垂直整合能力。通过"半自动化设备 + 人工"的模式，在比亚迪实现远超竞争对手的规模效应的过程中，还需要掌握电池技术。研究电池技术能够改进产品，从源头上控制成本，同时规避这种制造模式本身的一些局限。

在比亚迪发展早期，国内已经有不少厂家从事充电电池业务。这些厂家大多是从日韩采购电芯，然后跟其他元器件组装成电池。然而，组装只是电池制造中利润较低的环节，电芯才是电池内部技术含量最高、利润最丰厚的部分。

技术出身的王传福并没有选择国内同行的模式，而是深入电芯生产环节。1997 年，比亚迪为了研发镍氢电池和锂电池，投入大量资金引进技术人才和采购先进设备，建立了自己的"中央研究院"，专注于技术攻关和提升产品性能。

对于制造而言，物料成本是最主要的成本，也是最难降低的硬成本，因此材料创新带来的降本是巨大的。在早期从事镍镉电池的制造时，需要大量耐腐蚀的镍片。当时的原材料镍的价格高达每吨 14 万元，如果使用镀镍片，虽然能大幅降低成本，但镀镍片容易被电池溶液腐蚀，进而影响电池质量。比亚迪研发中心通过调整电池溶液的化学成分，实现了用镀镍片作原材料。这一改进将镍原料的月花费从五六百万元降低到几十万元。

日本的电池产品通常是在纯干燥室里制造的，比亚迪根本没有资金建立这种环境，于是他们就在配方上想办法。比亚迪采用了一种能够吸水的

---

① 曾鸣，彼得·J. 威廉姆斯. 龙行天下：中国制造未来十年新格局 [M]. 北京：机械工业出版社，2008：87.

药剂，直接将产品的水分吸收掉，从而达到干燥的目的。

比亚迪与原材料供应商建立了密切的合作关系，能够直接参与供应商的原材料开发，并通过材料国产化实现大幅降本。镍镉电池的负极材料最早都是选择性能好但成本高的进口材料。比亚迪与深圳本地的供应商合作，共同提升材料的品质，最终使其达到国际品质要求。相比进口材料，国产材料可以节省40%的成本，[①]一年为比亚迪实现数千万元的降本。

比亚迪对供应商有着很高的要求。如果供应商的发展跟不上比亚迪的速度，就会被更合适的供应商替代，甚至比亚迪干脆自行生产相关材料。

比亚迪不仅通过材料国产化降低成本，还通过材料研发提升电池性能。1998年，比亚迪创新研制了电池增加剂，从而使电池功能在高温条件下依旧能够保持稳定。这项突破性技术帮助比亚迪在无绳电话电池领域实现突破，并赢得了大客户伟易达的信任。

通过改进材料工艺，比亚迪实现了生产效率的提升。比亚迪的发泡镍工艺能够缩短正极材料制造时间，实现当天制造后即可投入应用，相当于国外厂商烧结工艺时间的1/3到1/4。

比亚迪在电池制造领域的垂直整合，实现了电池的低成本、高品质的制造，同时还能快速响应市场需求。竞争对手的送样时间需要六个月，比亚迪只需要一周。对于一套能够生产1000万颗电池的设备，比亚迪从引进到调试完毕只用了不到三个月的时间，而日本厂商完成同样的过程至少需要一年。

摩托罗拉在21世纪初是手机行业巨头，成为摩托罗拉的供应商是电池行业领导者必须抓住的机会。摩托罗拉是日本电池厂商的主要阵地，其

---

①曾鸣，彼得·J.威廉姆斯.龙行天下：中国制造未来十年新格局[M].北京：机械工业出版社，2008：89.

中松下和东芝同为摩托罗拉全球最大供应商。摩托罗拉对于供应商不仅有极高的品质要求，还非常看重供应商的技术潜力。

为了攻下摩托罗拉，比亚迪技术部、品质部、客户服务部等多部门协同作战，专门组建了一个小组。王传福身先士卒，带着团队一起准备材料和样品，测试设备，他经常是加班到最晚的人。

2000 年 11 月，经过专人进驻比亚迪长达半年的考察后，比亚迪的锂离子电池技术获得了摩托罗拉的认可。比亚迪顺利成为摩托罗拉在中国的首家锂离子电池供应商，顺利攻入日系厂商占据的高端市场。

随后几年，摩托罗拉将全球近 40% 的手机电池业务都转交给比亚迪，比亚迪甚至一度占据摩托罗拉手机电池全球市场的 90%。摩托罗拉严格的设计和开发规则也促使比亚迪的制造工艺和品质水平得到进一步提升。

成功赢得摩托罗拉的认可后，诺基亚、博世、百得等国际知名品牌，以及波导、TCL 等国产手机品牌也纷纷选择了比亚迪。2001 年，比亚迪获得了爱立信的订单，一跃成为全球第二大电池供应商，仅次于日本三洋。2002 年，比亚迪又成为诺基亚的供应商。这一年比亚迪的销售收入达到 25 亿元，利润 6.58 亿元。[①]

比亚迪的快速崛起让日本电池厂商的订单急剧减少，其全自动化生产线很快就面临着严重的产能不足问题。除三洋外，其他日系厂商大多陷入亏损。比亚迪喊出了"三年之内取代三洋，成为电池产业全球第一"的口号。最终，比亚迪成功登顶。

电池领域建立的垂直整合模式为后来比亚迪的跨领域发展打下了基础，成为比亚迪独特的核心能力。后来的手机零部件、汽车产品，都能

---

① 曾鸣 彼得·J.威廉姆斯 . 龙行天下：中国制造未来十年新格局 [M].北京：机械工业出版社，2008：87.

看到电池领域垂直整合的思路和模式。这些新产品的事业部都有自己的设备制造团队，少则几百人，多则上千人。汽车工厂的制造团队就是由原来的锂电池事业部总经理，同时也是锂电池制造设备的研发负责人带头组建的。

三、多元化和垂直整合

2001 年，比亚迪开始从电池领域拓展至手机的其他配件领域。2006 年，比亚迪成立了手机整机组装事业部，即第九事业部。这项新业务当年的销售收入达到 51 亿元，贡献了 9 亿元的利润，占公司税前总利润的 63%，成为比亚迪的第二条增长曲线。[1]

比亚迪的业务涵盖外壳、液晶屏、柔性线路板、摄像头、马达、键盘等。除了手机芯片之外，其他所有的手机配件比亚迪一应俱全，可以说具备了做一部完整手机的能力。在当时，富士康稳坐电子制造（EMS，Electronics Manufacturing Services）领域的头把交椅，而比亚迪则是诺基亚、摩托罗拉等国际品牌外包的第二选择，扮演着制衡富士康的角色。

多元化和垂直整合这两个概念在管理学教科书中很少被放在一起讨论。在比亚迪，它们却是手机配件业务的一体两面。从电池业务看，比亚迪从电池到其他手机配件是业务多元化发展；从手机行业看，比亚迪其实完成了手机产业链的垂直整合。这两种逻辑同时贯穿在比亚迪的发展中，并且是逻辑自洽的。

首先，多元化是满足客户需求的自然延伸，目标是为客户提供更多

---

[1] 刘涛. 王传福 "技术派的力量" [J]. 中国企业家杂志，2007（22）：50-62，64-65.

的便利和更好的选择。比亚迪在供应电池的时候发现跟塑胶壳厂的搭配问题，比如色差、喷漆等具体问题。这些非技术性的问题却会给制造过程带来许多不必要的麻烦。为了避免这些问题，比亚迪于 2001 年建立了自己的注塑厂。之后比亚迪又发现翻盖手机中 LCD 的工艺问题，于是又投产了两条产线制造 STN-LCD，为手机提供 LCD 屏。

比亚迪的多元化是有序展开的。在一项业务成功后，他们会集中资源孵化新业务。比亚迪称之为"袋鼠模式"，新业务就像是母袋鼠孵化小袋鼠一样。基于袋鼠模式，比亚迪逐渐拓展到柔性电路板、摄像头、键盘等产品。

"代工只是我们的一种服务，背后卖的是我们的零部件，卖我们的技术。"王传福说道，"别人做多元化，90% 以失败而告终，为什么比亚迪干一个成一个？因为我们过度地重视技术，反而觉得技术是很容易的事。"①

在这个多元化过程中，比亚迪每年的专利积累超过 1000 个，掌握了横跨手机产业多个领域的核心技术，包括镍电池、锂离子电池、LCD/LCM、FPC、摄像头、精密塑胶、表面技术等，几乎全面覆盖手机产业链。

比亚迪多元化的目标是尽可能多地掌握手机产业的核心技术，从而实现对手机的垂直整合。王传福认为制造企业的命门不在于生产设备和工艺流程多么先进，而在于垂直整合能力。

王传福所说的垂直整合能力，其实是指从手机的 OEM 走向 ODM。王传福将手机产业分为三部分，顶尖的是产品设计，中间是组装，再往下则是众多零部件的制造。大部分 EMS 企业从事的是采购零部件进行整机组装，设计方案则由品牌厂商提供。王传福想要提供的是从方案设计到最终

---

① 刘涛. 王传福"技术派的力量"[J]. 中国企业家杂志，2007（22）：50-62，64-65.

产品生产的一站式服务，即手机的 ODM 能力。这种能力其实是很多大型 EMS 企业都不具备的。

西门子客户是比亚迪将多元化上升到垂直整合的契机。在与西门子的合作中，比亚迪先是新增了摄像头产品线，进一步完善了手机产业链。同时，比亚迪也实现了一站式打包服务。西门子自己只需要提供手机主板，其他所有零部件都由比亚迪供应，且后续的最终产品组装测试都由比亚迪完成。

2007 年，比亚迪与整机方案设计商德信无线共同组建了比德创展，其主营业务是各种制式手机的 ODM。后来，这家公司成了比亚迪的第五事业部。

垂直整合的核心在于产品的研发设计能力，这也是比亚迪作为一家制造企业却拥有多达上万名工程师的原因。王传福把握住了制造产业的精髓——研发设计对产品质量和成本起决定性作用。

"一个产品的质量分为两部分，就像人一样，一部分是先天的基因，一部分是后天的培养。如果先天设计不好，怎么造也是造不好的。制造工艺弥补不了设计缺陷，实际上产品 70%—80% 来源于设计，20%—30% 来源于制造。设计得好，70%—80% 的品质就有保证了，制造上也要把它造好。"[①] 王传福解释道。

从成本的角度看，垂直整合让比亚迪有了更强的成本控制能力。垂直整合最直接的好处是省去了零部件供应商的利润，每一款零部件的供应商都有固定的利润诉求，围绕每一款零部件都需要进行谈判。而垂直整合之后，就不存在这些问题了。

其次是成本控制的灵活性。当比亚迪接到一份客户手机代工订单后，

---

① 刘涛 . 王传福"技术派的力量"[J]. 中国企业家杂志，2007（22）：50-62，64-65.

他们可以通过内部调整各种零部件的成本，最终确保整机的毛利维持在一定水平上，从而提高企业的盈利能力。

垂直整合模式能够为手机品牌提供一站式服务，速度上也自然比单纯的 EMS 企业快不少，因为他们还需要跟一大批零部件供应商磨合。同样的方案交给比亚迪和交给提供组装的 EMS 企业，比亚迪的成本能够低15%—20%，速度快了 1/3。[①]

单从经营产品种类看，比亚迪在手机零部件领域的多元化是不合理的，因为产品种类的跨度太大，产品之间的技术相关性也不高。但如果换个角度看，比亚迪的多元化是为了实现手机产业的垂直整合，达成王传福的战略意图——掌握产业的核心技术。比亚迪的垂直整合是聚焦的，只不过聚焦于满足手机品牌客户的需求，而不是某种具体零部件产品。

比亚迪的垂直整合也没有跨过专业分工的边界，他们没有亲自去做一款"比亚迪"品牌的手机，即便在具备整个手机产业链的能力的情况下。这种克制至关重要，甚至关乎企业的生存与发展。

---

①刘涛．王传福"技术派的力量"[J].中国企业家杂志，2007（22）：50-62，64-65.

第二节　技术服务于战略

一、破除"技术恐惧症"

对于比亚迪企业更长远的发展而言，手机电池的产业空间已经有限，比亚迪希望寻找新的增长点。如果说比亚迪进军手机零部件制造具有产业链的内在关联性，即实现手机产业链的垂直整合，那么比亚迪进军汽车产业则让许多人百思不得其解。尽管当时进入汽车领域是许多中国企业的时髦选择，但王传福进军汽车的决策在公司内外都备受争议。

2003 年，比亚迪决定通过收购秦川汽车厂进军汽车产业。当香港投资者得知比亚迪准备造车后，他们十分惊讶，甚至愤怒，还扬言要抛售比亚迪的股票。在比亚迪宣布造车后的几天，比亚迪市值蒸发了 30 多亿元。同时进入造车和手机零部件领域，比亚迪面临着双重的风险和压力。

电池产业是处于上升期的朝阳产业，快速发展的产业早期阶段为新进入者提供了机会和成长空间。而汽车产业是发展了上百年的传统产业，欧美日韩巨头林立，市场格局已定。当时比亚迪内部就有人认为风险太高，不断劝说王传福放弃这一决定。

王传福认为汽车说穿了就是"一堆钢铁"，造车的困难恰恰是竞争对手为后来者制造的恐惧，不断渲染投入和研发的难度，告诉你做不成。在进入电池领域的时候，日本厂商正是这样对中国企业的。

汽车产业技术体系已十分成熟，尽管如此，王传福认为中国企业造车并非遥不可及。以模具为例，日本人和中国人都需要人工造模具，只要用到人工就有成本的差距。日本的成本是中国的 4 倍，而比亚迪在电池领域靠着 30% 的成本优势就打败了日本厂商。

王传福花了很长时间研读与汽车相关的书籍。他发现汽车虽然有一百多年的历史，但终究还是一个科技含量相对较低的产业。所谓科技含量相对较低，是跟手机产业相比较而言的。手机产业的零部件里充满高科技，比如 LPC、摄像头、LCD、精密塑胶等，这些难度都不亚于汽车制造。

王传福认为比亚迪在手机产业可以叱咤风云，在其他产业也可以办到。他投身汽车产业的一个重要原因，是想为中国制造争口气。面对大家对比亚迪进入汽车产业的质疑，王传福很不服气："我的骨子里就是觉得中国人就是能干，中国人又不笨又不老，只要给中国人机会，绝对是全球一流的公司，什么都能做成一流的。"①

2003 年年底，王传福到上海邀请廉玉波加盟比亚迪，两人谈了几个通宵。廉玉波曾是上汽集团汽车工程院的一员，后来远赴意大利从事汽车设计，归国后参与创办了中国最早的民营汽车设计公司之一。廉玉波后来成为比亚迪的首席科学家、汽车总工程师。

中国的汽车工业起步早于韩国，但后来却远远落后于韩国。廉玉波认为，这是因为韩国车企重视研发。汽车研发投入涉及巨额资金，而国企体制不敢轻易投入研发，他们只能成功，不能失败。国企通常是请海外第三方机构进行设计，而且在体制的保护下缺乏研发的动力。至于民营车企则容易期待过高。民营车企的后端工程能力弱，往往会因为难以实现设计目标而将责任推给设计公司。廉玉波一心投身汽车设计，却没有机会为国内的国有汽车厂设计汽车。

对于汽车产业的认知，王传福坦诚地说他喜欢车，读了上百本相关图书。廉玉波发现，王传福的自信是来自制造专家的专业分析，而不是无知

---

① 刘涛．王传福"技术派的力量"[J]．中国企业家杂志，2007（22）：50-62，64-65．

者无畏的勇气。王传福对技术没有恐惧，敢于为研发创新投入，而且懂技术和制造，理解实现产品的工艺，两人一拍即合。

更可贵的是，王传福对中国汽车产业落后于其他国家感到不服气，他是真心想造车。王传福认为中国人必须建立自己的研发和创新体系，在廉玉波加盟后的半年里，王传福多次通宵达旦，与廉玉波详细探讨汽车研发、创新和成本把控等问题。

比亚迪造车并非从零开始，而是跟之前的日韩车企一样，站在巨人的肩膀上，通过模仿世界巨头，在继承的基础上进行创新。日韩车企起步于20世纪60年代，在80年代之前更多是模仿其他车企的产品，直到80年代之后才真正走向自主设计。比亚迪也需要经历类似的阶段。

2005年，比亚迪推出了第一款紧凑型轿车F3。这是中国西北地区汽车工业历史上生产的第一款中级轿车。F3最早在成都上市，售价为7.38万至9.98万元人民币。F3上市26个月就创下了20万辆的销量，成为中国最快突破10万辆销量的自主品牌车型。2009年3月，F3月销量突破2万辆，同年10月月销量突破3万辆，成为中国首款月销量突破3万辆的轿车车型。

F3的设计理念借鉴了日韩车企的成功经验，采用紧凑的设计，追求车内空间最大化，车上必需的零部件占有空间最小化。丰田卡罗拉花冠是丰田旗下的一款小型车品牌，这款车在全球140多个国家和地区广受好评，常年保持全球最畅销车型的地位。定位相似的F3售价仅为花冠的一半左右，凭借着高性价比吸引了不少用户。

模仿跟随再创新是很多中国企业作为后来者选择的路径，但这种做法既会引来抄袭的指责，也存在侵权的风险。不少中国企业在进入国际市场后深陷专利官司的泥潭，甚至走向倒闭。

刚进入汽车行业时，比亚迪需要学习很多新技术，包括发动机技术、汽车的四大工艺（冲压、焊装、涂装和总装）、整车制造技术，以及如何面向消费者打造品牌。一开始，比亚迪采取拆解其他品牌的成功车型的方法进行学习。

每拆一辆车，比亚迪会确定相关技术是否已经申请专利。如果有就要进行调整和规避；如果技术不存在专利问题，就直接拿来使用。对于模仿策略，比亚迪甚至做好了打官司的准备，而且不会让对手赢。①

学会打专利战可以说是技术型企业的必修课。比亚迪在发展中曾经历过数次大的专利战，王传福深知专利对于创新和企业竞争的重要性。索尼、三洋、富士康都曾对比亚迪发起诉讼，其中最经典的莫过于索尼的案例。

2003 年，索尼在日本东京诉讼比亚迪侵犯其两项锂电池专利，比亚迪积极应对，短短 40 天内就准备了 38 份相关证据用来否认侵权指控，而索尼只提交了 6 份材料和证据，最终东京地方法院宣布索尼专利无效。之后索尼再度上诉，仍以失败告终。

比亚迪不仅重视保护自己的专利，还会研究如何打破对手构建的专利壁垒。比亚迪内部有一个上百人的知识产权部门，负责对各个产品事业部进行监督，帮助识别哪些技术是别人的专利，从而避免专利侵权。这个部门有一半的精力都是面向汽车产品的。

2006 年，比亚迪在进入汽车行业三年后就实现了汽车业务的扭亏为盈，实现了 1.16 亿元的盈利。② F3 成功之后，比亚迪又推出了 F6，这款车设计大气，定价进一步上探到 10 万—15 万元区间。通过借鉴国际知名品牌在汽车研发和技术上的成果，比亚迪在短时间内打造了多款热销

---

①刘涛 . 王传福"技术派的力量"[J]. 中国企业家杂志，2007（22）：50-62，64-65.
②同上。

车型。

模仿策略只是比亚迪进入汽车领域的权宜之计，通过不断学习世界领先的汽车品牌，比亚迪完成了基础的技术积累，理解了造车的基本原理，为之后的创新打下坚实的基础。

按照王传福的说法，"比亚迪差不多花了 10 年的时间才完整地掌握了汽车的技术，比如发动机的电喷、自动变速箱的软件控制，还有车身等。只有牢牢掌握了这些汽车技术，才能做到真正地创新"。[1]研发和创新不仅是在设计和理论层面，更重要的是在工艺上实现新产品的开发和制造。

王传福敢于正视技术落后的现实，也无惧激烈竞争和研发投入风险，在汽车领域奋起直追。他将研发和创新视作比亚迪的生存之道。他认为"一个自主企业要想生存和发展，必须重视研发和创新，别无他路可走"。[2]

"技术为王，创新为本"成为比亚迪的企业发展理念。

比亚迪进军汽车领域时，许多民营企业在积累财富后投身房地产行业，纯粹为了逐利去实施非理性的多元化战略。王传福则坚守技术，他希望做一家对社会有价值的企业。当其他企业大举投资房地产时，比亚迪将赚来的钱投入技术研发，2006 年比亚迪申请的专利达到 1200 个，在全国专利排名第 7 位。[3]

---

[1] 2015 年汽车之家《真视角看中国品牌》节目中王传福的独白。
[2] 邢文军. 廉玉波——比亚迪搞创新研发 无他路可走 [EB/OL].（2009-01-08）[2024-10-31]. https://auto.sohu.com/20090108/n261636822.shtml.
[3] 刘涛. 王传福"技术派的力量"[J]. 中国企业家杂志，2007（22）：50-62，64-65.

二、技术服务于战略

进入汽车领域是比亚迪的一项重大战略决策，而技术是这项决策的基础。王传福看到了手机电池领域的市场局限性，他希望进入更大的产业，而电池技术的积累让他看到了巨大的时代机遇——电动汽车的可行性。

早在 1998 年，比亚迪就开始了对电动汽车电池的研究。当时，比亚迪汽车电池研发团队很快从十几人扩张到 100 多人，而且还有制造和测试部门，在上海松江占了一栋楼。比亚迪在收购秦川汽车的时候，就想做电动车，尽管当时的电动车还只是电瓶车形态。比亚迪那时候就自己做了一辆电动车，这辆车最终没有上市，一直放在比亚迪的展厅里。

刚进入汽车领域的时候，电动车的电机和电控技术还不够成熟，也不具备发展新能源的政策环境，加上比亚迪对传统汽车业务缺乏了解，需要从头开始学习。电动车除了动力系统不同外，其他方面和传统汽车都有相似之处，于是比亚迪选择从传统汽车开始学习，掌握汽车技术，同时开展电动车相关技术的研究，提前布局电动车产业。

2008 年，比亚迪推出了全球第一款双模插电混合电动车 F6DM。双模就是后来人们常听到的 DM（Dual Mode），是比亚迪在全球首创的双动力混合系统。F6DM 将汽油发动机和电机融为一体，配合动力电池，具有电机单独驱动和电机与发动机共同驱动两种驱动模式。这款双模电动车可以充电和加油，不仅降低了油耗和排放，还提高了动力和操控性能。

铁动力电池是比亚迪 F6DM 的另一大创新，这种电池以铁和硅为原材料，同时满足了高容量、高安全、低成本等三方面要求，还能实现电池回收。铁元素材料资源丰富且价格低廉，因而成本较低。比亚迪通过巧妙设计使这种电池的能量密度与锂离子电池相近，而且具有循环寿命长、使用温度区间范围大、大电流放电性能优异等特性。

F6DM 从 2003 年就开始研发，申报了 700 多项国内外专利。F6DM 在底特律车展大获好评。2009 年，上市不久的 F3DM 双模电动车被国内主流媒体评选为年度最佳环保节能车，并获得中国电动网和中国电工技术学会电气节能专委会评选的中国节能行业"杰出贡献奖"。

2006 年年底，比亚迪从电池、电子等事业部调集大批人马，组建 E6 纯电动车项目组，王传福亲自担任项目负责人。比亚迪 E6 是纯电动的多功能休闲旅行车，在当时续航里程能够超过 300 公里，是国内最早实现量产的纯电动车之一。这款车搭载了磷酸锂铁电池，这种电池具有高能量密度和安全的特性，能够回收再利用，避免造成环境污染。这款车后来也成了深圳市的标志性出租车。

正是因为拥有电动车的电池技术，王传福才有了进入汽车领域的底气。尽管当时电池和手机零部件业务是比亚迪的主要收入来源，但王传福清楚地知道，比亚迪的未来在汽车，而且是电动车。

进入汽车领域的选择让无数人觉得匪夷所思，即使现在回顾当时的发展阶段，比亚迪希望通过电动车实现汽车领域的弯道超车也显得过于超前。要知道，长期占据世界汽车行业第一名的日本丰田汽车在 1997 年才推出第一款量产的混合动力车普锐斯。这款车直到 2001 年才在日本和北美市场大规模上市。另一个让人津津乐道的是，当时的王传福甚至都不会开车。然而，王传福认为电动车不能等到一切都准备好了再去做。

对于战略，王传福有很深刻的见解，他从诺基亚的轰然倒塌中吸取了教训。诺基亚曾经在手机市场取得远超苹果的市场份额，它的倒下不是产品品质问题，也不是管理问题。诺基亚的倒下是因为战略出了错误。[①] 可以说，战略关乎企业生死。

王传福认为战略的对错决定企业未来 3—5 年的发展，甚至 5—10 年的成长。开一套模具，错了就浪费了 100 万元人民币；产品定位错了，可能损失 1 亿—2 亿元；模具和产品的损失可能几个月或者一年就赚回来了，但是战略方向错了可能就要耽误三五年，损失十亿元、百亿元，甚至导致企业倒闭。

比亚迪非常重视技术，对王传福来说，技术服务于战略。王传福认为汽车行业正处于从燃油车向电动车转型的变革期，这个过程需要靠技术去推动。在完成变革后，风平浪静的时候则要靠管理和效率来推动行业成长。电动车的瓶颈就是电池，电池技术的迭代趋势决定了电动车的命运，掌握了电池技术就能预测未来的方向。

比亚迪崇尚技术，内部有大量优秀的技术团队，他们不断给管理层输送技术洞察，确保管理层在决策时方向正确，让企业处于行业发展的正确轨道上。通过长期研究电池和投入大量资源，比亚迪能够理解电池在未来的发展水平，从而推断电动车在未来 10 年是否有实现突破的机会。

战略讲究时机，进入一个新行业的时机非常关键。如果电池技术需要 50 年才成熟，那么过早投入就会变成"先烈"。如果在电动车已经成熟的时候再进入，就会处于落后追赶的状态。比亚迪进入电动车领域是基于技术发展的战略判断。

从中国汽车行业的发展历史看，比亚迪进入汽车行业时，正好赶上汽

[①] 王传福在 2018 年接受《第一财经》专访的时候谈到的，节目名为《王传福：在变化中求生》，网址为：https://www.yicai.com/news/100288625.html。

车进入家庭的好时代。国内汽车行业迎来十几年的高速增长阶段，全国汽车销量从 2001 年的 237 万辆上涨到 2017 年的 2888 万辆。比亚迪抓住了这一历史机遇，实现了每年的高速增长。2011 年之前，比亚迪连续 5 年汽车销量高速增长，从 2006 年的全年 6 万辆到 2010 年达到 52 万辆。这段行业扩张的黄金时期也给新进入者成长空间，比亚迪获得了汽车行业的入场券。

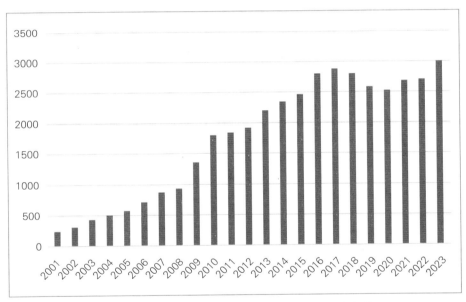

图 5-2　2001—2023 年全国汽车市场销售总量（万辆）①

对于汽车领域的电动化转型，王传福在不同场合都有所解释，他从国家发展、技术趋势和环境保护等多个方面进行阐述。首先是发展新能源符合中国的国情和长期发展。中国是世界上最大的发展中国家，但是超过

① 数据来源：中国汽车工业协会。

70% 的能源需要进口，而且进口的石油 70% 又是从海上运过来的，大部分还要经过马六甲海峡。[①] 中国的石油储备只有 28 天，其中 70% 是被汽车消耗掉的。这三个 70% 彰显了中国石油战略、能源安全面临的严峻挑战。

中国进入新能源汽车领域比任何一个国家都有紧迫性。中国每年新销售汽车将近 2500 万辆，假如一辆燃油车一年用 2 吨油的话，国家就需要多进口 5000 万吨油才能满足新增车辆的用油需求。根据公安部交通管理局的数据，截至 2024 年 6 月，中国的燃油车保有量是 3.45 亿辆，这么多车每年消耗的石油就接近 7 亿吨。相比之下，2023 年中国进口的原油才 5.64 亿吨。

从中国的能源结构看，中国多煤少油。汽车不能直接用煤，如果把富余的煤转化为电能，然后将燃油车都替换为新能源汽车，就能大大缓解原油进口需求，从而降低能源的对外依存度。

从技术的角度看，新能源汽车的能量转化效率更高。从能量转化效率看，燃油车将油燃烧的能量转化为动能的效率只有 15%—20%，而电动车的效率可以高达 90%，所谓"一升油，三度电"，就是一升油和三度电干的活是一样的。

特斯拉的创始人马斯克也做了同样的计算，他对比了燃油车、丰田混

[①] 这里是王传福在 2021 年接受俞敏洪《酌见》采访时提到的数据。视频网址为：https://v.qq.com/x/cover/mzc00200q52p4yr/s3231y8a44a.html。

关于这方面的数据，券商海通国际 2022 年的研报《比亚迪深度：中国"智"造》有具体的数据来源和分析："根据 BP 数据，2020 年中国每天进口原油量约 1000 万桶。也就是说：中国每天需要进口的原油 / 需求量 =1000/1400= 约 70%。单纯从进口路径而言，参考 Brooking Institution 2011 年数据，除去俄罗斯和哈萨克斯坦等主要陆路运输，通过马六甲海峡进口的原油占总进口量约 80%。假设：单车耗油量 7 升 /100 公里，1 天平均行驶 50 公里，1 年行驶 330 天计算，则单车每年消耗约 =50 公里 / 天 ×330 天 ×7 升 /100 公里 = 约 1.2 吨油。按照公安部数据，2021 年中国机动车保有量为 3.95 亿辆，需要的耗油量为 4.8 亿吨。占中国一年需求量 7.6 亿吨里面的 4.8/7.6= 约 60%。中国 70% 原油需要进口，原油下游 60% 用于汽车，80% 通过马六甲海峡进口。这样大的比重，电动车的转换越快越好。"

合动力和特斯拉的能量效率和二氧化碳排放量（见表 5-4）。结果显示，电动车 Tesla Roadster 的效率要远远超过其他非电动车，其二氧化碳的排放量也远远低于其他类型的车。[①]

2011 年，由于销售网络扩张过快，加上国内汽车市场增长放缓，自主品牌竞争加剧，比亚迪不得不放缓脚步，进入调整期。乘用车市场的暂时放缓并没有阻碍比亚迪在新能源汽车领域的探索。2010 年，比亚迪推出了 K 系列纯电大巴。

表 5-4　不同车型的能量转化效率和二氧化碳排放量对比

车型	能源来源	二氧化碳含量（g/MJ）	效率（km/MJ）	二氧化碳排放量（g/km）
本田 CNG	天然气	14.4	0.32	45.0
本田 FCX	天然气、燃料电池	14.4	0.35	41.1
丰田 Prius	石油	19.9	0.56	35.8
Tesla Roadster	天然气、电力	14.4	1.14	12.6

数据来源：特斯拉官网。

① 埃隆·马斯克. 特斯拉的秘密宏图（你知我知）[EB/OL].（2006-08-06）[2024-10-31].https://www.tesla.cn/secret-master-plan.

早在 2007 年研发 F3DM 双模电动车时，考虑到充电条件的便利性和消费者对电动车的接受度，比亚迪就开始调研公交车和出租车市场。公共交通不同于私家车，它有固定的行驶路线，可以按计划充电，不存在里程焦虑。比亚迪认为，公交巴士和出租车是率先普及电动车技术的突破口。

2009 年年初，比亚迪生产出全球第一辆全铝合金车身的纯电动大巴样车。这款车首创了轮边电机和轮边驱动桥技术，实现了全车低地板、低上下门，内部结构则与传统大巴相似。燃油公交车、大巴车车身前后都有放置发动机和驱动桥的地方，因而车底板会凸起，给乘客造成不便。

当时的国际品牌奔驰、沃尔沃出于电池价格和性能的考虑，其电动大巴采用的是混动技术，电池只是辅助动力。许多人对比亚迪提出的城市公交电动化构想表示怀疑。比亚迪基于对电池技术的理解，也看到 K9 纯电大巴低噪声、舒适感强的优势，坚定了纯电动大巴的方向。2016 年，比亚迪的纯电动大巴销量达到 1.4 万辆，其身影出现在全球多个大城市。

2015 年，比亚迪提出"7+4"战略，将新能源汽车的应用领域扩展到 7 个常规领域和 4 个特殊领域，将电动化进行到底。其中，"7"代表七大常规领域，包括私家车、城市公交、出租车、道路客运、城市商品物流、城市建筑物流和环卫车；"4"代表四大特殊领域，涵盖仓储、矿山、机场和港口。

除了转化效率高之外，电能有多种来源方式，比如太阳能、风力发电和水力发电。沙漠的日照一年多达三四千小时，中国 1% 的沙漠面积铺满太阳能电池板所发电量就足够全中国使用一年了。如今太阳能的价格已经可以做到很低了。中国没有那么多石油，但却有不少沙漠。太阳能的一大缺点是晚上无法发电，因此需要靠电池储存白天多余的电量，比亚迪的储能业务就是解决这个问题的。

此外，发展新能源汽车也是国家产业政策的方向。中国汽车发展一直大而不强，想要从大国变成强国，新能源是必经之路。内燃机已经发展了上百年，中国在短期内想要实现追赶和超越显然不现实，而电动车采用完全不同的动力系统，是实现汽车产业弯道超车的机会。

王传福认为，企业家要抓住国家的发展机遇，就要有相应的技术储备，并且利用逻辑思维判断战略关键点。在电动车的技术方面，比亚迪具有深厚的技术积累，研发了电动车的双模技术、磷酸铁锂电池、双向逆变技术、大功率充电等。对技术有了深入的理解，才能深刻把握产业发展趋势。

对于磷酸铁锂电池的坚持体现了比亚迪对技术和市场的节奏把握。新能源汽车的动力电池根据电池正极材料的不同分为磷酸铁锂和三元锂电池。磷酸铁锂电池的正极材料采用的是磷酸铁锂，而三元锂电池则是镍钴锰酸锂或镍钴铝酸锂。后者的能量密度较高，而且在低温环境下更有优势。

在磷酸铁锂电池因为能量密度较低被市场看衰的时候，比亚迪却一路坚持磷酸铁锂电池，几乎是凭着一己之力推动磷酸铁锂电池回归动力电池的主流选择。比亚迪认为，不能单纯追求能量密度而忽略了成本和安全的因素，以及矿产资源的稀缺性。

比亚迪开发电动车产品时，公司内部有很多交流，电池部门要了解整车，整车部门则要了解电池，双方深入合作让电池技术有效满足整车需求。他们综合考虑了技术和市场需求的匹配性。

首先是安全性。汽车是对安全要求极高的产品，因而产品创新和新技术的采用往往需要更长时间的验证和测试。磷酸铁锂电池相比于三元锂电池在热稳定性方面具有更强的优势，尤其是高温、高热的环境下，能够降低热失控的风险。对此，比亚迪有大量的试验结果可以证明，因而他们在电动车上基本采用磷酸铁锂电池。

其次是成本优势。由于三元锂电池的正极材料中含有贵金属钴，其成本要比磷酸铁锂电池高出不少。如果大量使用稀有金属作为电池材料，在电动车大量推广的过程中，会因为原材料供应问题导致价格波动，进而抬高电动车的成本。大量使用磷酸铁锂电池可以进一步降低电池成本，即使在电动车取消补贴之后，车价依旧能在市场上保持竞争力。

2020年3月，比亚迪推出了刀片电池技术。刀片电池依旧沿用了磷酸铁锂材料。不同于传统电池模组系统，刀片电池选择了独特的长电芯设计，将电芯做成又长又薄的形状，如同刀片一般，从而大幅提高了电池包的空间利用率。

在磷酸铁锂材料有高热稳定性、减缓容量衰减的基础上，这种独特的设计减小短路回路的阻抗，降低发热和故障率，进一步降低了电池发热失控的风险，在电池针刺试验中无明火、无烟雾，表现出色。

刀片电池的结构创新还提高了电池体积利用率，提升了电池能量密度，从而显著提升了车辆的续航里程。目前，刀片电池已经搭载在比亚迪汉、宋plus、秦plus、海豚、海豹等多款纯电动车上。

表 5-5 磷酸铁锂电池与三元锂电池对比

电池类别	正极材料	能量密度	温差效率	充电效率	循环寿命	生产成本	应用场景	安全性	一致性
磷酸铁锂电池	磷酸铁锂	约 110Wh/kg	耐高温，但低温性能较差	较低	2000 次以上	较低，不含贵金属材料	大型电动车、公交车、电动汽车、景点游览车和混合动力车等	较高，化学性质稳定	较差，生产过程中难以控制性能和质量
三元锂电池	镍钴锰酸锂或镍钴铝酸锂	一般为 200Wh/kg	耐低温性能较好	较高	一般为 2000 次	较高，含贵金属材料（钴）	移动和无线电子设备、电动工具、混合动力和电动汽车等	较低，温度或过充情况下存在安全风险	较好，生产过程中可更好地控制性能和质量

来源：根据公开资料整理。

图5-3　比亚迪刀片电池①

在刀片电池的基础上，比亚迪在 2022 年进一步推出了电池车身一体化技术 CTB（Cell to Body）。CTB 技术将电池上盖与车身地板进一步合二为一。这种设计优化了车辆的空间布局，提高了空间利用率，能够减轻电池自重，同时提升电池容量，从而增加车辆续航里程。此外，更高的一体性也提升了整车结构强度，在碰撞发生时，车身能够提供更好的吸能效果和能量传递路径，减少乘员舱的形变，进一步提升安全性。

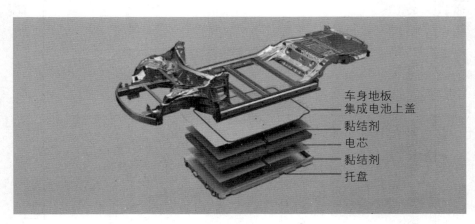

图5-4　比亚迪 CTB 技术②

---

① 图片来源：比亚迪官网。
② 图片来源：快科技 https://news.mydrivers.com/1/896/896128.htm。

从电池的技术路线选择、结构创新，再到电池车身一体化创新，比亚迪通过不断迭代电动车技术，在提升安全性的同时持续降低电动车的成本，推动了电动车的普及。

发展新能源是应对全球气候变化的重要战略。2020 年，中国提出"二氧化碳排放力争于2030 年前达到峰值，努力争取 2060 年前实现碳中和"。[①]众所周知，燃油车的尾气排放会造成空气污染，过多的二氧化碳排放会引起全球变暖。如果燃油车被新能源汽车取代，燃油车的尾气排放自然也能降低，空气质量也会得到改善。新能源成为实现国家"碳达峰、碳中和"的战略选择，比亚迪的企业战略跟国家战略不谋而合。

2022 年 3 月，比亚迪宣布全面停止燃油车的整车生产，成为全球首家正式宣布停产燃油汽车的车企。为了减少空气污染，缓解全球变暖，世界各国都明确了禁售燃油车的时间表，禁止贩售部分或所有以化石燃料（包括汽油、液化石油气和柴油）为动力源的运具。美国的目标是 2035 年，德国是 2030 年，挪威甚至提前到 2025 年。早在 2018 年 7 月，比亚迪新能源汽车销量就首次超过了燃油车。在汽车领域，比亚迪专注于纯电动和插电式混合动力汽车业务，这既回归了其进入汽车市场的战略意图，又聚焦于其新能源优势。

---

① 安蓓，谢希瑶.《中共中央 国务院关于完整准确全面贯彻新发展理念做好碳达峰碳中和工作的意见》发布 [EB/OL].（2021-10-25）[2025-03-27].https://www.gov.cn/xinwen/2021-10/25/content_5644687.htm.

三、创新的"人海战术"

技术服务于战略，这就意味着战略制定者需要深刻理解技术。

2008 年，巴菲特投资了比亚迪，很多人就是在那个时候知道的比亚迪。巴菲特的老搭档查理·芒格对王传福有很高的评价，他认为王传福是"爱迪生和韦尔奇的混合体。既是出色的发明家，也是优秀的企业家。他可以像爱迪生那样解决技术问题，又可以像韦尔奇那样解决企业管理上的问题"。

对此，王传福在后来的访谈中认为自己更像爱迪生，因为他把 60%—70% 的时间花在技术上，花在管理上的时间则只有 30%。[①] 他很喜欢泡在实验室，有空的话他也会到实验室与工程师一起探讨技术的方向。比如说某个技术的应用场景和商业模式，在当前的情况下技术处于什么水平，成本处于什么水平，通过技术推理去寻找商业模式实现的可能性，以及实现所需要的时间。

比亚迪有数万名工程师，每天都有各种创新技术问世。王传福会夜以继日地听取他们的汇报，从而帮助自己形成战略判断。他不参与研发的具体工作，但会参与产品定义，扮演总工程师的角色。刀片电池的概念最早便是他提出的。

在比亚迪的高管团队中，包括王传福在内的所有高管都是科班出身，他们要么是具有技术的学历背景和丰富的研发经验，主抓相关产品业务，要么是经济管理专业出身，负责财经和管理事务。

王传福既重视技术，也重视技术人才。比亚迪的垂直整合模式不仅需要大量的工人来实现产品制造，还需要大量的技术人才共同完成技术创新。王

[①] 参考王传福在 2021 年接受俞敏洪《酌见》采访时的视频，网址为：https://v.qq.com/x/cover/mzc00200q52p4yr/s3231y8a44a.html。

传福认为"人是每一个关键节点、每一种战略打法的最终执行者"。[①]

王传福从企业创业早期就非常重视人才，而且他不迷信海归专家，也不会聘请猎头去高薪挖人，而是很早就选择培养人才。在创立之初，比亚迪便开始招聘大量大学毕业生，并成立了规模庞大的研究院。

1998年，王传福亲自到北京大学招聘，还请当时的应届生吃饭。在饭桌上，王传福大谈做大比亚迪的梦想，希望学生们能投身于比亚迪的事业。之后几年，比亚迪招聘的应届生数量每年都翻了几番，到2006年招聘的毕业生数量达到了4000人。当时，比亚迪上海松江汽车工程院的3000多名汽车工程师中，就有九成是毕业不久的学生。

很多人大学一毕业就在比亚迪工作，一直干到高层。在2023年比亚迪财报公开的高管团队中，就有5名高管的大学毕业时间就是加入比亚迪的时间。在人才流动如此频繁的今天，这确实令人惊讶。

王传福有自己的人才观，对人才管理有着深刻的理解。他认为，与美国相比，中国在工程师上有巨大的优势。比亚迪有三万名中国工程师，他们的价值和创造力不亚于美国的工程师，而且中国人更加勤奋，人力成本也远低于美国。王传福认为这是中国企业家的幸运。尽管如此，中国企业却难以在竞争中取胜。这是因为中国过去只懂得管理工人，却不懂如何组织工程师去实现更大的价值。王传福认为中国制造还有很大的优势，关键是要利用好中国的不同类型的人才，让他们发挥所长。[②] 这种观念非常值得创新企业借鉴，尤其是当下面临人口红利消失的情况。

人们提及中国的人口红利，更多是指众多的廉价劳动力。其实，人口红利提高的不仅是体力，还有脑力，就是技术和创新。这种人口红利也是

---

① 刘涛. 王传福 "技术派的力量"[J]. 中国企业家杂志，2007（22）：50-62，64-65.
② 同上。

可以换算成财务数据的。王传福算了一笔账，如果把 F3 或者 F6 的设计交给欧洲团队，成本约 2000 万欧元，在当时相当于 2 亿元人民币。而将图纸交给自己的工程师，2 亿元可以养活很多人。技术创新方面的人口红利，是中国当下和未来应该挖掘和发挥的优势。

如何发挥这些年轻人才的天分？王传福非常有方法，也有经验，他非常清楚年轻人缺少的是机会。

比亚迪进入汽车行业时的拆车故事是广为流传的商业案例。那时比亚迪每年会花费几千万元购买全球最新款的车型，其中不乏宝马、奔驰、保时捷等高端品牌。他们会把这些昂贵的车交给年轻的研发人员拆，让他们拆完后写总结报告。年轻的研发人员不敢轻易拆卸这些名车，因为拆完就意味着报废了。王传福二话不说，拿起钥匙把自己的进口奔驰车划破，然后对他们说："现在你们可以去拆我的车了。"

对于初出茅庐的大学生来说，这是难得的学习机会。如果去了国企，他们可能要先拧螺丝、清理车间，不知道多久才能摸到车。如果在外企，他们也要从试车员做起。而到了比亚迪，他们就能参与整车项目，接触到核心技术，得到快速成长的机会。

比亚迪的工程师中有不少是高学历人才，刚毕业的高学历人才可能会出现理论与实践脱节的情况，尽管他们理论功底很强，但缺乏实际工作经验。如果做不出成绩就很容易泄气，在公司待不住。王传福对此总结出了一套方法，比亚迪要求这些高才生一进门就要去向工人请教，从基础开始学习。

王传福提供的不仅是学习和成长的机会，还有实实在在的经济回报。比亚迪从创立以来一直处于持续扩张的阶段，事业部不断增加，这给了很多年轻人走上管理岗位的机会。业绩好的员工能够得到不少股权激励。

对于真正的技术人才来说，经济回报是不够的。王传福认为要发挥人的主动性，还需要建立文化认同感。高薪和高压相结合的方式对于工人可能有效，但对于自尊心很强的高级知识分子则行不通。对技术人员需要耐心，不能追求短期的经济回报，毕竟从技术研发到产品落地是需要时间和耐心的。

另外，技术人员不会拍马屁，还会经常挑毛病，抗压能力也有限。因此需要让他们认同企业的理念，建立文化认同感，如果他们认可企业的理念，即使钱少也愿意跟着干。

王传福力求营造"家"的文化，而非像一些庞大的制造企业一般采用军事化管理。在比亚迪深圳总部，园区内职工宿舍、足球场、超市、学校等设施一应俱全。多年来，管理层和员工要一起在食堂排队，同吃大锅饭。王传福认为比亚迪的管理模式更接近丰田，强调人在体系中的作用，推崇"造物先造人"的理念。

随着不断的发展，比亚迪逐渐成为一家全球性的大公司，也开始吸收海外优秀人才，并学习国外优秀的创新管理经验。2010 年，比亚迪与戴姆勒 - 奔驰成立合资公司，双方各出资 50%，共同打造"腾势"品牌的高端电动车。这次合作也让比亚迪看到了德国人在研发体系和开发流程中的严谨和科学，促使比亚迪开始对自身的研发体系进行升级。

这项合作之后，比亚迪开始不断引进外籍人才。尽管在 2014 年比亚迪已经自主研发了"秦"系列电动车，但他们对于短时间内达到国际顶级水平感到力不从心。为了快速达到国际品质，比亚迪需要借助全球汽车领域顶尖的人才，学习国际领先车企打造高质量汽车的秘诀。

德国汽车企业在底盘方面有非常深厚的技术积累，比亚迪为此邀请了德国奔驰前底盘专家 Heinz Keck 加盟。为了实现舒适感与运动感的最佳组合，需要根据汽车过减速带等障碍物时的各项技术指标调节减振器，以往比亚迪只是调整 20 多次，而德国专家则进行了超过 100 次的调整。

汽车造型方面，比亚迪此前对于车辆的设计不够重视。当他们意识到这个问题后，便经过两年的寻找，成功邀请到奥迪前设计总监沃尔夫冈·艾格（Wolfgang Egger）加盟。艾格在奥迪的设计代表作包括 TT 跑车、奥迪 A3 和 A6 等知名车型，在汽车业界享有很高的声望。

艾格为比亚迪打造了"龙颜设计"，将中国"龙"的元素融入车身外观，形成了独特的汽车设计语言。这一设计配合比亚迪汉字命名的车型，在汽车行业刮起一股"中国风"，赢得了不少消费者的喜爱。

车身设计是日本车企的强项。比亚迪的深圳总部研发团队和日本分公司聘请了超过 100 名日本技术人员，不断优化车身设计、轻量化、模具制造和品质管控等。

在引进外籍人才的同时，比亚迪也跟海外 40 多家企业展开合作。比亚迪在洛杉矶建立了研发中心，与当地的艺术中心设计学院（Art Center College of Design）建立了长期战略合作。这所学院在汽车和交通工具设计等领域处于业内领先水平。

比亚迪从创业开始就跟国际企业打交道，熟悉欧美企业的文化，不存在语言沟通的障碍，但在引进外籍人才之后，仍需要经历一些磨合。在"腾势"合资项目中，比亚迪体验到了德国人的严谨与细致，同时也感受到了双方在工作节奏上的差异。

对于比亚迪的很多技术创新，德国人需要进行大量的实验论证，这会影响研发速度，使比亚迪难以在中国市场抢占先机。比亚迪的员工经常加班加点，而德国人崇尚工作生活的平衡。经过多次沟通，比亚迪才让德国员工认可创新速度的重要性。

坦诚交流和相互学习是比亚迪员工与外籍技术人才的合作之道。外籍人才对传统汽车有着深刻的认识和丰富的经验，比亚迪在电动车则有先发优势，双方会基于实验数据进行探讨，得出结论。工作之余，比亚迪还会组织游玩活动，增进员工的相互了解，帮助外籍员工熟悉中国生活，也提升合作效率。在"腾势"合资项目中，部分外籍员工甚至在合同期满后，选择继续与比亚迪签订合同，成为比亚迪研发团队的技术骨干。

2023 年，比亚迪的研发人员数量达到惊人的 102844 人，占公司员工总数的 14.62%。其中，拥有博士学位的有 1587 人，拥有硕士学位的有 23706 人；年龄在 30 岁以下的研发人员占了 60%，30—40 岁之间的研发人员占比 36% 左右。[①] 正是因为有了这支高学历、年轻化、国际化的研发团队，比亚迪才有可能在新能源领域不断创新，实现技术和产品的快速迭代，登顶新能源汽车的世界冠军。

比亚迪投入电动车研发的时候，很多人都觉得比亚迪疯了。十多年来，比亚迪累计投入了数百亿元，开发了许多技术和产品，涵盖多个不同领域。王传福自己是工程师出身，懂技术，思考问题的出发点也是技术。他很早就看到技术的发展趋势和未来的成本，也洞察到国家对新能源的重视程度。比亚迪的管理团队多为技术型干部，大都是工程师出身，思考问题的逻辑性也很强。因而比亚迪的战略制定都是严格按照逻辑、基于数据、分析技术发展方向得到的，而非盲目冒险。战略方向正确，比亚迪才能有足够的勇气和坚持完成技术积累，十几万员工朝着一个方向才能不出错。

---

① 数据来源：比亚迪 2023 年财报。

第三节　垂直整合的创新

一、实现低成本创新

提到比亚迪新能源汽车的成本优势，很多人首先想到的都是垂直整合。比亚迪在汽车领域的垂直整合已经是 3.0 版本了，他把在二次充电电池和手机零部件的制造模式用到了新能源汽车的创新上。

比亚迪在 IT 制造领域的垂直整合是他们独特的竞争力，也是他们在汽车领域采用垂直整合模式的基础。垂直整合是比亚迪的核心能力，这一点已被证明了两次。在制造能力方面，笔记本电脑和手机产品的加工精度要求要比汽车严格很多，多年的代工经验让比亚迪积累了高精度加工工艺、加工设备的开发、工艺设计开发等技术。身处 IT 制造行业，同时开展微电子业务也让比亚迪掌握了从底层平台到软件、硬件的全套开发能力，这些都是他们能够实施垂直整合的坚实基础。

2007 年 8 月 9 日，王传福在对外展示自主研发的第二款车 F6 时，也对外开放了刚落成不久的深圳坪山汽车产业基地。这座占地 112 万平方米的基地配备了自有发电厂，建有 56 座生产厂房。在汽车的焊接、涂装、总装等工艺产线上部署了超过 2000 台比亚迪自主研发的设备，有些设备连汽车专家也未曾见过。

王传福希望在深圳坪山"建设中国乃至世界最大的汽车研发中心，从模具制造到整车、零部件的设置，从概念的策划到油泥模型再到试制测试，全套都实行自主研发"。①

当时跨国合资车企在中国的研发中心并没有开展真正意义上的总成和整车开发，搭建一个全新的整车平台，更多只是从工艺上改进。而比亚迪却想打造一条完整的汽车产业链。

比亚迪在汽车领域的垂直整合一开始也是出于无奈。比亚迪进入汽车行业是交了很多学费的，当时并购的秦川汽车其实连发动机技术都没有，就相当于购买了一个造车的牌照。比亚迪几乎从零开始造车，模具、发动机、底盘，一切都从零开始。

模具是工业之母，零部件模具的开发制造是垂直整合的关键。王传福在开始造车时最先布局的就是模具制造产业，在制造行业摸爬滚打多年的他理解模具对成本的影响。汽车和手机一样都是技术含量很高的组装行业，但模具对于汽车产品的影响要比手机零部件高出 10 倍之多。

在日本参观汽车模具厂时，王传福对模具师傅趴在生产线上手工打磨模具的场景感到震撼，他惊讶地发现原来汽车模具中 95% 的工作都是由人完成的。人不就是中国最大的优势吗？一辆车有一万多个零部件，这些模具原来都是日本和德国的工程师在做，如果是中国工程师来做会怎么样？

垂直整合最大的好处莫过于获得成本优势。王传福算了一笔账，一吨模具在日本做要 8 万元，而在中国则仅仅需要 2 万元。模具开发对许多制造企业而言是一笔不小的一次性成本。模具厂会对规模较小的汽车企业收取高昂的模具开发费，一套模具可能要上千万元。

除了成本的大幅度降低，自己完成模具开发还能提高效率，节省大量沟通成本。一家车企的外形设计往往需要分包给几家模具厂，模具设计过

---

① 邢文军．廉玉波——比亚迪搞创新研发 无他路可走 [EB/OL]．（2009-01-08）[2024-10-31]．
https://auto.sohu.com/20090108/n261636822.shtml.

程中还需要跟他们实时对接，进行大量的沟通。

比亚迪在收购秦川汽车几个月后，又迅速收购了北汽集团的一家模具厂，并成立了北京比亚迪模具有限公司。这家模具厂后来不仅为比亚迪内部汽车提供模具，还对外为丰田、通用、福特、克莱斯勒等品牌供应模具，有些模具甚至运往海外市场。

很多技术之所以成本难以降下来，是因为采购了大公司的产品，尤其是采购规模不大的时候。即使是对外采购，比亚迪的自主研发也能提供议价能力，大幅降低采购成本。

2008年之前，比亚迪的ABS刹车防抱死系统（以下简称ABS）都是向世界巨头博世采购的。当时F3装配的ABS从博世的采购价每套高达2000元。王传福觉得这个价格太高，于是决定自主研发，并且在2008年成功研发出自己的ABS系统。

当博世得知比亚迪具备开发ABS能力后，立刻主动与其谈判，并将供货价下调到每套只需800元。博世的目标虽然是阻止比亚迪推进ABS量产，但是博世下调后的价格远低于比亚迪的开发成本。于是，王传福停止了ABS项目研发，将项目组成员分配到其他项目。比亚迪的成功自研间接让ABS的采购成本大幅降低。

成本能力是中国企业赢得国际竞争的利器，相比人们熟知的人口红利、规模效应，比亚迪的垂直整合展示了一个与众不同的中国案例——基于技术自主和管理能力的低成本创新。

表 5-6　比亚迪汽车产业相关事业部

成立日期	事业部	主要职责
2003 年 5 月 29 日	第十二事业部	作为比亚迪汽车模具中心，承担着公司全部新车型模具、检具、夹具的设计及制造任务
2003 年 8 月	第十五事业部	管理汽车电子零部件研发及生产。主要负责产品为车载电子、车身电子、安全电子三大类
2003 年 8 月 16 日	第十一事业部	各车型的冲压、焊装、涂装、总装四大工艺和油箱产品的生产任务
2004 年 5 月	第十六事业部	管理汽车底盘系统零部件、整车座椅系统、车身结构零部件，汽车总装、焊接、涂装三大工艺生产线的设计、制造和建设业务
2004 年 8 月 4 日	第十七事业部	负责各种排量发动机及变速器的自主研发、生产及各种发动机零部件的研发与生产工作
2005 年	第十三事业部	负责生产比亚迪汽车各车型的所有注塑配件（内外饰件）、汽车灯饰的各种产品，并负责产品的后续组装任务
2008 年 1 月 1 日	第十四事业部	负责电动汽车核心零部件的研究开发与生产
2008 年 1 月 31 日	第十八事业部	管理汽车喷涂相关业务
2009 年 7 月 14 日	第十九事业部	管理巴士底盘及整车相关业务

来源：根据海通证券 2022 年研报《比亚迪深度：中国"智"造》整理。[1]

---

[1]Barney Yao. 比亚迪深度：中国"智"造 [EB/OL]. （2022-05-26）[2024-10-31]. https://pdf.
dfcfw.com/pdf/H3_AP202205271568169206_1.pdf?1653648224000.pdf.

二、敏捷的集成创新

比亚迪的汽车垂直整合起初是无奈之举，作为刚入行的车企，采用垂直整合、自主研发的方式能够节约大量成本，打造具有成本优势的产品。之后比亚迪的垂直整合更多的是出于创新的考虑。比亚迪采用集成创新的模式，垂直整合更有利于集成创新，而且能够实现敏捷的集成创新。

集成创新是哈佛大学商学院马尔科·扬西蒂和乔纳森·韦斯特两位教授提出的理论。[①] 他们认为技术集成是将伟大研究转变为伟大产品的方法，美国半导体产业在落后日本的情况下就是通过技术集成实现反超的。

这种理论强调技术选择对于完善新产品、服务和流程的重要性。乔布斯就是擅长技术集成的创新者，iPhone 手机的许多技术并非苹果独创，但却被乔布斯巧妙地糅合在一起，成为一款惊艳的产品。

一家企业拥有伟大的研究成果固然重要，但如果选择了难以协同工作的技术，那么最终打造的产品可能难以制造，延迟推向市场，或者无法实现其预期目标。技术集成定义了研发工作、制造环节和产品应用领域之间的相互作用，有效的技术集成流程要从研发项目的最早阶段开始，为所有设计、工程和制造活动提供路线图。

比亚迪首创的 DM 技术就是其集成创新的成果。搭载 DM 技术的插电式混合动力车型（Plug-in Hybrid Electric Vehicle，插混电动车）可以充电，可以加油，能够实现"短途用电，长途用油"。这是比亚迪全球首创的技术，没有前人经验可以借鉴，什么都必须自己做，也没有现成的供应链，比亚迪只能自己开发出供应链。

---

① Marco Iansiti, Jonathan West. Technology integration: Turning great research into great products[J]. Harvard Business Review, 1997, 75: 69.

许多车企看到了插混电动车产品的优势和潜在市场，但插电混合技术开发周期很长，很多企业都把原来的产业链卖掉了，现在要重新进行研发整合就慢很多。

在产业链分工合作的情况下，车企研发新能源汽车需要把多家不同的供应商聚集在一起，比如博世、西门子、大陆等供应商，然后进行项目分工。这些供应商都是国际大公司，光是签订合同可能就需要花费 6 个月。

后续车企需要跟每一家分别进行谈判，比如商议项目失败了模具费谁来出。合作过程中还要进行调整，还涉及赔偿问题，比如模具开废、调试不成功的情况。这些问题的解决需要耗费 3 到 5 年的时间。时间对处于变革中的行业来说是非常宝贵的，3 年的时间足以跟对手拉开差距。

对于比亚迪来说，垂直整合能够加快创新速度。比亚迪内部的几个事业部总经理坐在一起就可以把很多问题都解决了，不需要签订任何合同，也不用担心项目做不成，不需要分担费用，所有的投入都是比亚迪承担的。

垂直整合的集成创新让比亚迪开发插混技术成为可能。相比于纯电车型，插混电动车更为复杂。虽然许多技术可以找现成的供应商进行定制，但更大的困难是要把不同的技术整合在一起，比如发动机电喷、自动变速箱、电机如何安装在自动变速箱里，不同的软件（电控软件、发动机软件、自动变速箱软件）要如何整合在一起。

有的车企采用前轮做电动机，后轮做发动机，且相互独立的方案，这种方案不能像比亚迪一样整合两种能量，且效率和产品性能都不如比亚迪的插电混合技术。"比亚迪 DM 的单个技术都不算领先，但我们解决了汽车和电池之间大量的磨合问题，如低温、快充、电动转向等。"[1] 王传福说

---

① 司雯雯，李梓楠. 比亚迪的临界点：饥渴与克制、混乱与效率 [EB/OL]. （2023-07-17）[2024-10-31]. https://new.qq.com/rain/a/20230717A08BHP00.

出了集成创新的关键。

2013 年 12 月，比亚迪在经历 3 年调整后强势推出了搭载第二代 DM 的插混电动车品牌秦。比亚迪秦动力性能强悍，百公里油耗仅为 1.6 升，内置先进的智能操作系统，外观时尚，一上市就受到消费者追捧，一度处于供不应求的状态。2014 年，比亚迪秦更是以 14747 辆占插混电动车一半市场的成绩问鼎当年的全国新能源乘用车销量冠军。[①]

环保是电动车的目标，但比亚迪打动消费者的不只是环保，还有出色的性能。比亚迪的第一代 DM 产品 F3DM 销售成绩并不理想，主要原因是产品过度追求省油，发动机和电机的功率都过于保守。第二代 DM 系统由追求节能转向追求性能。动力系统从第一代的"1.0L 三缸自吸发动机 +P1+P3 电机"直接升级为"1.5T 涡轮增压发动机 + 双离合变速箱 +P3 电机"。

比亚迪秦从零加速到 100 公里 / 时只需要 5.9 秒，这种性能通常只有百万级的高档跑车才能达到，要知道秦的售价才 20 万元左右。这才是比亚迪插混电动车真正打动消费者的原因。比亚迪对这一成绩感到自豪，5.9 秒的数字也被印在比亚迪秦的车尾，这一做法后来成为比亚迪车的传统。

比亚迪官方当时在陕西举办了"秦战列国"的直线加速擂台赛，获胜的参赛者可以得到 1000 元奖金。这次比赛中，比亚迪秦与奔驰、大众 CC、JEEP 指南者、奥迪、雪佛兰科迈罗、英菲尼迪、高尔夫 GTI 等 35 辆豪车一较高下。最终，比亚迪秦以 35 胜 7 负的战绩取得了压倒性胜利。

2014 年，比亚迪进一步提出了"542"战略。"5"指的是零百公里加速实现 5 秒以内，"4"就是四轮驱动，"2"就是两升油耗。"542"战略的目标是打造超级性能车，实现动力系统超过 100% 的提升，而不只是 30% 的提升，超强的动力能够给用户带来完全不同的体验。

---

① 数据来源：比亚迪 2014 年年报。

2015 年，比亚迪在"542 战略"下推出全球第一款插电混合 SUV 比亚迪唐，这款 SUV 拥有三擎动力、高效节能、快速反应等优势，能够实现前轮与后轮独立动力输出，带来更大的性能提升。唐 SUV 在 2.2 吨的重量下实现零百公里加速 4.9 秒，成为第一个突破 5 秒的中国品牌车型。在体积相同的情况下，一般的车扭矩只有 200 多牛顿·米，唐最高可以提升到超过 700 牛顿·米。另外，这款车的百公里油耗仅为 2 升，纯电续驶里程可达 60 公里，日常代步完全可以实现 0 油耗。

比亚迪唐一上市即获得消费者的热捧，月销量快速提升至 5000 台，产品供不应求。2015 年，比亚迪的秦与唐共同占据全国插混电动车市场约 80% 的市场份额，继续主导新能源汽车私家车市场。

当时许多人认为购买电动车主要是为了享受国家政策补贴，但王传福考虑更多的是用户的体验，因为政策补贴迟早是要退出历史舞台的。通过颠覆性的体验打动消费者，让消费者产生购买欲望，即使没有政策补贴也乐意购买电动车，才能真正推动新能源汽车的发展，做大新能源的市场，最终实现环保。

垂直整合的另一个重要优势就是让集成创新更敏捷，比如比对手提前两年实现产品上市，这种机会是非常难得的。比亚迪的第一代秦、唐的动力系统可以做到 5 秒左右的零百公里加速，而对手只能做到 8 秒或 9 秒，且产品推进速度和软件平台的改进都比较慢。新能源汽车的创新需要克服技术整合的效率问题和成本压力，这些都会影响产品的推出速度和对技术性能的把控。

2018 年，比亚迪将 DM 技术升级到第三代，改善了第二代耗电量高和低电量下高油耗、低动力的缺点，同时升级扭矩控制系统，提升平顺性。

2021 年的第四代 DM 技术则推出了 DM-p 和 DM-i 双平台战略，"p"指 powerful，追求高性能、强劲动力和极速，"i"是 intelligent，主打低能耗，实现了百公里亏电油耗 [①]3.8L。

2024 年，第五代 DM 技术又迎来全面升级，实现了全球最高发动机热效率 46.06%、全球最低百公里亏电油耗 2.9L 和全球最长综合续航 2100 公里，开创了油耗 "2 时代"。

相比之前，比亚迪在 2018 年之后的技术迭代明显加快，而且性能提升也非常显著。因为中国的新能源时代正在加速到来，来自互联网的创业者和传统车企，纷纷加入战局。

围绕垂直整合的集成创新，比亚迪在组织层面形成了一套快速开发的产品创新方式，实现产品开发流程中不同部门的 "同步、多管齐下和即时沟通"，实现产品研发中的产品设计、工艺设计、模具设计、装备设计、检测技术等多个环节同步进行。[②]

垂直整合使所有环节在公司内部完成，沟通非常顺畅和方便，产品设计评审与工艺评审可以同步完成。加上装备快速安装和检测迅速到位，为后期产品整车和 ECU[③] 的配合及售后服务等争取了不少时间。

在前面将制造环节的周期压到最短，就能为验证环节留出更长的周期。比亚迪有专门的试验车队，几十台车子在试车场进行不同的严格试验，比如高温试验、高原试验和高寒试验等 "三高试验"。大量的试验能够提前发现产品问题，然后快速解决，确保汽车性能更加可靠，产品上市后少走弯路。

[①] 亏电油耗：指混合动力车在车辆电池完全没电的情况下，全部使用车辆的燃油机进行驱动，所能达到的油耗。

[②] 范鑫. 逆向研发也是本事 揭秘比亚迪动力技术 [EB/OL]. (2012-06-11) [2024-10-31]. https://www.autohome.com.cn/tech/201206/347123.html?pvareaid=3311700.

[③] ECU: Electronic Control Unit, 即电子控制单元，是汽车中的一个重要部件。ECU 相当于汽车的 "大脑"，它负责控制和管理车辆的各种系统及功能。

表 5-7 比亚迪第一到第五代 DM 的参数对比

DM 技术		发布时间	设计理念	零百公里加速	综合续航里程	亏电油耗	发动机热效率	搭载车型
DM 1.0		2008 年	节能导向	10.5s	500km+			F3 DM
DM 2.0		2013 年	性能趋向	5.9s				唐 DM（15 款）、秦 DM（14 款）
DM 3.0		2018 年	补全 DM2.0 短板	4.3s（唐 DM 4.5s）		4.3L	35.00%	唐 DM 等
DM 4.0	DM-p	2021 年	追求动力和极速	3.7s	1120km（汉 DM-p）	6.5L（唐 DM-p）；5.2L（宋 PLUS DM-p）	40%+	唐 DM-p、汉 DM-p
	DM-i	2021 年	低油耗、高舒适性	7.9s	1200km	3.8L	43.04%	秦 Plus DM-i、宋 Plus DM-i、唐 DM-i 等
DM 5.0		2024 年	油耗、性能、动力	7.5s	2100km	2.9L	46.06%	秦 L、海豹 06

数据来源：根据公开资料、国信证券 2024 年研报整理。①

① 唐旭霞. 比亚迪规模化、全球化、高端化，电车龙头未进入新上行周期 [R/OL]. (2024-08-10) [2024-10-31]. https://pdf.dfcfw.com/pdf/H3_AP202407111637779753_1.pdf?1720685186000.pdf.

比亚迪垂直整合的集成创新整合了很多核心技术，不同技术之间互相启发、互相作用，产生创新。这种集成创新让比亚迪在创新上更加日常化，每天都有很多创新，产生很多专利。

完成垂直整合之后，技术创新变得非常容易。比亚迪有很多产品都是全球首创，比如最早的语音钥匙、蓝牙钥匙等。这些带遥控器的钥匙能遥控车自动停车，在地库完成倒车入库或者离开狭窄的路段，还能控制车的转向和刹车，解决了许多车主的停车痛点。

比亚迪垂直整合模式带来的敏捷集成创新，使其在汽车从内燃机时代走向新能源时代转型中占据先发优势，王传福总结了先行者具有的三大优势：产品竞争力优势、规模优势、政策红利优势。

第一是产品竞争力优势。技术服务于产品，基于技术创新，比亚迪能够比对手提前三五年做出同一款产品，或是打造出更高配置、更高性能的产品，再或者是同样性能的车成本比对手更低。只有掌握了 know-how 和技术设计优化的原理，才能让产品更具竞争力。率先跨过技术的门槛实现技术领先，能够为企业赢得充足的时间去彻底解决接下来遇到的各类技术问题。此外，领先三五年还能构建专利壁垒，形成专利技术保护。

第二是规模优势。对于汽车产业而言，规模至关重要。做 100 辆、1 万辆、10 万辆，每辆车之间的成本差距不是 20%—30%，可能是差两三倍的关系。因为只有达到足够大的规模，才能对各种投入成本和研发费用进行摊销。比亚迪的超前布局让公司很早实现量产，比竞争对手提前几年跨过 10 万辆车的产能。

对此，特斯拉创始人马斯克持有相同的看法。美国新能源领域的新势力 Lucid 和 Rivian 一直处于量产的挣扎中，马斯克评论道："实现量产和正现金流是极其困难的。"如果车的价格超过人们的承受范围，即使再好也不会有人购买。

在新能源领域，比亚迪、特斯拉、理想是全球范围内少数几家能够实现盈利的车企，其他车企还处于投入的阶段。其中，比亚迪的主流市场价位要低于特斯拉和理想，2023 年款的比亚迪秦 Plus 最低售价为 7.98 万元，这款车型的 DM-i 版本 2023 年全年销量达到 32.7 万辆。

第三是成为政策的受益者。比亚迪是新能源领域的先行者，先行者碰到的问题也比较多，比如充电桩的问题。当中央制定新能源战略的时候，会优先调研比亚迪，因为没有从事过新能源领域业务的企业并不能反馈实际工作中遇到的问题。这些问题会在国家政策出台的时候被考虑，从而帮助企业解决实际问题，因而先行者也成为政策的受益者。

三、深层次突破创新

比亚迪的垂直整合模式使其能够摆脱现有供应商的限制，在更为基础的系统层面实施大胆的创新。[1] 在开发"腾势"品牌车时，王传福将电动系统的高压定为 460V，而非选择国际通用标准的 320V。王传福认为，更高的电压能够降低传输过程中的电能损耗，而且提高电能传输效率能够将线束做细，实现整车轻量化。

然而，合作方奔驰早已习惯了全球采购策略，对这种不符合国际通用标准的设计感到难以适应。习惯自主研发的比亚迪则游刃有余。整个电动系统都由比亚迪开发，从底层系统开发满足 460V 的部件并非难事。

后来，腾势团队又发现了电动压缩机这种全球采购的部件存在制式不

---

[1] 李博旭. 将成为中国的电装？聊比亚迪第 15 事业部 [EB/OL]. (2015-06-09) [2024-10-31]. https://www.autohome.com.cn/tech/201506/875411-all.html?pvareaid=3311701#p2.

兼容的问题，因为电装、德尔福等全球供应商只具有 320V 国际标准的电动压缩机的开发能力，定制开发至少需要 3 年时间。

德方合作伙伴开始表现出对比亚迪团队的不信任，眼看项目就要被推倒重来，比亚迪的第十五事业部顶着巨大压力，承担起 460V 电动压缩机的研发任务。研发团队 3 个月就完成成形的解决方案，6 个月就进入量产阶段，让德方团队感到非常惊讶。

之所以如此迅速，是因为比亚迪的研发团队具有传统汽车厂商和供应商所不具备的灵活性。这些厂商成熟的研发体系对时间节点和开发周期有着严格的规定，对突如其来的需求往往力不从心。

垂直整合模式能让比亚迪不断提升创新的深度——从整车的集成创新走向零部件系统集成创新。这种深度是比亚迪在构建汽车产业链的过程中逐步积累形成的。整合深层次的零部件创新能够带来前所未有的产品设计和用户体验。比亚迪的纯电动车"e 平台"就是这方面的创新体现。

在纯电车领域，比亚迪在 2019 年率先提出了"33111"战略，让电动车产品实现高度集成化。第一个"3"是指驱动电机、电控和变速箱的高度集成，第二个"3"则是高压系统的 DC-DC（Direct Current，直流）电源、充电器和配电箱的高度集成。"3+3"的高度集成优化了整个电机和电控系统的体积、重量、效率和成本，相比分立式系统减重 40 公斤。

后面的"111"指的是 1 块电池、1 块屏幕和 1 块电路板。1 块电池是比亚迪特有的长续航、性能稳定的动力电池。1 块屏幕是指 1 块搭载了"DiLink"系统的智能旋转大屏，它能将手机生态复制到车机，在短时间内获得海量 App，降低用户学习成本。1 块电路板指的是比亚迪自行开发制造的先进芯片，集中控制 10 多项分散的控制功能，大幅提升系统集成度，减少硬件数量，节约空间和降低能耗。

"33111"战略是比亚迪电动车"e 平台"的核心，通过高度集成和一体化控制，减轻整车重量，优化整车布局，提升了能耗效率和可靠性，也最大限度地提升了驾驶者与乘坐者的体验。

2021 年，比亚迪升级了电动车平台，推出 e 平台 3.0。e 平台 3.0 进一步展示了零部件级别的集成创新。八合一电动车的动力总成是 e 平台 3.0 的重要技术，比亚迪沿着能量传递的途径，实现了零部件层级的效率最优设计，研发了高性能的发卡式扁线电机、高性能电机控制器和高速低损耗的减速箱。

在整车控制方面，比亚迪将传统分散的电子电气架构整合为功能融合的智能域控制架构。

比亚迪还具备自主研发制造车用芯片的能力，能够将算力分散的单一CPU 融合为高算力的 CPU。

电池是电动车最重要的部分，比亚迪的 CTB 电池车身一体化技术将电池与车身结构融为一体，提高了车身扭转刚度，提升了整车安全性能。

此外，比亚迪还为高度集成的硬件打造全新的软件，自主研发了面向服务的车控操作系统和域控架构。这种方式实现了应用软件和整车硬件的完全解耦，[①] 从而缩短软件开发周期，实现软件快速迭代。

垂直整合能够实现更高集成度的创新，深度的集成创新一方面有利于产品制造环节，高度集成的系统减少了零部件数量，从而降低了系统成本，提高了生产效率；另一方面也进一步提升了整车的产品性能，比如实现了能量传递损耗的降低和系统交互效率的提升，在提升用户体验的同时降低购买成本。

---

① 解耦：Decoupling，是指将两个或多个紧密耦合的组件、系统或功能解开，使它们能够独立地进行操作、修改或扩展，而不会对彼此产生过多的影响。在软件开发、系统设计和工程领域中，解耦是一种常见的设计原则和技术手段。解耦的目的是降低组件之间的依赖性，增加系统的灵活性、可维护性和可扩展性。

随着比亚迪的插混电动车的 DM 技术和纯电动汽车 e 平台日渐成熟，比亚迪的新能源汽车已经在各个性能维度全面超越燃油车，凭借其出众的性能和节能设计赢得了众多消费者的认可。2022 年 3 月，比亚迪宣布正式停产燃油汽车，全力推动汽车的新能源转型。

凭借垂直整合模式和行业先行者的规模优势，比亚迪拥有了领先的成本优势，不断降低新能源汽车的价格，目的是以摧枯拉朽之势争夺燃油车的市场份额，加速汽车行业向新能源时代迈进。

另一方面，比亚迪也开始往高端化方向发展，在丰富产品线的同时还不断突破新能源的极限和塑造高端的品牌形象。深入零部件级别的深层次突破创新不仅能带来革命性的技术和产品，还能帮助车企进军高端市场，打造高端品牌。

2023 年，比亚迪正式推出百万级豪华品牌仰望，其主打车型仰望 U8 SUV 售价高达 109.8 万元。2024 年，仰望品牌又推出重磅纯电性能超跑仰望 U9，上市价格为 168 万元，进一步实现品牌向上突破。

比亚迪的基本盘一直在中低端汽车市场，从低端市场走向高端市场并非易事，因为消费者对品牌有着固有的认知。比亚迪打破消费者固有认知的方法是推出一系列足以颠覆行业的技术。仰望品牌发布的同时，比亚迪推出了全新技术平台易四方和车身控制系统云辇。仰望 U8 便是凭借这两种技术成为新能源时代的高端品牌。

易四方技术平台是比亚迪自主研发的四电机独立驱动技术平台，该平台集成了车辆电子控制、人工智能、云计算、大数据等多种先进技术，围绕新能源汽车的特性从感知、控制、执行三个维度进行了重构。

简单说，就是易四方技术平台让汽车的四个车轮都各自拥有动力，而且每个车轮都可以实现个性化控制，

创新如何走向市场——特斯拉案例

还可以根据每个车轮的不同情况进行短时间内的精确控制（易四方的四电机独立矢量控制技术）。传统燃油车则是由引擎提供动力，采用单一动力来源，再通过变速器和传动轴单向为车轮输送动力。

这种汽车动力架构的革命性技术为汽车带来了更高的灵活性，使其能够实现很多传统燃油车难以实现的功能。例如，原地掉头功能是仰望 U8 最具话题性的黑科技，许多人都想一睹仰望 U8 完成原地掉头的风采。更令人惊讶的是，由于四轮独立驱动，在高速行驶的情况下若一个车轮突然爆胎了，仰望 U8 能够通过调节其他三个车轮的状态实现正常行驶。仰望 U8 甚至还能实现水面行驶。这些炫酷的黑科技能够从容应对高速爆胎、浮水和冰雪路面等极端情况，保障车内人员的安全。

易四方技术来自比亚迪最初的梦想。这项技术的创意源头最早可以追溯到 2004 年比亚迪发布的 ET 概念车，这款车当时搭载 4 个轮边电机，能够实现四轮扭矩的独立控制。然而，由于产业配套不成熟，以及缺乏技术所需的高性能电池、大功率集成电机、高效电控、精准控制能力的软件等，易四方技术经过 20 年的探索和发展才迎来落地。

在电机和电池等动力条件成熟之后，四轮独立驱动的难点在于控制。四台电机独立控制四个车轮，车轮之间的差异和行驶轨迹的变化使得车身姿态控制和车辆保持稳定变得非常困难，这考验的是车辆的感知能力以及四台电机在极短时间内的响应速度。简单讲就是要知道每个车轮行驶中瞬间的状态（感知），然后车辆要根据状态快速调节（控制）每个车轮进行动力输出，通过每个车轮协同配合，最终让整个车辆行驶更加舒适，或者在极端路况下保障安全。

在感知层面，易四方平台融合了智能驾驶技术，配备了多种类型的传感器。除了采集惯导、轮速、转向、胎压等传统车辆数据外，还收集了智驾传感数据，比如摄像头、激光雷达、毫米波雷达、高精定位等。

电控方面，易四方平台配有全新的硅碳化物半导体器件（SiC），具备高运算能力和控制速度，能够实现精准控制。

易四方通过中央计算平台和域控制器的高度协同，融合不同域控制器的感知信号，由中央计算平台进行决策，再由分布式控制器指挥电机执行，实现以毫秒级的速度独立调整车辆四轮的轮端动态，从而控制车身姿态，提高操控稳定性，大幅度降低车辆失控的风险。

易四方就是对汽车动力架构的全面革新，通过为汽车动力系统赋予强大的感知能力，来颠覆之前传统燃油车的动力系统，使驱动力拥有更多的应用场景。王传福认为"超级技术造就高端品牌"，"高端汽车品牌的诞生，一定是伴随着顶级核心技术的成熟"。[①] 易四方就是比亚迪用来突破高端汽车品牌的超级技术。

在仰望品牌发布后不久，比亚迪又马不停蹄地亮出了新技术。云辇是比亚迪全栈自研的全球首款新能源专属的智能车身控制系统，该系统融合感知、决策、控制、交互等软硬件技术，实现了汽车垂直控制，从舒适、操控、安全、越野等多个维度提升消费者的驾乘体验。

汽车行业针对车身垂直方向的控制研究，主要是从单一技术或硬件入手，比亚迪率先提出车辆垂直方向的系统化解决方案。云辇能够有效抑制车身姿态变化，不仅能在雪地、泥地、水域等复杂路况下降低车辆翻车风险，保护车身，还能减少车内人员的坐姿位移，提升舒适度和安全性。

云辇的发布意味着比亚迪成为首家自主掌握智能车身控制系统的中国车企。作为中国新能源汽车的先行者和领导者，云辇的推出不仅对比亚迪有重要意义，对于中国的汽车产业也意义非凡。"云辇的诞生，改写了车

---

① 中国经济周刊. 仰望携"易四方"技术正式亮相，比亚迪以颠覆性技术打造高端品牌 [EB/OL].（2023-01-13）[2024-10-31]. https://new.qq.com/rain/a/20230113A0693900.

身控制技术依靠国外的历史，填补了国内的技术空白，实现了从 0 到 1 的突破。另一方面，云辇超越国外技术水平，一登场就站上了行业领先位置，完成了从 1 到 2 的提升。"①

云辇根据采用技术的不同分为云辇 -C、云辇 -A、云辇 -P 等产品（见表 5-8），分别运用到比亚迪不同的车型上。

表 5-8　比亚迪云辇技术

云辇系列	功能特性	技术	搭载车型
云辇 -C	智能阻尼车身控制系统，实现车辆舒适性和运动性的完美兼容	阻尼控制技术 感知技术	比亚迪汉、唐及腾势 D9
云辇 -A	智能空气车身控制系统，让整车具备极致的舒适性、支撑性与通过性，树立奢适新标杆	阻尼控制技术 高度控制技术 感知技术	腾势 N7
云辇 -P	智能液压车身控制系统，能够实现超高举升、四轮联动、露营调平等超强越野功能，塑造全球豪华越野新巅峰	阻尼控制技术 高度控制技术 刚度控制技术 感知技术 四轮联动技术	仰望 U8

数据来源：根据公开资料整理。

作为比亚迪高端品牌的首款车型，搭载易四方和云辇的仰望 U8 上市仅 132 天交付量就达到 5000 辆，开创了中国百万级 SUV 车型销量的最快达成纪录。仰望 U8 在 2023 年 12 月首个完整交付月交付量达 1593 辆，成功跻身高端品牌第一梯队，打破了此前一直由海外品牌占据的局面。

---

① 比亚迪发布云辇系统，用新技术重新定义车身控制 [EB/OL].（2023-04-11）[2024-10-31].
https://www.bydglobal.com/cn/news/2023-04-11/1617161984384.

长期以来，比亚迪面向的是中低端市场，想要打造百万级豪车并非易事。一方面是因为消费者容易因为企业过往的市场定位形成刻板印象；另一方面则是汽车市场经过长期发展，世界级品牌在消费者心中已经留下深刻的认知，不同品牌在懂车人士那里都有对应的心理预期价格。为了打破消费者心中根深蒂固的认知，比亚迪依靠的是易四方和云辇等一系列革命性的技术。

"电动化是上半场，智能化是下半场"，在持续激烈竞争的新能源汽车市场已经成为共识。这句话精准地指出了新能源汽车竞争的维度。事实上，这句话最早是由王传福提出来的。

2018 年，比亚迪举办了第一届开发者大会，率先在行业内提出电动车智能化战略。当时比亚迪向开发者开放了比亚迪汽车的 341 个传感器和 66 项控制权，为比亚迪定制更多的车机应用。在汽车智能化的软件应用方面，比亚迪借鉴了智能手机的发展经验，从垂直整合的封闭创新模式走向开放创新，打造智能生态。

在智能驾驶方面，比亚迪在 2023 年 7 月获得高快速路段有条件自动驾驶（L3 级）测试牌照，成为全国首家获得 L3 级测试牌照的车企。截至 2024 年，比亚迪的 L2 级智能驾驶搭载量位居中国第一，其"天神之眼"高阶智能驾驶辅助系统也已实现量产交付。

对于智能化，智能座舱、智能驾驶是业界讨论较多的问题，但从易四方和云辇可以看出，比亚迪有着不同的理解和更大的布局。2024 年，比亚迪在梦想日发布会上提出了"整车智能"的概念，并发布了璇玑架构、智能停车、智能领航等多项智能化技术。

璇玑智能化架构是整车智能的底层逻辑，目标是实现电动化和智能化的高度融合。璇玑架构由一脑、两端、三网、四链组成。一脑指的是中央大脑，负责算力的动态部署。两端则是车端 AI 和云端 AI。三网涵盖车联网、5G 网、卫星网。四链即传感链、控制链、数据链、机械链，通过协同实现灵活感知、精准控制、协同执行，带来颠覆性的驾驶体验。

"整车智能，才是真智能。"王传福认为，"电动化是新能源汽车技术的基础，智能化不是敲敲代码就行了，如果没有电动化的坚实基础，智能化就是危房，说倒就倒。……东拼西凑，凑不出整车智能。"[①]比亚迪的整车智能以璇玑智能化架构为底层逻辑，整合易四方技术平台、e 平台 3.0、云辇等一系列技术，重新定义汽车智能化。可以说，整车智能是比亚迪在智能化方面的集成创新。

汽车智能化还处于发展中，比亚迪在 2024 年宣布将在智能化领域投入 1000 亿元。在智能驾驶领域，比亚迪再次实施创新的"人海战术"。比亚迪的智能驾驶团队拥有 4000 多名工程师，包括 1000 多名算法与硬件工程师和 3000 多名软件工程师，而 2022 年这支队伍只有 1000 人。

四、产业链自主可控

2020 年，比亚迪动用 3 万名工程师和 8 万名员工，3 天出图纸，7 天制造设备，13 天出口罩，24 天便成为全球最大的口罩制造商，最高产量达到一天 1 亿只。当时全国一天的产量才 2000 万只，比亚迪一家就将产能扩张到全国的 5 倍。

在这种突发情况下，比亚迪的垂直整合优势发挥了巨大的作用。熔喷布是制造口罩的核心材料，比亚迪自己设计熔喷布的构造，启动了深圳和

---

① 王跃跃. 比亚迪发布璇玑架构 王传福：整车智能才是真智能 [EB/OL].（2024-01-17）[2024-10-31]. http://m.ce.cn/ttt/202401/17/t20240117_38870696.shtml.

西安的 50 万平方米的净化厂房，打造了 200 条熔喷布生产线和 1800 条口罩生产线。在全力保障国内防疫物资供应的同时，比亚迪还为全球超过 70 个国家和地区制造防疫物资，积极助力全球抗疫，获得了来自海内外的广泛赞誉。

垂直整合模式让比亚迪全面地掌握制造的各个环节，在面对突发情况的时候具有惊人的应变能力。在汽车领域也是如此，垂直整合模式能让比亚迪更全面地掌握汽车技术。经过十几年的学习，比亚迪基本掌握了造车的原理。在掌握技术原理的基础上，比亚迪能够进行设计优化，从而更容易实现对规模化制造的全面掌控。

表 5-9　比亚迪汽车的关键零部件供应

关键零部件	供应模式	供应商	关系
电池	自研自产	弗迪电池	比亚迪供应链子公司
电机	自研自产	弗迪动力	比亚迪供应链子公司
车身	自研自产	弗迪模具	比亚迪供应链子公司
底盘	自研自产	弗迪科技	比亚迪供应链子公司
汽车电子	自研自产	弗迪科技	比亚迪供应链子公司
功率半导体	自研自产	比亚迪半导体	比亚迪供应链子公司
自动驾驶算法	外采 / 合资	Momenta、大疆车载等	外部供应商
自动驾驶芯片	外采	英伟达等	外部供应商

来源：根据比亚迪财报和公开资料整理。

在刚进入汽车产业的时候，比亚迪就成立了汽车研究院和电动汽车研发中心。在进行传统汽车研发的同时，比亚迪还对电动车三大核心技术进行前瞻性的布局，同步研发电池、电机、电控以及 IGBT（绝缘栅双极型晶体管芯片）等核心技术。比亚迪希望实现核心技术自主可控，而不是在电动汽车发展起来后还受制于人。

在动力电池方面，比亚迪的供应链子公司弗迪电池每年的出货量仅次于宁德时代，是世界第二的动力电池厂商。从原材料到生产设备，比亚迪都实现了自主可控，确保不会被供应商"卡脖子"。在电机方面，比亚迪在 2024 年成功打造了全球量产最高的转速电机，电机转速达到 23000rpm。在电控方面，比亚迪经过十多年的发展，掌握了从汽车功率芯片设计到封装制造的相关技术，在 2024 年率先推出了碳化硅功率模块。碳化硅具有高开关速度、高耐压、高过流、高可靠等特性，能够实现体积更小、重量更轻、耐高温性能更好，进而提升电机和电控的效率。

垂直整合模式让比亚迪在 2019—2023 年期间扩大了先发优势，不断刷新汽车的销售纪录，最终在 2023 年超越特斯拉，登顶全球新能源汽车销量冠军，实现弯道超车。2020 年，特斯拉上海工厂的顺利交付拉开了新能源汽车爆发发展的序幕。在接下来的三年里，中国新能源汽车市场迎来爆发式增长，新能源汽车成为推动中国汽车行业增长以及出口的主要力量。

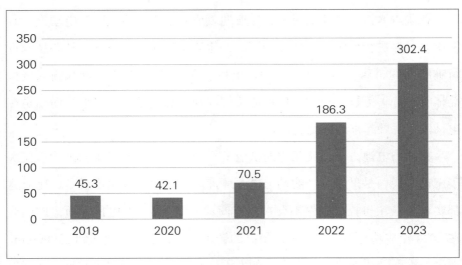

图 5-5　比亚迪 2019—2023 年全年整车销量（万辆）[①]

　　与此同时，很多车企都面临着零部件短缺的局面。2022 年 3 月，蔚来汽车创始人李斌就直言"一辆车差一个零部件都没法生产"，由于多省市供应链合作伙伴的停产，蔚来汽车也不得不停止整车生产，许多订单只能推迟交付。

　　比亚迪的垂直整合模式让他们随时都能提前做好准备。比亚迪将主要零部件的制造掌握在自己手里，比如电池、功率半导体、车灯、内饰件等。在其他同行陷入停车困境时，比亚迪逆势而上，2022 年全年制造了 187 万辆车，增长率达到夸张的 156%，其整车的市场占有率从 2021 年的 3.48% 迅速增长到 8.04%。

　　自 2022 年开始，比亚迪进一步加快了产能布局，直至 2023 年实现 300 万辆的目标。比亚迪的整车制造主要由旗下比亚迪汽车有限公司和比

---

① 数据来源：比亚迪 2019—2023 年年报。

亚迪汽车工业有限公司两家子公司负责。

比亚迪汽车有限公司由 2003 年收购的陕西秦川汽车有限责任公司组建而来，拥有陕西西安和江苏常州两个生产基地，整车年产能达到 130 万辆，占比亚迪 2023 年产能的 40%。[①]

比亚迪汽车工业有限公司拥有六大基地，分别位于广东深圳、安徽合肥、河南郑州、湖南长沙、江西抚州、山东济南，此外，还有一座湖北襄阳生产基地正在建设中。

2023 年，比亚迪的年销量更是史无前例地超过 300 万辆，在国内整车市场占有率达到 11.79%，新能源汽车市场占有率则高达 32.04%。这一成绩让比亚迪夺得 4 个第一：中国汽车市场车企销量第一，中国汽车市场品牌销量第一，全球新能源汽车市场销量第一，中国第一大汽车企业。比亚迪一举超过了特斯拉，登顶全球新能源汽车冠军宝座。

表 5–10　比亚迪乘用车制造基地分布

子公司	基地	2023 年产能情况
比亚迪汽车有限公司	西安	一、二、三期产能为 90 万辆 / 年，同时在建四期、五期项目
	常州	整车产能约 40 万辆 / 年，2023 年常州生产基地下线整车 30 万辆，其中 11.7 万辆新能源汽车远销海外
比亚迪汽车工业有限公司	深圳	深圳坪山是比亚迪的总部，坪山基地建有完整的四大工艺和零部件工厂及汽车研发中心，乘用车年产能 15 万辆，同时拥有一条 500 辆 / 年纯电动客车生产线

① 数字锂电 . 谁是新能源汽车第一城？2023 年比亚迪产能分布解析 [EB/OL].（2024-03-15）[2024-10-31]. https://mp.weixin.qq.com/s?__biz=Mzg3MjczNzQzMA==&mid=2247491682&idx=2&sn=d31007f66c9d33e723a29c0c75a72e77&chksm=cf0158223e4bf7af6f0847a6ca3dc2d286d33c04c05b0815d73cee3e9eb9874b0910fc6ff1a2#rd.

续表

子公司	基地	2023 年产能情况
比亚迪汽车工业有限公司	合肥	2022 年 6 月 30 日，比亚迪合肥基地一期 15 万辆 / 年整车项目下线投产。2023 年，合肥比亚迪生产整车近 50 万辆。按规划，比亚迪合肥基地共三期项目，汽车总产能可达 132 万辆 / 年，三期项目部分生产线已于 2023 年年底建成投产
	郑州	2023 年比亚迪产能最大、用工最多的整车生产基地在郑州航空港正式投产，郑州比亚迪板块当年生产整车超 20 万辆，郑州基地整车年产能为 90 万辆
	长沙	拥有雨花和星沙（收购原猎豹汽车）两个工厂，2023 年上半年长沙比亚迪产量超过 37 万辆，同比增长 184.3%。2023 年，长沙市新能源汽车产量达到 72.69 万辆，主要来自比亚迪长沙工厂
	抚州	规划总产能为 20 万辆，工厂原为江西大乘汽车有限公司，经比亚迪改造后，2022 年投产
	济南	2022 年 11 月一期首台整车下线，每年可生产 30 万辆整车以及电机、电控和动力总成等核心零部件产品，主要生产车型为海豚、宋 L、腾势 N7。2023 年，济南比亚迪新能源汽车生产突破 24 万辆

数据来源：根据公开资料整理。①

在新能源领域，比亚迪和特斯拉在年销量上遥遥领先，跟其他竞争对手拉开明显的差距。然而，特斯拉在国内提供的车型只有 4 款，而比亚迪的产品则已经覆盖了不同的价位段。截至 2024 年上半年，比亚迪旗下已经形成五大品牌（见表 5-11），覆盖不同价位的车型，满足不同消费群体多样化的需求。这五大品牌分别是王朝、海洋、腾势、方程豹和仰望。

作为比亚迪最早规模化的品牌，比亚迪王朝系列风格偏传统稳重，目

---

① 数字锂电．谁是新能源汽车第一城？2023 年比亚迪产能分布解析 [EB/OL]．（2024-03-15）[2024-10-31]．https://mp.weixin.qq.com/s?__biz=Mzg3MjczNzQzMA==&mid=2247491682&idx=2&sn=d31007f66c9d33e723a29c0c75a72e77&chksm=cf0158223e4bf7af6f0847a6ca3dc2d286d33c04c05b0815d73cee3e9eb9874b0910fc6ff1a2#rd.

标市场是家用、商务等人群。王朝系列开创性地用中国历史朝代命名，为
新能源领域注入中国风，包括汉、唐、宋、秦、元等车型。比亚迪汉定位
为中大型轿车，比亚迪唐是属于中型 SUV，比亚迪宋则为紧凑型 SUV，
比亚迪秦为紧凑型轿车，比亚迪元则是小型 SUV。

表 5-11　比亚迪五大品牌车型及价位区间

价位区间	王朝	海洋	腾势	方程豹	仰望
100 万元以上					仰望 U8
					仰望 U9
30 万—50 万元	汉 DM-i/p		腾势 N7	方程豹 5	
	汉 EV		腾势 D9 EV	方程豹 8	
	唐 EV		腾势 D9 DM-i		
	唐 Dm-i/p				
20 万—30 万元	汉 EV	e9		方程豹 5	
	唐 EV	护卫舰 07			
	唐 Dm-i/p	海豹			
	宋 L				
	宋 Plus DM-i				
20 万元以下	秦 Pro DM	e3			
	秦 Pro EV	e2			
	秦 Plus DM-i	驱逐舰 05			
	秦 Plus EV	海豚			
	秦 EV	海鸥			
	宋 Plus EV				
	宋 Max				
	宋 Pro DM-i				
	元 Plus				
	元 Pro				

数据来源：根据公开资料整理。

针对年轻群体，比亚迪推出了海洋系列。海洋系列的设计理念来自海洋美学，注重性能与效率，风格更偏年轻运动，目标市场是追求时尚运动和操控性能的年轻群体。海洋系列包括比亚迪海豹、海豚、驱逐舰 05 等车型。

腾势品牌作为比亚迪与奔驰合作的品牌，定位中高端豪华汽车市场，面向追求高品质、智能化和豪华体验的消费者群体。腾势品牌在 2023 年陆续发布智能豪华 SUV 腾势 N7 和新能源 MPV 腾势 D9，不断丰富产品矩阵，满足客户不同需求。2024 年，腾势品牌推出智能豪华旗舰 D 级轿车腾势 Z9GT。这款车由比亚迪设计总监沃尔夫冈·艾格全新设计，搭载了比亚迪易三方技术平台和"天神之眼"高阶智能驾驶辅助系统。

随着新能源汽车的性能不断提升，新能源汽车的使用场景也将不断丰富，产品品类的创新也会不断出现。2023 年 8 月，比亚迪正式发布新能源专业个性化品牌方程豹。方程豹是定位更极致、独特、自由的新物种产品，具有专属核心技术 DMO 超级混动越野平台，产品矩阵覆盖 SUV、跑车、轿车等不同车型。方程豹品牌的首款车型是中大型 SUV 方程豹 5，这款车的零百公里加速为 4.8 秒，综合续航里程 1200 公里。

在国内市场高歌猛进的同时，比亚迪也在同步布局海外新能源汽车市场。事实上，比亚迪从创立之初就是面向全球的公司，在二次充电电池时期的客户主要是欧美发达国家的手机品牌，进入汽车领域后，比亚迪的电动大巴车率先出海，销往全球各地。2021 年，比亚迪在巩固国内新能源乘用车市场领先地位的同时，也加快了新能源汽车国际化发展的脚步。

2021 年，比亚迪新能源乘用车正式布局欧洲市场，首站选择了对新能源推动力度最大的北欧国家挪威，迈出了出海的重要一步。2022 年，比亚迪加速开拓欧洲、亚太、美洲等多个地区的市场，在澳大利亚、日本、法国、巴西分别举办发布会，推出多款比亚迪新能源车型。到 2023 年，比亚迪已经顺利进入 50 多个国家和地区，并且夺得多国新能源汽车销量冠军，技术和车型在国际上多次获奖。

2023 年，比亚迪的多款新能源乘用车登上全球舞台，在全球多个有影响力的车展完成首秀。同年 9 月，比亚迪携 6 款新能源汽车亮相德国慕尼黑车展，并宣布"海豹"正式登陆欧洲市场。同年 10 月，比亚迪携 5 款新能源车型及核心技术亮相第 47 届东京车展，仰望 U8 首次亮相海外。比亚迪也成为历史上首家参加该车展的中国车企。11 月，比亚迪亮相第 40 届泰国国际汽车博览会，并带去 5 款重磅车型，腾势 N7 迎来海外首秀。随着比亚迪在海外市场的热销和国际舞台的展现，比亚迪开始引起不少海外主流媒体的关注和讨论。

比亚迪进军海外市场首先采用的是与当地经销商合作的方式。在逆全球化抬头的形势下，多点供应在许多制造型企业中已经成为共识。在汽车产业的发展史上，本地化供应是应对贸易战的有效策略之一，也有利于企业本地化发展，融入当地市场。许多车企都采用了这种方式，此前深陷美日贸易纠纷的日本车企已有先例。因此，在完成渠道布局的同时，比亚迪也陆续在海外布局新能源乘用车的产能。

表 5-12　比亚迪海外产能布局

国家	落地进展
泰国	2022 年 9 月，比亚迪与 WHA 伟华集团大众有限公司签约，正式签署土地认购、建厂相关协议，标志比亚迪全资投建的首个海外乘用车工厂正式在泰国落地，生产的汽车将投放到泰国本土、周边东盟国家及其他地区 2024 年 7 月 4 日，比亚迪在泰国罗勇府举行泰国工厂竣工暨第 800 万辆新能源汽车下线仪式。比亚迪泰国工厂从开工到投产历时仅 16 个月，年产能约 15 万辆，包含整车四大工艺和零部件工厂

续表

国家	落地进展
匈牙利	2023 年比亚迪宣布在匈牙利塞格德市建设新能源乘用车生产基地 2024 年 1 月正式签署土地预购协议
巴西	2023 年 7 月，比亚迪与巴西巴伊亚州政府共同宣布，双方将在卡马萨里市设立由 3 座工厂组成的大型生产基地综合体，计划年产能达 15 万辆
乌兹别克斯坦	2023 年 10 月，比亚迪与乌兹别克斯坦签署投资协议投资建厂 2024 年 6 月 27 日，比亚迪乌兹别克斯坦工厂首批量产新能源汽车——宋 PlusDM-i 冠军版正式下线

数据来源：根据公开资料，国信证券 2024 年研报[①]整理。

    截至 2024 年上半年，比亚迪已经在泰国、匈牙利、巴西、乌兹别克斯坦设立工厂。2024 年 7 月 4 日，比亚迪在泰国罗勇府举行了泰国工厂竣工暨第 800 万辆新能源汽车下线仪式。在国内市场日益内卷的情况下，比亚迪在登顶新能源汽车销量世界第一之后继续加快全球化发展的脚步，在更多的国家和地区推广新能源汽车，推动全球绿色出行。

---

① 唐旭霞. 比亚迪规模化、全球化、高端化，电车龙头进入新上行周期 [R/OL]. (2024-08-10) [2024-10-31]. https://pdf.dfcfw.com/pdf/H3_AP202407111637779753_1.pdf?1720685186000. pdf.

本章小结

比亚迪创立于20世纪90年代，完整地展示了一家企业如何横跨全球最大的两大产业，从OEM到ODM，再到产品品牌打造的全过程。比亚迪还是汽车新能源转型的主导者，推动了汽车百年产业的大变革。产业变革为中国企业提供了成为大产业领导者的历史机遇，比亚迪追求技术自主，不断推动新质生产力转型。

在生产手机电池阶段，技术出身的王传福就希望打破日本在手机电池领域的技术垄断。通过"半自动＋人工"的灵活制造模式创新，比亚迪赢得了坐上牌桌的机会。比亚迪在手机电池产业就形成了垂直整合的雏形，包括电池材料技术、制造设备自制、制造流程的设计和管理。比亚迪在电池领域也经历了锂电池替代镍镉电池的技术变革，形成了对产业变革的认知。

从手机电池走向手机零部件，王传福追求的是尽可能多地掌握手机的核心技术，具备手机的ODM能力，而不是仅仅作为代工工厂，完成简单的组装。正是这种对技术不懈追求的野心，才让他们不断开疆拓土，在两大万亿级产业立足。

汽车工业被誉为现代工业的"明珠"，代表了一个国家的制造实力。王传福希望中国人也能在汽车产业有所建树。面对具有百年历史的汽车产业，跟随前人的步伐去追赶是不明智的，王传福从手机电池的发展中，看到了动力电池的未来，也看到了未来新能源汽车的可能性。

基于对技术的认知，王传福坚持走上造车的道路。在汽车产业，比亚迪延续了在手机电池、手机零部件业务的垂直整合模式。垂直整合模式省去了外部供应商的利润环节，降低了成本。

更重要的是，垂直整合模式对于产业变革中的创新具有重要意义。一方面，垂直整合能够更加敏捷地实现集成化创新，内部协作大大降低了创新的沟通成本和时间，多种技术互相激发，迅速形成创意并转化为产品。另一方面，垂直整合的集成创新能够深入零部件级别，突破原有供应商的限制，更好地融合软硬件技术，创造更好的体验。

垂直整合模式下，比亚迪也实现了全产业链的自主可控，不仅能够实现快速产能扩张，还具有很强的供应链韧性，即使遇到突发情况，也能展现快速的应对能力，顺利完成交付。

然而，垂直整合模式的实施需要强大的管理能力作为支撑。汽车是庞大的产业链，想要确保多个环节之间团结协作，默契配合，时刻保持战斗力，就要有明确而坚定的战略方向，形成战略共识，同时还要有长时间的磨合。比亚迪从手机电池的"半自动＋人工"模式开始有大军团作战的雏形，此后手机领域的多元化发展又形成了业务孵化的"袋鼠模式"。对创新技术人才的重视和培养则让比亚迪拥有一支长期稳定、不断扩大的创新技术队伍。即使是在产业变革的技术创新领域，比亚迪也可以施展"人海战术"，将中国的人口大国优势用在技术创新上，带动无数产业工人和技术人才一起投身于中国的新质生产力转型浪潮中。

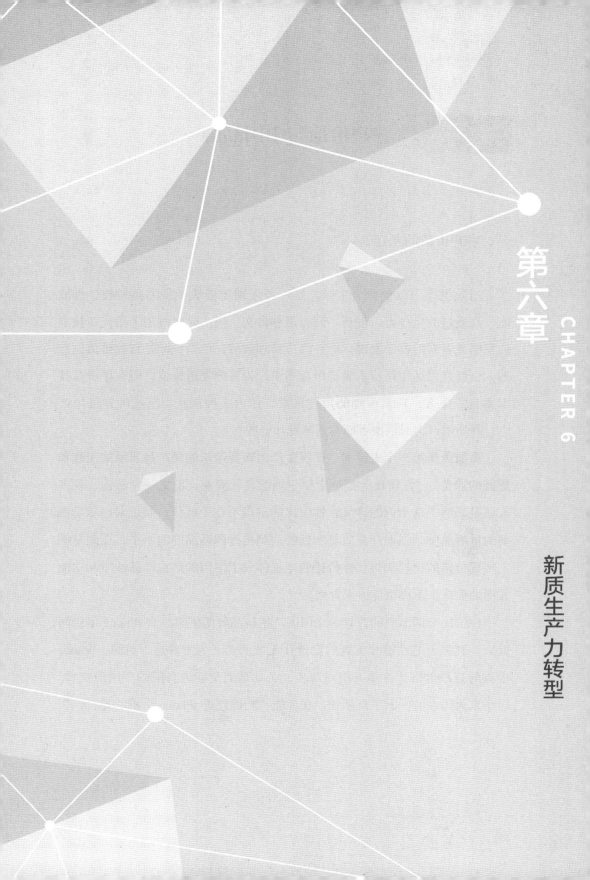

第六章 CHAPTER 6

新质生产力转型

第一节　客户价值与中国品牌

一、客户价值的跃迁

新质生产力以创新为主导，是一种区别于传统经济的高科技、高效能、高质量的生产力。创新一词有多种含义，很多时候被用于指代新技术的发明或者新的科学发现，而在经济管理领域，创新一词是指向价值创造的，创新是要运用新技术满足市场需求，为客户创造价值，而非停留在技术本身。那么，从需求侧的角度来看，作为一种创新、质优的先进生产力，新质生产力对消费者而言意味着什么呢？

高质量是第一个关键词。新质生产力转型带来的是产品质量的提升和更好的服务。"性价比"是近十年中国的高频商业词汇之一。然而，很多人还是误解了这个词的含义，性价比的重点不在于低价，而是对标质量更高的世界品牌，强调产品质量和性能达到接近国际品牌的水平，在此基础上实现价格的比较优势。性价比的走红体现了中国制造在产品性能和功能方面的提升，不再单纯追求价格。

性价比一词出现的背景是中国国产手机品牌的崛起。当 iPhone 手机问世后，其强大的性能和美观的设计让无数消费者为之着迷。然而，iPhone 手机的高昂价格让许多人望而却步，尤其是消费能力有限的中国消费者。以小米为代表的中国手机品牌，在性能、功能接近 iPhone 手机的同时，售价却只有其一半，甚至更低。^①小米也因此成为国民品牌。

消费者为之着迷的是质量和性能，价格只是他们享受到这款产品的门槛。当门槛降低了，他们自然争相购买，产品也就成为"爆品"。人们不会用性价比来形容山寨机，更多地只会用"低价""便宜"，在性能的评价上往往只是"能用就行""够用就可以了"。

从过分追求价格，到注重产品质量，这种转变既来自中国企业走向全球化发展，参与国际竞争的外在压力，也来自中国企业家境界的提升，从简单的做生意赚钱走向经营客户、经营品牌，走向高质量发展。

随着中国成为世界工厂，越来越多的企业将产品销往发达国家和地区，走出去的中国企业不仅能够满足发达市场对质量的高标准要求，还渴望在高质量的竞争中打败海外国际品牌，改变世界对中国制造的看法。

在发达市场，安克用新材料打造一根普通的充电线，使其具备能够弯折上万次的耐用性，成为网红产品；一个功能简单的充电器不仅在设计上充满质感，还在功能上远超原厂产品，得到了苹果的认可；产品还提供18个月的售后质保，提供快速的物流服务，提供优质的售后服务。安克成功地改变了人们对充电类产品的印象，也重塑了海外消费者对中国制造的认知。

另一方面，中国开始涌现出一批追求建立自主品牌的优秀企业家，他们追求长期主义，在目标市场深耕，推行本土化的创新和服务，希望赢得消费者的信赖，从产品走向世界品牌，走向基业长青。

在新兴市场，传音的三大品牌被许多非洲国家视为本国的国民品牌，

---

① 雷军创立小米的初衷是打造一家伟大的公司，推动中国制造的转型升级。在《小米创业思考》中，雷军写道："12年前的中国已经成了世界工厂，但当时国货的品质还不够好，偶尔有做得好的，价格却贵得离谱。那个时候的我们也的确无知无畏，尽管没有任何硬件经验，依然觉得自己能做点事情推动中国制造业的转型升级。"

甚至被误认为是德国品牌。全球消费者在购买力、产品功能上的偏好千差万别，但在质量追求上却是一致的，他们希望付出的金钱能够购买到质量尽可能好的产品。一开始，非洲消费者倾向于发达国家的品牌，如今，以传音为代表的中国品牌也成了他们的选择，在受欢迎程度上不亚于那些世界级品牌。

性价比有两种思路。一种是在低端市场打造好产品，获得顾客忠诚度。 传音将手机在中国市场的先发优势带到后发的非洲市场，为消费能力有限的非洲市场用户提供平价且好用的手机产品，以及优质的服务，追求的是长期的客户经营和消费者认可的品牌。**另一种则是把高质量产品的价格下探，在中高端市场赢得更多用户。** 安克用"性价比"策略作为打开发达市场的法宝。他们不断追求打造高质量的产品，利用中国本土供应链的优势和DTC模式实现"高端品质，中档价格"。

新质生产力转型带来的第二大客户价值是能够满足消费者日益多元化的需求，提供解决消费者痛点的差异化产品。 这是技术和制造能力的进步，更是商业能力的进步。中国企业具备了消费者洞察能力，从制造环节走向了产品定义和产品创新。

安克非常善于洞察消费者的需求和痛点，并形成了系统的消费者洞察方法论——VOC方法。进入一个品类时，安克通过用户洞察、市场洞察、场景洞察、产品分析找到消费者未被满足的需求点，以及用户不满意的地方。

充电类产品除了考虑到便携性和多设备兼容性外，还专门为苹果用户准备了搭配苹果全家桶的产品。声阔耳机品牌除了提供常见的TWS降噪耳机、头戴式降噪耳机，还提供了睡眠耳机和运动耳机。智能清洁产品除了有清洁机器人，还考虑到养宠物家庭的需求。安克还洞察到居家办公的场景，推出了专门针对居家办公场景的AnkerWork品牌。这种基于VOC

方法的差异化创新，已成为安克打造创新产品、实现品类扩张、企业持续增长的成功之道。

安克不仅注重产品质量和功能，还重视产品为用户带来的情感价值和认同感。产品设计也能为用户带来独特的体验，使安克产品在同类产品中脱颖而出，为消费者带来独特价值和使用体验。

传音一开始聚焦非洲市场，为当地消费者打造了本土化的软硬件产品，比如双卡双待手机、长续航手机、适合开派对的音乐手机、预装当地语言的键盘、深肤色拍照技术、防汗和防油污算法等。此外，传音还为当地市场开发了常用的手机软件，构建起新兴市场的移动互联网。这种本土化的产品创新让被忽略的市场得到关注，让庞大的新兴市场用户也能享受到科技进步带来的快乐。

传音旗下的三大品牌覆盖了不同消费能力的群体，每个品牌下还有产品线的细分，提供更多样化的产品选择。TECNO 品牌和 Infinix 品牌各有5 个系列，itel 品牌则有 3 个系列。手机产业是一个产品快速迭代的行业，手机厂商每年都有一个或多个固定的发布会，针对某个或多个系列的产品进行更新。为了抢占市场先机，"机海战术"是手机厂商常用的策略，即通过提供多款差异化的产品尽可能多地覆盖不同的细分市场。在如此快节奏的行业环境中，传音旗下三大品牌的每个系列都会有固定的更新节奏，他们在 2024 年计划推出 24 款手机以巩固印度市场。

汽车产业拥有百年历史，早在福特和通用汽车的经典对决中，通用汽车就开创了多品牌策略，推出不同的汽车子品牌，满足不同阶层的需求。如今的特斯拉和比亚迪有百年前福特和通用的感觉，[①]特斯拉的创新堪比福

---

① 这里只是从产品线和子品牌布局的角度讨论，而不是预示比亚迪将在二者的竞争中笑到最后，新能源汽车的战火还未熄灭。

特，但为消费者提供的车型有限，而比亚迪仿佛当年的通用汽车。在王朝品牌站稳脚跟后持续发力，比亚迪面向年轻群体推出具有高性价比且设计年轻时尚的"海洋"系列，之后向上发力推出"仰望"品牌挑战百万级豪车，同时还有"腾势"和"方程豹"进攻细分赛道，覆盖尽可能多的用车群体。

最后，**新质生产力转型让我们看到了技术创新突破后的惊喜，实现以往难以企及的客户价值。**许多产品功能的实现和性能的提升，最终都来自实打实的技术提升。技术发展的瓶颈通常会成为用户关键体验进一步提升的障碍。新技术也会由于高昂的价格而难以普及，普通人难以享受。

关键技术创新突破能为消费者带来产品性能的飞跃，使用户体验实现指数级的提升。不到 20 万元的新能源汽车就能实现百万级别跑车的零百公里加速时间，为驾驶员带来惊喜体验，这种性能的飞跃需要革命性的技术。大疆的无人机也属于这类产品，常常使用户眼前一亮。

技术创新能带来产品性能的飞跃，让消费者的用户体验提升到新的高度。技术创新可以分为突破式创新和颠覆式创新。

突破式创新产生新的发明创造，诱发新的需求，诞生新的市场。对于消费者而言，突破式创新一开始会比较昂贵，而且并不一定会成为市场主流。例如，大疆的无人机就属于此类，大疆将无人机带到了消费级市场，为人们带来前所未有的航拍体验。

颠覆式创新则是打破原有产品的结构，在提升性能的同时降低成本，为消费者带来全新的价值主张。颠覆式创新能够从低价市场开始突破，颠覆原有市场，逐渐在低价市场占据主流，将旧的技术慢慢替代掉。如今的比亚迪就在以价格优势不断扩大新能源汽车的市场占有率，目标是逐步取代燃油车市场主流的地位。

这种技术替代在历史上屡见不鲜，随着新能源汽车规模的扩大，围绕新能源汽车的售后保养、维修服务和保险也会随之扩张，充电服务也会取代加油服务，挤压传统燃油车的配套服务市场，形成此消彼长的态势。但对于消费者而言，出行的成本会下降一个台阶，同时在新能源汽车真正实现智能化后，其出行体验又将迎来一次新的飞跃。

从需求侧的视角来看，新质生产力转型为消费者带来了更高质量的产品、更多元化和定制化的独特功能，以及技术突破后带来的性能飞跃。这三者是递进的层次：一款产品首先要满足基本的用户需求；在此基础上要做到高质量，提升可靠性和耐用性；再次则是差异化的功能，具有一定的定制化特征，带来独特价值；最后是实现性能的飞跃，在用户最关注的核心需求上实现巨大突破，甚至为同一需求提供完全不同的新发明。从客户视角来看，新质生产力转型意味着产品从满足基本需求走向满足更高层次的需求和用户体验。

另一方面，新质生产力转型的另一个体现是中国企业的品牌溢价持续提升。随着消费者的体验不断提升，他们开始愿意支付更高的价格去选择中国的产品和品牌。

创新的定义不只在于技术、管理方面，还在于价值的实现，即技术能够满足消费者的需求，最终被消费者购买，实现其商业价值。从研发到产品，从产品被购买到消费，创新才实现完整的闭环。技术创新只有实现商业价值，企业的创新工作才算成功，实现商业价值的创新才是可持续的，通过创新获得的利润能够进行创新的再投入，实现产品改进和技术迭代。

价格是在市场交易中被确认的，代表消费者为满足某种需求愿意付出的成本。价格是价值的体现，长期来看，价格是围绕价值上下波动的。当客户感受到的产品体验和服务超过他们支付的成本时，顾客的让渡价值会比较高，客户满意度也会随之提高。当客户满意度很高的时候，他们在未来就愿意支付更高的溢价去购买同一品牌的产品。

因而，新质生产力转型另一个更为直观的维度则是品牌溢价能力。同一类产品，客户愿意为中国品牌支付的价格在持续上升，进而产生品牌溢价。这种情况可能来自成功的性价比策略、具有独特价值的差异化产品，或是技术创新带来的出色体验。

以产品价格为纵轴，以产品满足用户需求的层次为横轴，我们建立了从需求侧出发衡量新质生产力转型的示意图（见图6-1），用以展示客户价值的变迁。从客户的视角来看，新质生产力转型意味着中国企业的产品从最早的低价但满足基本需求的产品，进而走向质量上乘、性能较好的性价比产品，在技术能力和商业管理能力提升之后实现了围绕客户需求的差异化创新，带来独特的功能和产品体验。最后，一批敢为人先的中国创新者实现技术突破，打破常规，重新定义产品，颠覆原有的市场，开创新的产业。走向新质生产力的中国企业不仅掌握了定义产品的能力，还开始尝试创造新品类。

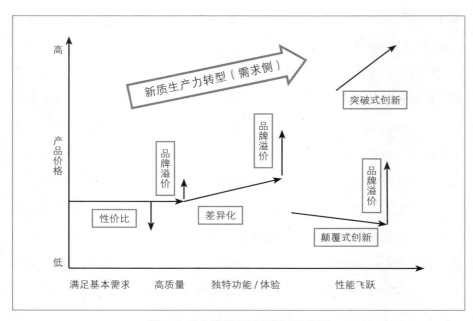

图 6-1　客户视角下的新质生产力转型

二、走向中国品牌

中国公司能不能做品牌？

显然，本书提及的4家公司从不同维度对这个问题进行了肯定的回答，并且展示了4种不同的品牌价值来源和打造方式。

安克认为领导品牌是一个产品品类的代名词。当消费者想起一个品类的时候，首先想到的就是品牌名称，而不需要去品类里寻找和对比。按照这个定义，大疆无疑是无人机领域的领导品牌。

尽管大疆不是多旋翼无人机最早的发明者，但在某种程度上，它开创了消费级无人机行业。作为行业的先驱，处于无人区的大疆没有太多标准的参照系。相比以往的航模，大疆为无人机带来的性能提升是难以想象的。例如大疆的航拍无人机大幅降低了航拍作业的门槛，包括成本和工作的难度。

大疆成功推出精灵系列之后，消费级无人机的产品定义基本完成。这种成就很多时候是由硅谷企业达成的，中国企业更多地是在他们完成产品定义后迅速进行模仿创新，通过快速的规模化降低产品成本，以性价比占据中低端市场，推动产品快速从产业成长期走向成熟期。这种发生在中国的硅谷式创新本身就具有话题性和影响力，加上大疆的产品是突破式创新，本身就能形成震撼，构成技术创新的品牌形象。

消费者的情感是人与产品更深层的互动。苹果产品融合科技和艺术，让人们开始意识到设计美学对于产品的意义。大疆无人机从一开始就非常注重外观设计，营造一种高品质技术创新产品的感觉，从而带来功能价值之外的情绪价值。

凭借着让人赞叹的产品力，大疆高举高打，率先在硅谷和好莱坞科技圈的名人中圈粉，打动海外电视台和影视制作的专业人士，很快就火遍全球。

　　大疆的成功刚好与移动互联网的崛起相遇，他们是最早采用网红带货的品牌之一。无人机既是内容创作的工具，产品本身又非常炫酷，具有很强的吸引力，很快就引起了广泛关注，在全球范围内树立起了高端的形象。

　　大疆在无人机行业持续技术领先和市场领先，这种显著的领先优势让大疆自然而然地成了行业领导品牌，从而获得品牌溢价。大疆精灵系列推出之后，消费级无人机进入快速发展阶段，从导入期进入成长期。在此之后，消费级无人机随着市场竞争和行业发展成熟，其价格开始逐渐下探，同行也将性价比策略用于无人机行业，将无人机产品做到 2000 元价位。长期以来，竞争对手试图从不同的角度进行市场细分，从边缘地带向大疆发起挑战。然而，大疆总是在自我颠覆中顺便让对手的愿望落空。

　　作为行业领导者，大疆从未停止创新，持续快速完成产品迭代，一次次将无人机的性能和体验提高到新的水平，实现小型化、智能化，同时提升影像能力和软件体验。在 ChatGPT 横空出世之后，人们对 AI 的硬件产品翘首以盼，充满期待。事实上，从大疆精灵 4 开始以及之后的 Mavic 系列无人机都是比较早的人工智能硬件产品。通过计算机视觉和机器学习技术的引进，无人机可以实现"障碍感知""智能跟随""指点飞行"等智能化功能。无人机产品开始成为"飞行的机器人"，具有感知、决策、执行等能力。产品创新迭代的跨度之大也在持续拉升大疆的品牌价值。

　　作为长期占据消费级无人机 70%—80% 市场份额的企业，大疆的发展历程几乎就是这个产业发展的缩影。大疆的自我颠覆不断突破人们对无人机的想象力，也不断巩固其领导者地位。

　　大疆在无人机行业的领导地位也让大疆品牌赢得了消费者的信赖，使其品牌影响力能够覆盖到其他新品类。手持云台、运动相机、麦克风，甚至最新的 E-bike，只要是大疆出品，都能引起市场热议和广泛关注。更重要的是，大疆每次都没有让人失望，每款产品都充满了科技感和品质。即使是成熟的品类，也能带来某种独特的新鲜感和高端感受。

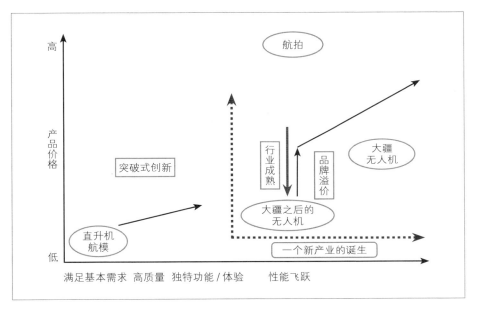

图 6-2　大疆加速无人机产业走向成熟期

比亚迪让我们看到了国产品牌的崛起。早期的比亚迪默默无闻，更多是作为一种具有性价比的选择，很少有人会想到比亚迪今日的成就。比亚迪不仅成了国人在新能源领域的骄傲，还实现了高端品牌的突破，"仰望"让国产汽车品牌打开了百万级豪车的大门。

比亚迪进入汽车产业的时候，汽车产业已有多年发展历史，技术早已非常成熟。20世纪70年代以来，也就只有韩国车企能够成功加入战局，并成长为世界级的车企。汽车产业是工业皇冠上的明珠，中国本土车企也跃跃欲试，希望立足中国，走向世界。

比亚迪的入局，首先是中国本土市场提供了类似传音在非洲市场的机遇。尽管中国市场受到世界级汽车品牌的重视，但当时中国老百姓的消费能力还够不到价格昂贵的国际品牌。随着中国经济的腾飞，人们生活水平日益提高，中国汽车市场迎来了快速发展的战略机遇期。汽车在21世纪初的中国市场其实处于产业成长期，中国市场的蓬勃发展给了比亚迪入局的机会。比亚迪汽车早期性价比很高，加上不错的内饰，让消费者花小钱获得高端的体验，很快就在快速发展的国内市场中占据一席之地。

比亚迪对电池技术的深入理解和对技术趋势的洞察让他们看到了新能源汽车兴起的可能性。比亚迪一开始通过模仿创新的方式进入汽车领域，韩国车企此前也是摸着石头过河。毕竟汽车技术有上百年的发展史，要知道汽车的核心技术内燃机经过多年的发展，其能量转化效率的改善空间早已逼近极限。在这种情况下，模仿创新是行不通的，应该寻找新的路径。电池技术的进步让新能源汽车成为比亚迪弯道超车的关键，而他们在进入汽车产业之初就有所布局。在国家政策的大力支持下，以及随着产业技术的发展成熟，比亚迪迅速扩张产能，很快成为世界第一的新能源车企。

规模扩张、低成本能力是中国企业的优势，然而打造品牌则是一大难题。从低端市场向上突破，走向更高端的品牌更是如此。对于许多企业来说，高端化发展是一件非常困难的事情，尤其是那些性价比突出的产品。用户往往会将产品和性价比形成强关联，将品牌定位在性价比品牌上，从而形成刻板印象，将产品价格锚定在某个固定的价格区间。

外观设计是比亚迪完成这一转变的关键一招。事实上，汽车是非常注重设计的产品，早期韩国品牌也是靠着聘请德国设计师蜕变的。比亚迪邀请了世界知名的汽车设计师加盟，推出了独具特色的"龙颜"设计，从而补齐了设计美学的短板。更让人称奇的是，比亚迪以中国古代朝代的名字来进行品牌命名，推出王朝系列。这种方法不仅区别于以英文命名的传统品牌，具有很强的标识性，而且王朝名称很容易让人产生高端的联想，尤其是"汉""唐"都是历史上有名的盛世王朝。比亚迪的王朝系列很快在汽车行业刮起了中国风，一改往日形象，获得了许多消费者的青睐。

让比亚迪进一步实现品牌高端突破的是技术创新。连续几年的快速技术迭代让比亚迪持续保持热度。这得益于比亚迪的创新模式，垂直整合的集成创新模式能快速进行技术创新，不断推出新的产品。

刀片电池为动力电池提供了完全不同的创新方向，CTB 技术创新实现了电池车身一体化设计，纯电平台 e 平台 3.0 实现了全球首创的五大技术集群……从电池到车身，到平台，到架构，到整车，每一次的新技术发布都让中国消费者感受到中国品牌的力量，也改变了人们对国产新能源汽车品牌的认知。

在众多黑科技的加持下，比亚迪的高端品牌仰望将国人对新国货的热情推向了一个新的高潮，也大幅提升了对中国企业自主创新的信心，直接将比亚迪的形象提升到新的高度。仰望的易四方技术突破性地实现了四轮独立驱动，其原地掉头、水面行驶等一系列让人震撼的功能令许多国人惊讶不已。超级技术的成熟也推动了比亚迪超级品牌的诞生。

发布高端品牌后，比亚迪的技术突破还在持续。中国车身控制技术长期依赖国外，比亚迪全栈自研的云辇不仅填补了国内的技术空白，还是全球首款新能源专属的智能车身控制系统。该系统融合感知、决策、控制、交互等软硬件技术，实现汽车垂直控制，从舒适、操控、安全、越野等多个维度提升消费者的驾乘体验。比亚迪的创新一浪接着一浪，面向智能化发展又提出了"整车智能"概念，发布了璇玑智能化架构，向世界展示了对汽车智能化的独到理解。

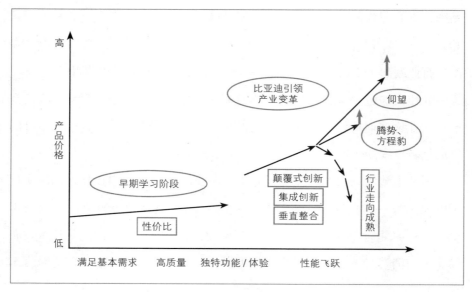

图 6-3 比亚迪在汽车产业的颠覆式创新

与其他三家企业不同，安克是基于电商平台建立的产品品牌，其品牌运营和用户经营是通过数字化的形式展开的，是一种新兴的品牌形式——数字原生品牌。

安克最早是抓住了跨境电商的时代红利，电商渠道缩短了从品牌到客户的链条，降低了中间成本，能够让利给消费者，也能更直接地经营用户。通过提供质量不亚于原厂品牌，但价格却只有一半的笔记本替代电池，安克在一个高端品牌价高但产品质量普通，低端产品低质低价的赛道中找到了巨大的空间。安克迅速找到了亚马逊跨境电商的窍门。

渠道品牌是安克发展的第一个阶段，亚马逊平台不仅带来了客流，还帮助他们建立了客户信任。品牌不是简单的 Logo，而是让他们从众多同类产品中区别开来。亚马逊的"Best Seller"和"Amazon Choice"本身就是一种与其他品牌区别开来的标识。

产品力是安克品牌的基础。充电类产品提供了一个难得的产业机遇。作为智能手机等消费电子的配件，充电类产品的需求随着消费电子产业的扩张而持续快速增长，但却长期遭到世界级巨头的忽视。即使是功能单一的充电类产品，安克也能做出差异化，以独特的创新打动消费者，比如通过引入新材料大幅提高充电线的耐用性；注重充电器的外观设计，通过 Power IQ 技术实现多设备同时安全充电。

产品的差异化能够摆脱同质化问题，让品牌脱颖而出。更重要的是，击中消费者痛点的产品独特性能够打动消费者，将功能体验上升到情绪价值，获得用户的认同感。这得益于安克独特的 VOC 方法。通过分析客户对产品的反馈，安克能够洞察到产品改进的创新机会，持续推出深受消费者喜爱的差异化创新产品。

成为领导品牌是安克的追求。领导品牌需要技术创新，做出最新、最独特的产品。安克在充电器产品中率先采用氮化镓芯片，并结合了 AI 控温系统、堆叠技术，在大幅度提升快充体验的同时还把充电头设计得精致小巧。

在产品力的基础上，安克对打造品牌的每个环节都非常注重，包括线上展示设计、广告、产品包装、物流、售后等。每一项工作都围绕打造品牌的目标展开，每个环节都经过了细致考虑，尽可能地考虑用户的感受。

在品牌价值的传递上，安克非常注重产品独特卖点和广告传播的一致性，确保从一开始洞察到的用户痛点，到解决痛点的产品改进和创新，再到最后向用户传达的价值都是一致的。安克是最早运用新媒体传播的品牌之一，通过权威媒体和新媒体的评测不断扩大自己的影响力，塑造消费者认知。

随着公司规模的扩大，安克开始从电商渠道走向线上线下融合，触达用户的方式变得更加多样，完成了从渠道品牌到产品创新品牌的蜕变。后来，安克也跟消费电子国际品牌一样，高举高打，在国际化大都市召开产品发布会，向全球推广最新产品，展示领导品牌的形象。

安克改变了人们对充电类产品的认识，他们将简单的充电产品做成品质一流、设计美观、功能和性能出众的产品。安克从亚马逊的品类最佳销量走向美国充电产品领先品牌，最终成为世界第一的充电产品品牌。

安克在充电品类打造品牌的方法论也被复制到其他品类，声阔品牌在音频类产品得到了很高的认可度，eufy 品牌的清洁类产品在发达国家占据不小的市场份额。安克不仅提供了消费电子领域的数字原生创新品牌案例，还展示了在多种产品品类中打造数字原生创新品牌的系统方法和成功实践，这在全球范围内也是比较新颖的案例。

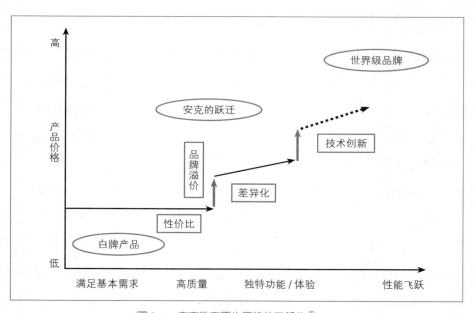

图 6-4　安克数字原生品牌的三部曲 [1]

---

[1] 图中的白牌产品是指不被消费者熟知，售价很低，附加值不高，需求量却很大的产品。

　　传音属于典型的区域领导品牌。让人惊讶的是传音旗下的三个品牌在非洲大陆都有很高的知名度和认可度，甚至被当地人视为国民品牌。传音的 TECNO、itel、Infinix 三大手机品牌在非洲最佳品牌榜单中都名列前茅，TECNO 甚至跟许多世界品牌比肩。

　　传音面对的手机市场是一片红海。手机产业作为万亿级的赛道，自然引来无数厂商分一杯羹。中国市场潜力无穷却群雄逐鹿，庞大的人口基数意味着以亿为单位的用户量，自然也是众多国际品牌的必争之地。然而在拥挤的赛道中，非洲市场相对是一片竞争不那么激烈的蓝海，为传音打造品牌提供了可能性。

　　非洲市场本身具有不错的增长潜力，同时国际品牌往往不愿意花费太多心思，而中国山寨品牌则只想赚快钱，被忽视的非洲市场很符合利基市场的定义。传音选择深耕非洲市场，其实就是一种利基市场战略。

　　非洲市场国家众多，许多地区发展落后，类似于中国广袤的农村地区。中国手机品牌的深度分销策略恰好可以移植到非洲市场。渠道的布局既提供了接触和理解当地消费者的机会，也有了服务和影响当地消费者的可能。完善的渠道网络和售后服务网络让传音能够与当地消费者做朋友，开展长期客户经营。

　　基于对当地基础设施、语言文化、人种特征的洞察，传音关注到当地用户的独特需求，并定制满足当地需求的产品。传音还利用中国移动互联网的发展优势，为软件人才匮乏的非洲市场开发移动应用，提供软件服务，围绕非洲建设移动互联网生态。这种本土化的产品创新不仅让传音赢得了非洲消费者的信任，也让传音与其他在全球范围售卖标准化产品的品牌区别开来。

　　铺天盖地的品牌广告宣传和当地明星的代言推广让传音的手机品牌深入人心，传音甚至被当地人视为国民品牌。在当地建厂，提供就业培训，提供渠道赋能支持，对当地就业和经济发展的支持进一步拉近了传音跟当地人的距离，与当地人形成"共创、共享"的独特关系。

低调的成功是利基市场战略的成功标志，传音低调地成为"非洲之王"，在非洲市场扎根。由于市场消费能力的限制，这种深入人心的品牌不见得能够获得品牌溢价，但当地人的忠诚度形成的壁垒则是后来者短时间难以突破的。

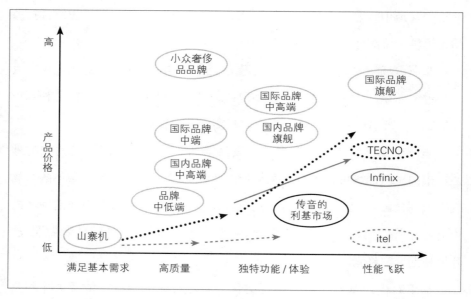

图 6-5　传音的利基市场扩张

长期以来，中国企业更擅长产品制造，作为国际品牌的制造厂，能够避免很多创新的风险和不确定性，而价值链高端的品牌打造很少作为中国企业的选项。经过多年的发展，在具备高质量制造能力和 ODM 能力后，中国企业其实已经具备了挑战品牌打造的能力，更多的是需要勇气和更高远的追求。

　　2014 年，习近平总书记就提出"推动中国制造向中国创造转变、中国速度向中国质量转变、中国产品向中国品牌转变"，并多次强调"实现技术自立自强，做强做大民族品牌"。[①]

　　随着中国企业逐渐掌握产品研发设计、产品定义的能力，走向新质生产力的中国企业也开始意识到品牌的重要性，也逐渐掌握了打造品牌的能力。曾几何时，国货已然成为潮流，国民品牌成为中国消费者的新选择，甚至走出国门，为追求品质的海外消费者提供一个新的选项。通过聚焦消费者需求的创新，中国品牌不仅实现了产品力的提升，为用户带来高质量、个性化、性能飞跃的产品，还为消费者带来情绪价值——品质生活的感受、身份认同感、技术突破的惊喜……

[①]付朝欢.中国品牌 为中国式现代化注入品牌力量 [EB/OL].（2024-05-13）[2024-10-31].
https://www.ndrc.gov.cn/wsdwhfz/202405/t20240513_1383179.html.

第二节　创新的两种实现

一、创新模式和发起点

新质生产力是创新主导的先进生产力。从客户价值的实现角度看，中国企业的新质生产力转型展示出两种不同的创新模式：渐进性创新和破坏性创新（见图 6-6）。

渐进性创新是对现有产品的持续改进，通过降低成本、提高质量、改变设计、添加独特的辅助功能，改进消费者的使用体验。

破坏性创新带来的结果是对客户需求满足的大幅度提升，这种提升是跨越式的，突破了现有产品的极限，需要改变现有产品的内在设计，或者重新发明新的产品。

破坏性创新的跨越式优势最终会走向对其他现有产品的替代，完成价值转移。所谓"破坏"，最终的结果是打破原有的产业格局——后来者对当前市场的供给方进行替代，完成价值转移，这是渐进性创新和破坏性创新最根本的区别。

破坏性创新可以分为：**突破式创新和颠覆式创新**。大疆和比亚迪属于破坏性创新，但二者又有所不同，大疆的无人机属于突破式创新，比亚迪的插电混合动力车属于颠覆式创新。这种区别的缘由和差异将在后面展开。

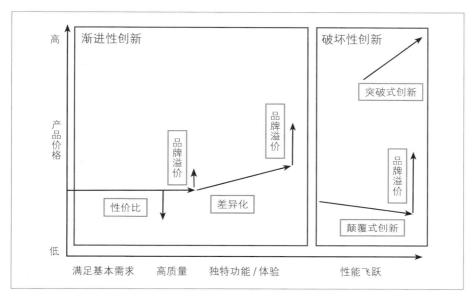

图 6-6　新质生产力转型的两种创新模式

　　本书的破坏性创新的含义与克莱顿·克里斯坦森的"破坏性创新"（disruptive innovation）概念在术语的内涵上几乎完全不同，但在新质生产力转型中的创新模式研究上深受克里斯坦森创新理论的影响。

　　"破坏性创新"是由哈佛大学的克里斯坦森在其《创新者的窘境》一书中提出的。克里斯坦森在信息产业快速发展的动荡时代非常合时宜地给那些所谓的"伟大管理者"和"卓越公司"敲响警钟，同时提出了一套建设性的分析框架。一时间，"破坏性创新"的概念风靡全球，脍炙人口。

　　克里斯坦森的"破坏性创新"在定义上是有特定说明的。首先是技术的概念，不是通常的科学技术的含义，而是"一个组织将劳动力、资本、原材料和技术，转化为价值更高的产品和服务的过程"，[1]这就意味着"破

————————

①克莱顿·克里斯坦森．创新者的窘境[M]．胡建桥，译．北京：中信出版社，2018：9．

坏性创新"不仅是技术,还有商业模式,比如 Costco 的仓储式折扣零售商。本书的创新定义则是基于产品对客户需求的满足程度提出的。跟克里斯坦森相同的地方在于我们都重视技术对于客户价值的实现,不同的是本书直接强调结果,从客户视角出发。

其次是克里斯坦森认为,区别于沿着既定技术路线的延续性创新(sustaining innovation),"破坏性创新"是偏离原有技术路线的。本书是站在客户视角对渐进性创新和破坏性创新进行区分的,渐进和破坏是从客户需求满足的角度来定义的,而不是基于技术路线的演进。

最后是破坏的方式,克里斯坦森非常具有洞察力的一点是看到了破坏的非技术因素——客户价值的重构。他的"破坏性创新"强调的不是技术突破和领先,因为延续性创新能够保持技术领先,或者能够意识到和获得最新技术,但却难逃被颠覆的命运。"破坏性创新"提供新的价值主张,很多时候不见得技术多先进,性能多优越,却能从低价市场或新市场开始,逐渐走向主流市场。本书的破坏性创新不局限于低端市场,从哪里开始破坏并不是问题的关键,更重要的是回到客户需求,实现客户价值!

如何解决创新者的窘境,克里斯坦森后来的理论提供了答案——客户购买产品是为了更好地完成自己的任务(客户任务理论),[①]这就是我们一直强调的客户视角和客户价值。本书的客户视角恰恰解开了《创新者的窘境》因为时代局限带来的困惑。毕竟当时很多划时代的创新正处于开端,互联网时代的画卷才刚徐徐展开,PC 时代也没有到达高潮。我们作为后来者,从后来的产业发展和中国的新质生产力转型中可以看到更完整、更丰富的时代变迁。

---

① 克莱顿·克里斯坦森,迈克尔·雷纳 . 创新者的解答 [M].李瑜偲,林伟,郑欢,译 . 北京:中信出版社,2010.

克里斯坦森在《创新者的窘境》中是从企业视角出发，他试图回答"以客户为中心，坚持创新，同时管理能力卓越的大公司为什么会失败"。如果站在企业视角看存量客户和整体产业格局，就会把不同的硬盘、不同的计算机（大型机、微型机、个人电脑 PC、笔记本电脑）、不同类别的摩托车等视为同一类客户，同一个市场。

从客户视角，尤其是从客户需求的角度出发进行分析，则不存在这个问题。那些所谓的主流市场和低价市场，本身就很可能互相独立，是不同的细分市场——大型机、微型机的客户是机构（学校、研究所），PC、笔记本的用户是个人和家庭，他们是完全不同的客户（2B 和 2C），对电脑的需求完全不同，需要的磁盘规格和付费能力也是完全不同的，因而不存在低价市场和主流市场的区分。

之所以出现此消彼长的趋势，是因为 PC 和笔记本电脑是不断扩张的新细分市场，处于细分产业的早期；大型机和微型机则是在产业生命周期成熟期的细分市场。选择服务前者的硬盘厂商自然会享受市场成长的红利，把后者作为目标客户的厂商自然会在坚守中受尽折磨。这种变化中厂商需要在战略上先进行客户选择，再围绕不同客户配置研发资源，设计产品。这与"同一个消费者放弃 PC 去选择使用笔记本电脑"（或者说"智能手机对功能手机的替代"）是两种完全不同的概念。

《创新者的窘境》中将这两类市场动态混为一谈：一种是不同细分市场此消彼长的概念，比如不同规格的磁盘、摩托车（小型日本摩托的差异化创新）、CPU（用于计算）和 DRAM（用于存储）更是不同的产品类别；另一种是产品替代/价值转移[①]的概念，比如液压驱动系统取代了缆绳驱动

---

① 价值转移是美世公司的阿德里安·J.斯莱沃茨基提出的概念，这套战略方法后来也影响到华为的 BLM，成为华为 BLM 中重要的组成部分。阿德里安·J.斯莱沃茨基.价值转移——竞争前的战略思考[M].凌郢，等，译.北京：中国对外翻译出版公司，1999.

系统（新技术带来更高效率），小型钢铁厂取代综合钢铁厂（原材料来源的低成本方案）。前者会冲击和瓜分原有市场，但不会完全消灭原有产品品牌；后者才是具有熊彼特[①]意义上的创造性破坏。对于后者，即使是市场领导者，如果不加以重视，就会遭受灭顶之灾。柯达、诺基亚等就是一个个血淋淋的案例，给产业界和学界都带来了不小的震撼。

前者是不同客户的不同选择，属于细分市场选择；后者是面向同一类客户的不同技术路线选择。渐进性创新部分（如安克和传音）恰好就是回答细分市场的选择和创新，新技术带来的破坏性创新（如大疆和比亚迪）为我们展示这种破坏如何被实现/实施。

安克和传音在产业的成长期和成熟期进入一个产业，此时的客户需求是被验证过的，基础的产品定义已经完成，创新很多时候是在已有的产品定义上展开性能改进和功能增减。这种渐进性创新是围绕企业选择的目标市场和目标客户群体展开的。

传音没有重新发明功能手机或智能手机，他们在原有的产品定义上提供了许多为非洲用户定制化的功能。安克的大部分产品创新是渐进性创新，他们没有重新发明产品，但做了大量的改进创新，将市场切分成不同的场景，面向不同的用户群。

安克的"拉车线"和"氮化镓"充电器虽然通过引进新材料在质量和性能提升方面效果非常显著，但这类创新并没有完全破坏基础的产品定义，他们是沿着已有的明确的产品功能、性能维度努力实现大幅度改进。此外，这类渐进性创新是为消费者提供更好的选择，而不会对现有产业或者某个替代产品的产业形成一种摧枯拉朽的替代趋势。

安克在中国市场的遭遇就是很好的案例，他们在中国市场并不像在发

---

① 约瑟夫·熊彼特提出了用于解释资本主义本质特征的熊彼特创新理论。

达市场那样势不可当。大疆和比亚迪则全然不同。如果没有关税等贸易保护政策，中国的新能源汽车可能让发达市场的厂商血流成河。这不是夸张的说辞，而是正在发生的故事，欧美政府都在垒高自己的进口车辆关税壁垒。

渐进性创新能够理解客户需求和解决方法，更多是在已有方法上的改进，以更好地满足需求。破坏性创新和渐进性创新最大的区别在于是否发生了替代，最终走向价值转移。

破坏性创新的可能情况是：1. 无意识的尝试：创新者可能一开始就没想到技术能够用于满足某项客户需求，最后误打误撞造就突破式创新，这在技术创业领域屡见不鲜；2. 有意识的冒险：绞尽脑汁想为原有需求提供与现成产品完全不同的解答，然后在新技术的探索里挣扎，直到经历九死一生活下来，成为幸存的颠覆者（颠覆式创新），这些"幸运"的少数就成了"改变世界的人"。

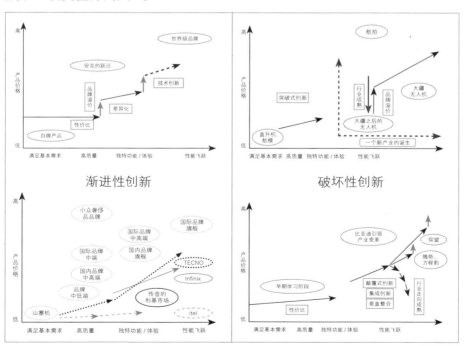

图 6-7　四种新质生产力转型模式的创新区别

突破式创新是大疆式的新技术创造新市场，完全是新的发明。他们需要为新技术寻找新的应用场景，实现产品化，设计商业模式，最终在不经意间冲击到原来毫不相干的产业。计算机、互联网、正在发展的人工智能都是典型案例，许多传统行业都在短时间内遭受互联网冲击，甚至直接被淘汰出局。

大疆进入无人机领域时，无人机能用来做什么是不确定的，或者说有无数种可能，但没有一种占据主流。当大疆做出精灵系列时，航拍无人机的基本产品定义就完成了。这时候人们开始相信一个新兴产业的诞生，投资也随之蜂拥而入。

基于大疆的无人机技术，他们为各行各业带去了新的解决方案。大疆的行业无人机需要根据具体行业工况对动力、电源、导航系统、测绘系统进行重新整合，还要引入软件平台进行无人机的指挥、调度、起降管理等，同时对工作数据进行管理，实现智能化的分析、决策。在无人机技术成熟之前，这些基于无人机的行业解决方案是不存在的。

颠覆式创新则是为已有的需求寻求完全不同的解决方案，发明新的产品，从而实现性能的跨越或者成本的大幅度降低，比如智能手机、新能源汽车、Space X 的可回收火箭等。

比亚迪的新能源汽车展示了中国智造在产品创新上敢于跳出产业原来的既定路线，对产品进行重新定义，为出行需求提供新的解决方案，从而为行业技术 / 产品带来变革，甚至创造新的品类。

比亚迪清楚电池的发展趋势，但汽车的新能源转型路线却不是明确的，插混电动车就是这种不确定下的成果。比亚迪并没有一步到位地走向纯电动新能源汽车。

比亚迪的插混电动车是中国企业在汽车动力系统的一次创新。虽然丰田的普锐斯最早在混合动力汽车领域取得成功，但比亚迪的 DM 系统作为后来者，为混合动力汽车发展提供了全新的思路。丰田的普锐斯是混联结构，发动机和电机需要配合才能工作，以发动机为主；而比亚迪的 DM 采用的是并联结构，发动机和电动机既能够单独工作，也可以协同工作，能够提供多种驱动模式。后来还发展出侧重动力和速度的 DM-p 和侧重节能高效的 DM-i 两套子系统。

比亚迪的插电混合动力车在启动加速、节约油耗、环保方面明显领先优秀的燃油车，这种领先是跨越式的。比亚迪不是在传统燃油车的基础上进行改进创新，而是绕过内燃机，开创了新的细分品类。插电混合动力车跟内燃机动力汽车已经是两个不同的细分品类。

有意思的是，比亚迪的插电混合动力车跟克里斯坦森定义的破坏性创新概念有很多相通之处。插混动力车放在燃油车的维度是性能供给（内燃机的性能）较弱的产品，但这款产品却能够满足低端市场的需求。一开始插混车还属于小众市场，而在汽车加速走向新能源转型的过程中却很快得到认可，尤其是在转型的过渡期，插混车反而呈现出比燃油车和纯电车更强的增长势头。这种趋势开始于 2023 年并且在 2024 年仍在持续。2024 年第一季度的全球新能源乘用车销量同比增长 18%，其中纯电车同比增长仅为 7%，插混车的增长则达到 46%。①

为什么会呈现两种不同的创新成果？这就需要从新质生产力的需求侧（客户）视角转向供给侧（企业）视角——企业创新的发起点决定了创新模式和结果的差异。实现新质生产力转型的中国企业从微笑曲线的底部走向价值链高端。一方面，中国企业需要逐步掌握先进技术，实现技术自主可控；另一方面，企业要从品牌厂商的幕后走向台前，面对终端用户定义

---

① 巩兆恩.全球纯电市场增速放缓，"新能源迷茫期"跨国车企转向插混赛道 [EB/OL].（2024-08-12）[2024-10-31].https://finance.sina.cn/2024-08-12/detail-incikvpe1216879.d.html.

产品，传递价值，并直接与消费者建立长久的联系。

从微笑曲线上看，大疆和比亚迪的创新发起点在研发，创新起点是技术，即微笑曲线左侧的价值链高端。安克和传音则是从渠道开始突破，之后是品牌运维，先与客户建立起信任和联系。他们的创新发起点是客户，围绕客户需求去组织技术创新，打造满足客户需求的产品。

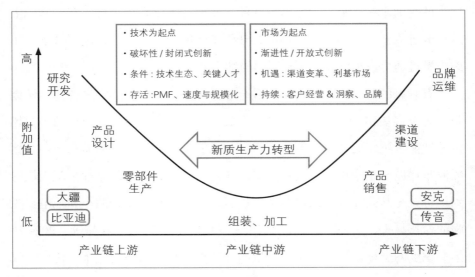

图 6-8　新质生产力转型的创新发起点

二、始于技术的破坏性创新

破坏性创新者是从技术出发，最开始并没有清晰具体的客户需求概念，或者对满足需求的新路径只有模糊的方向。他们能够洞察技术的趋势，但技术具体应该如何实现产品化和商业化还需要进一步摸索。

破坏性创新具有高度的不确定性，所以我们只说"发生的条件"，而

不说"机遇"。破坏性创新者创造机遇，而不是抓住机遇。技术生态和关键人才是其发生的重要条件。

产品是一系列技术的组合，只有关键技术得到突破，组成产品的一系列技术达到成熟的条件，破坏性创新的产品才能成为可能。能够提供这一系列技术组合的环境就是"技术生态"。

大疆无人机成功的前提就是无人机相关的核心技术走向成熟，包括微电子技术、电机、芯片、电池等多方面。不管是技术条件，还是技术成本，在当时都足以支持其打造普通人能消费得起的无人机。成熟的技术生态加上汪滔带来的突破性飞控技术，自主悬停的无人机产品才成为可能。再加上大疆后来研发的图传、云台技术，安装上运动相机后，无人机就变成了航拍无人机。

与大疆不同的是，王传福知道如何完成产业链的组织，某种程度上比亚迪是为自己创造了技术生态。在手机产业中，比亚迪从手机电池走向手机其他零部件，掌握了手机的 ODM 能力，在手机产业中验证了垂直整合模式。比亚迪将垂直整合模式用到汽车产业，电动车需要的动力电池、电机、电控等关键技术，现有产业链中如果没有适合的技术，比亚迪就自己研发，自己打造技术生态并推动技术走向成熟。

破坏性创新的前景具有高度不确定性，而且在破坏性技术走向产品的道路上，很难有成熟的供应链和技术成果能够刚好满足创新的需要。许多核心技术或关键部件在外部都很难获得，要么成本非常高，要么响应速度慢，因而破坏性创新更倾向于封闭式创新。无人机的飞控、图传、云台等核心技术都是大疆自己开发的。比亚迪的垂直整合模式更是如此。

关键人才是破坏性创新的另一个稀缺条件。破坏性创新者是对技术充满热爱，同时具有敏锐直觉的梦想家。他们理解技术对客户的意义，心中有宏伟蓝图和愿景，执着于"让梦想照进现实"，更多是"因为相信，所以创造"。①无人机是汪滔儿时的梦想,经过十几年的努力,他终于实现无人机的稳定悬停。

由于这种创新的未来没有参照,他们通常面临极高的风险和不确定性,也遭到广泛的质疑。王传福决定造车的时候,投资者、公司高管等公司内外人士无不对王传福的造车选择充满质疑和反对,尽管那时的他已经在手机电池领域证明过自己。

这类创新者通常是打破常规般的存在,很多时候不是逻辑能够解释的,这样的人才可遇不可求,因而我们称之为"条件",而不是"机遇"。他们不仅自己相信技术的未来,还要让投资者、客户看到新技术的价值,甚至用新技术创造新的客户需求。

以技术为起点的创新通常会造成误解,认为技术就是一切。事实上并非如此,更重要的是发现和洞察技术的价值。在创新的发展史上,技术进步很重要,但发现技术对于人类的价值,将技术转变为满足需求的产品同样重要。

早在20世纪70年代末期,施乐公司的帕拉奥托实验室就完成了个人电脑(PC)的产品定义,今天依然可以在网上找到当时的广告。帕拉奥托实验室展示的PC产品基本就是现在使用的PC的雏形,比如图形界面和鼠标,甚至连上打印机,在屏幕上显示的"邮件"能收到电子表格,电子表格可以快速打印成纸张,"所见即所得"。然而,最终将PC带到普通人生活中的,则是苹果的乔布斯和微软的比尔·盖茨。

乔布斯的伟大不在于他发明了某项技术,而是他总是能整合多种技术去做出伟大的产品。在技术快速发展、百花齐放的今天,技术选择和集成

---

① 乔布斯是其中的典型,他很早就看到了计算机产业的未来,甚至移动互联网时代的生活方式。他对未来的愿景,或者说预言,被早期的采访视频记录下来,许多观点至今依旧让人惊叹。

创新成了企业竞争的重要能力。这种技术洞察能力，其实决定了一位技术人才是适合成为掌握技术的企业家，还是更适合成为科学家。

技术创新的公司能不能成功，PMF（product market fit，产品市场匹配）是硅谷流行的衡量方式。PMF 的概念最早由硅谷投资公司 a16z 联合创始人马克·安德森提出，用于描述创业公司达到某种临界状态："在一个好的市场中，拥有一个能够满足该市场的产品。"① 他认为，作为创业公司的创始人，唯一重要的事情是实现 PMF。如果创业团队不能实现 PMF，整个组织可能会陷入混乱，而一旦成功实现了 PMF，就意味着迈出了成功的第一步，后面就会迎来不错的增长。

大疆的创新是以技术为起点的。飞控模块是大疆最早的产品，当时虽然拥有好的产品和技术，但飞控模块只局限在航模爱好者中，并不算一个大的市场。在分析销售渠道时，汪滔发现飞控模块更多被用于多旋翼无人机，于是迅速投入多旋翼无人机的研发，打造了消费级航拍无人机大疆精灵系列。大疆精灵的问世，让大疆进入更广阔的消费级市场，从此走上发展的快车道。世界也从那时开始感受到中国创新的实力，并开始关注中国的创新实践。可以说，大疆精灵系列就是大疆实现 PMF 的标志。

如何判断一项技术是否有广阔的前景，或者说能否实现对原有的技术的替代？比如新能源汽车对燃油车的替代最终会不会实现？答案还是需求！技术的优劣比较是要放在满足需求的维度上进行衡量的。

产业的形成和规模是由需求决定的。产业的成长和成熟意味着核心需求已经得到验证。比如，手机的核心功能是通信，这项功能几乎所有人都需要，而智能手机实际上已经是一台便携式计算机，具有更广阔的应用场

---

①Marc Andreessen. Part 4 The only thing that matters [EB/OL]. (2007-06-25)[2024-10-01].
https://pmarchive.com/guide_to_startups_part4.html.

景，因而手机是万亿级规模的产业。充电器、充电宝等配件作为手机的附属品，也被部分人所需要，但其提供的价值远远不如手机，因而产值就没那么大。

技术对行业的颠覆就是为核心需求的满足带来质的提升。比如，2G到3G带来了从文字到图片的体验提升，3G到4G带来从图片到视频的体验改变。大疆的无人机技术让普通人难以实现的航拍变得触手可及。比亚迪新能源汽车将内燃机的能量转化效率远远甩在身后，零百公里加速性能轻松达到最好的内燃机表现。如果改进幅度有限或者仅仅满足一些非核心需求，则只是微创新。

新能源汽车对于传统燃油车的替代是许多人认可的趋势，虽然环保政策加速了这一替代的趋势，但最终决定是否选择电动车的仍然是消费者。王传福认为，驱动消费者买车的核心因素是驾驶体验，而不仅仅是环保观念和补贴政策。消费者关心的是成本、安全、设计、便利。比亚迪的创新不断降低新能源汽车的价格，让更多人买得起车。另外，使用新能源汽车省去了加油的费用，在电费相对较低的中国，这大大降低了消费者的用车成本。综合成本是用户选择产品时非常关切的问题，包括维修成本、能源开支等。随着新能源的普及和成本的大幅降低，更为清洁、便宜、便利的能源使用方式会让消费者更倾向于选择新能源汽车。

未来，加速汽车行业新能源转型的另一大动力则是智能化，这为电动车提供了又一个强有力的支持。电动车主要是电池、电机、电控的三电系统，在实现智能化方面有着天然的技术优势。自动驾驶的智能车跟需要驾驶员操控的汽车又是两种天差地别的产品体验。燃油车想要实现智能化并非不可行，但其整机结构将会非常复杂，成本也会异常高昂。

技术能够满足需求，新技术的突破也能催生需求，诞生新的产品和服务，吸引更多潜在消费者。例如，大疆精灵系列实现"到手即飞"，加快了消费级无人机市场的成长，推动了无人机行业的快速发展。在无人机市场日趋成熟的时候，大疆消费级无人机的智能化又进一步提升了产品的功能和体验，让更多人享受到无人机带来的乐趣。行业无人机完成了以前许多人工难以执行的危险作业，而且智能化的无人机能够自动完成任务，在保障安全的同时还大幅提升了效率。

技术之所以能够构建企业的"护城河"，表面上是因为技术研发需要大的投入，而且很难模仿。更深层次的原因是这些难以复制的技术能够让需求满足得到质的提升，或者成本大幅降低，这种进步大幅领先竞争对手，使竞争对手在短时间内难以找到应对的方法。消费者能够轻易地感受这种品质提升带来的改善差异，或者明显的价格优势，自然会争相购买。需求会从传统产品转向破坏性创新的产品，而创新者就能在此时获得超额利润，价值转移就此发生。

破坏性创新是高风险活动，速度和规模化是决定能否实现 PMF，以及在接下来激烈的竞争中能否存活的关键。

速度指的是以最快的速度实现技术的产品化，将技术变成能够解决消费者需求的产品。快速实现产品化对于创新企业有多重意义：更早获取用户和抢占市场，更早完成产品验证和市场反馈，对投资者有更大的吸引力，更早获得供应链资源和完成布局，构建起专利壁垒，以及更早完成纠错和优化。

这些不仅对创新成功、企业存活至关重要，还会在后续竞争中逐渐与对手拉开差距。例如，大疆在消费级无人机上最先形成规模，之后在技术上又保持至少一代的领先优势，让竞争对手难以跟上。

比亚迪则是最早推出插电混合动力车并最快实现规模化量产的企业，这让他们在新能源汽车产业迎来爆发的时期占据先机。一步领先，步步领先。当新能源转型成为行业共识的时候，比亚迪迅速加快其技术创新的脚步。无论是比亚迪还是大疆，他们不仅率先取得成功，后续的产品迭代速度也快得惊人。

当产品获得市场认可后，迅速实现规模化显得非常重要。新技术在初期通常价格昂贵，令消费者望而却步。这主要有两方面原因：一是研发投入大，缺乏足够的出货量来平摊费用；二是缺乏成熟的配套供应链。

美国的新能源车企很多就卡在这一环节，哪怕是世界级的传统品牌也在新能源转型中深陷泥潭。领先者特斯拉早期在规模化上也吃尽苦头，为了实现工厂的自动化生产，马斯克当时忙到睡在工厂的办公桌上。特斯拉后来就享受到了规模带来的好处。规模的扩张能够不断降低单个产品的成本，从而在价格不变的情况下获得更大的毛利率，或者在保持毛利率的情况下能通过降价去进一步争夺市场份额。

汪滔和王传福都意识到产品规模化的重要性。汪滔选择了比较流行的消费级多旋翼无人机，并且将无人机做到了大众能够消费得起的水平，以快速占据市场份额。在市场体量有限的情况下，以高市占率来获得规模效应。

王传福深知汽车产业规模对成本的决定性作用。比亚迪不仅最早跨过10万辆车的产能门槛，还在新能源汽车爆发中快速扩张产能，销量攀升的同时又能不断推出更低价格的车型继续抢占市场，继续扩大规模效应。

最后，**在组织成长方式上，破坏性创新的企业成长会沿着技术脉络扩张，将已有技术重新组合去开拓市场，向不同价格段的市场空间拓展，或进行产品线扩张。**

大疆的无人机是一系列技术的组合，在无人机产品线取得成功之后，大疆有两个扩张方向：一是组成无人机的每项关键技术各自产品化，与其他技术重新组合成新的产品线，进行品类扩张；二是将无人机平台化，基于无人机技术拓展应用场景，服务更多的行业。

大疆就像一个技术实验室，不断进行技术积累和创新，若干技术的组合就能形成一种新的产品，时机成熟了就对外发布产品，而且每一次都没有让消费者失望。从运动相机、手持设备到户外储能、大疆车载、E-bike，大疆的品类扩张还在进行，其创新活力并没有随着公司规模的扩张而减弱。大疆的下一款产品是什么？消费者依旧充满期待。

比亚迪的扩张同样围绕技术创新展开，包括核心技术和技术创新模式。

从产品的角度来看，比亚迪的品类扩张与其电池核心技术高度相关。从消费电子产品的电池到新能源汽车，再到储能产品，以及其他交通领域的新能源转型（"7+4"战略），比如纯电大巴车都体现了这一核心技术的广泛应用。

从消费电子产业到汽车产业的跨领域发展，是观察比亚迪企业成长的另一条主线。这种扩张的基础是比亚迪的技术创新模式——垂直整合的集成创新。垂直整合模式最早应用于手机电池产业（1.0），之后是手机产业内的多元化发展形成手机 ODM 能力（2.0），最后才是新能源汽车的垂直整合集成创新（3.0）。

2024 年看到的比亚迪扩张的主线自然是汽车产业的多品牌发展。与大疆所不同的是，比亚迪所在产业的体量规模和发展空间更大。比亚迪处于万亿级别的汽车产业，还有巨大的发展空间，燃油车在全球范围内还是市场的主流。电动化的战火还没有熄灭，智能化的战争才刚刚开始，新能源汽车领域的竞争远远没有到终局，比亚迪需要在新能源汽车领域巩固自己的竞争优势，持续保持规模的领先，其扩张的重点在于市场份额的争夺。

在技术持续改进的同时，比亚迪利用持续扩大的规模优势进一步实现价格下探，加速汽车电动化的进程，同时也确保在电动化混战中的领先优势。另一方面，比亚迪也顺利实现向高端品牌突破，不断用新技术展现实力，提升品牌价值和市场号召力。与此同时，比亚迪也开始在腾势、方程豹品牌上发力，加快在汽车细分品类市场扩张的脚步。

创新是不同技术的组合，而比亚迪垂直整合模式下的集成创新让创新变得更容易。就像王传福说的一样，"比亚迪拥有技术'鱼池'，里面有各种各样的技术，市场需要时，我们就捞一条出来"。比亚迪能够面向不同细分市场，针对性地推出主打产品。

三、围绕客户的渐进性创新

"模仿""山寨""低价"，以往出现这些关于中国制造的标签，是有其历史原因的。一方面，企业家精神的缺失使得企业主更倾向于成为商人，或者说追求的是发家致富，而非成为真正的企业家。另一方面，则是创新能力的不足，尤其是对需求洞察能力的缺乏。

模仿和抄袭是保险的策略，因为被抄袭的往往是成功的产品，其需求已经被市场验证过了，只需要跟进就行。通过抄袭赢得竞争，并在已被市场验证过的路线上降低价格则是最方便、最省力、最安全的道路。再加上对经营质量的忽视，价格战由此展开，这种捷径通常会通向惨烈的结局。

中国作为世界工厂，其制造企业更多扮演着海外品牌供应商的角色，不需要过多深入地进行需求洞察。国际品牌的客户在完成产品定义后会提出明确需求，比如具体的产品规格参数。中国企业只需要按要求交付即可。所以人们常说以美国为主的发达国家是从 0 到 1 的创新，中国则是从1 到 100 的创新。

发达国家更容易出现从 0 到 1 的创新，原因就在于许多发达国家有很好的技术积累，他们总是在试图突破原有的技术，实现破坏性创新，而中国作为后发国家，缺乏技术底蕴，因而围绕已知的客户需求进行产品改进比较得心应手，也更容易做出成果。围绕客户需求对已有产品进行持续改进是一种渐进性创新，是中国企业开始摆脱低价竞争的主要路径。

这种"0"和"1"的表达，更多是对中国企业创新有更高的期待和希冀，而不是强调两种创新的优劣区别。破坏性创新和渐进性创新只是作为创新模式的区分，模式不同，需要的条件和机遇不同，竞争的关键也大不相同。因而这种区分就显得很有必要。二者的区分并不在于孰优孰劣，评价两种模式优劣的标准永远是为客户带来的价值，而不是模式本身。

渐进性创新的关键在于洞察客户需求，从而找到未被满足的需求或者对现有产品不满意的地方，找到产品改进的创新空间。对于渐进性创新而言，首先是要确定自己的目标用户，之后找到他们并与之建立信任和联系，实现长期客户经营。安克和传音展示了客户经营的线上和线下两种模式，其背后的道理都是相通的，但具体实践则大不相同。①

传音选择了利基市场战略，瞄准了被行业巨头忽视的非洲市场。对于传音而言，非洲市场的需求与发达市场和中国市场完全不同。在竞争激烈、快速迭代的手机产业中，非洲市场的独特性能够让竞争节奏相对慢下来，降低了进入门槛。当然，非洲市场之所以被忽视，也是由于其落后的经济发展水平，这意味着传音要冒别人不敢冒的风险，吃别人不肯吃的苦头。传音在非洲市场稳扎稳打，一步一步建立起分销渠道，尽可能多地覆盖和触达当地用户。

非洲市场作为利基市场，有着区别于主流市场的用户需求。传音在非洲当地深耕，通过实地接触当地用户洞察消费者的独特需求。传音一开始

---

① 这就是管理学科的特殊性，原理是相通的，但实践却是完全不同的，因为管理本身就是一种具有创新性的工作，刻意模仿某种成功模式往往东施效颦，关键是模式背后的原理以及需要具备的能力、成功的时机（时代背景）。

化繁为简，聚焦于手机产品的基本功能，让消费能力有限的非洲用户先实现通话需求，并提供了多卡多待功能和长续航功能等实用功能。

利基市场的专业知识是赢得竞争，甚至建立壁垒的关键。传音深耕当地市场，洞察到了非洲基础设施落后带来的入网、充电、续航问题，洞察到当地的语言多样性和独特的音乐文化，洞察到主流拍照功能对非洲黑种人肤色的忽视，洞察到在热带地区生活的人容易流汗从而影响手机使用的痛点等等，并围绕这些洞察到的用户需求进行产品定制化创新。

安克是中国最早的跨境电商品牌之一，他们抓住了渠道变革的时代红利。电商模式提供了直接触达消费者的机会，而亚马逊平台的配套服务让他们一开始只需要负责产品的选择。凭借性价比策略，安克很快成为最畅销品牌，并且赢得大量的用户。通过不断提供具有微创新且质量上乘的产品，安克的用户群也不断扩大。

安克创始人团队的谷歌背景很容易让人以为他们在搜索优化、广告推荐上有什么"独门武功"，从而依靠流量带来的红利赢得竞争。如今许多跨境电商从业者似乎走向了一个误区——过分强调广告、引流的重要性。当然，这类海量的文章也可能是广告商的软文。回到安克的案例，他们给出的答案完全相反——广告和流量是发生在产品上市之后的事情，而安克则把产品放在最高的优先级，尽管他们在研发、销售、售后的整个链条上都有很强的实力。

基于用户洞察的产品创新才是安克赢得竞争的关键。安克所在的消费电子行业节奏快，而且他们进入的时间是在产业的成长期。此时一个品类已经有先行者或者领导者验证过产品需求，具有很强的确定性和市场前景。但这也意味着激烈的竞争，因为此时的品类恰好处于风口，许多厂商会蜂拥而上，价格战通常在所难免。基于对客户需求的深度理解，安克以差异化创新和技术创新避开了价格战的泥潭，为用户创造独特的价值。

安克起步于亚马逊电商平台，用户评价成为他们开展用户洞察最直接有效的方式。用户的抱怨、批评、建议对于产品创新而言是在提供有价值的反馈信息，具有专业知识和技术领先的用户甚至能够直接帮助企业识别问题，并提供具体的产品改进建议。

客户心声成了安克的创新之源，他们利用信息技术打造了 VOC 方法，用于消费者洞察和市场洞察。VOC 方法通过分析客户数据来衡量消费者和产品的情绪关系，从而找到用户不满意的需求点或者未被满足的需求点，并以此为产品创新的突破口。场景维度和产品维度是 VOC 洞察的两个重要维度，高频场景下产品某个维度的低满意度，通常就是值得关注的产品创新突破口。

基于 VOC 方法，安克实现了产品的设计创新、场景创新、技术创新，利用产品创新实现了品类扩张。在性价比策略的基础上，安克抓住了音质效果打造了 TWS 爆款耳机，并在 TWS 耳机品类推出多个细分场景的产品，比如睡眠耳机。以场景为切入口，安克创新了阳台储能、户外安防摄像头，进入新的细分品类。通过技术创新，安克推出了第一款具有无线蒸汽功能的洗地机，集扫地、拖地和全能基站于一体的清洁机器人，进一步巩固其在美国市场清洁类智能家居的地位。

客户洞察也是找到 PMF 的重要方式。模式的总结和区分不是非此即彼的教条，而是要解读模式背后的原理。现实中的企业会灵活运用多种模式进行创新，只是某种模式可能占主导地位。以技术为起点的企业也会关注具体的用户需求和使用场景，从而让技术更好地服务用户。例如，大疆的技术研发人员本身就是户外、极限运动的爱好者，对运动相机的使用场景、用户痛点有非常深刻的理解。在开发影视专用设备和无人机的过程中，大疆的研发团队会深入剧组，近距离观察摄影师对机器的使用情况。

渐进性创新是围绕客户去组织技术，因而渐进性创新通常采用的是开

放式创新的方式。安克虽然有自己的研发部门，但也与不少供应商进行合作创新，比如氮化镓充电技术就是安克与不少芯片厂商密切合作的产物。传音自主开发了针对非洲用户特殊需求的技术，比如深肤色拍照技术，但他们在很多方面也采用开放式创新的模式，尤其是在软件开发方面，他们通过与网易、腾讯等国内知名企业合作实现产品创新。

在组织扩张方面，渐进性创新和破坏性创新有着不同的路径，破坏性创新更多是沿着技术创新的迭代和扩散（再产品化）方向拓展，而渐进性创新则是基于经营客户的方法和体系。

传音在成为"非洲之王"之后，一方面持续为现有客户提供优质产品和服务，丰富和完善非洲市场的移动互联网，巩固其在非洲的领先地位；另一方面则是向更多的新兴市场国家进发，比如南亚地区和东南亚地区，甚至东欧地区，延续其扎实的渠道建设和本地化产品创新的方法。

安克则是在充电品类形成了一套打造产品品牌的方法，我们认为这种模式最合适的术语是"数字原生垂直品牌"。在成为美国充电类产品的领导者后，安克开始用"Anker"品牌为音频类产品引流，拓展新的音频类产品线。之后的品类扩张中，安克将充电类品牌的运作模式复制到其他品牌，尤其是基于 VOC 方法进行产品创新。最终，安克走向多品牌发展，形成包括 Anker、eufy、AnkerMake、NEBULA、Soundcore、AnkerWork等在内的六大品牌矩阵，覆盖充电、智能影音、智能清洁、智能安防等多个品类。

第三节　　转型何以成为可能

一、中国制造提供基础

企业的战略成长是基于能力去把握、创造时代的机遇（破坏性创新），或者是率先发现难得的时代机遇并为之不断构建能力（渐进性创新）。中国制造为中国智造奠定了成功基础，中国强大的产业链能力为技术人才的创业提供了平台，帮助他们在拥有低成本的优势的同时，走向高质量、缩短产品创新周期、实现产品快速迭代。

改革开放以来，中国凭借着低成本的劳动力、积极的对外开放政策（比如土地、税收、投资等），以及快速完善的基础设施和物流条件，推动了全球制造业，尤其是电子信息产业向中国转移。

从 PC 到功能手机再到智能手机，电子信息产业的蓬勃发展离不开中国作为世界工厂做出的贡献，在这一浪接一浪的技术浪潮中，中国的电子信息产业也不断完善和升级，形成完备的产业链。

在深圳华强北，硬件创业者可以很轻松地找到任何他想要的零部件，将心中的创意变成现实产品。汪滔曾在香港科技大学求学，研究无人机技术，毕业后选择到深圳创立大疆。阳萌原本在谷歌工作，但为了提高产品研发效率，他最终选择回国创业，并将深圳作为安克的研发重地。不少年轻的技术创业者都被深圳完备的产业链所吸引，选择到深圳创业。

在全球产业大分工中，中国企业不断学习，成长为国际品牌值得信赖的供应商，提供高质量的设计制造服务。在走向世界制造中心的过程中，中国也涌现出数量庞大且实力强劲的电子元器件供应商、OEM 和 ODM 品牌，并培养了大量经验丰富的高素质研发人员和产业工人。

对于这种供给端的规模优势，苹果 CEO 蒂姆·库克曾举过一个生动的例子：把美国所有的工具和模具制造商都邀请到他演讲的礼堂中，礼堂也很难坐满，但是在中国做同样的事情，可能需要几座礼堂才能安置这些制造商。①

比亚迪是中国参与国际产业分工早期的贡献者和受益者。一方面，他们从国际品牌客户处学习到技术知识和产品标准，并与供应商合作进行材料创新。另一方面，比亚迪作为手机产业链的重要组成部分，帮助其他手机企业实现创新。传音、大疆、安克等企业则是借助中国成熟的供应链开始自己的事业。

不少中国制造品牌从一开始从事简单的来料加工和手工组装，发展到如今的智能制造，掌握核心技术，并在电池、显示面板、光学镜头等核心技术领域取得突破，具备和美国、日本、韩国等国际厂商同台竞技的实力。

要素的低成本是中国制造早期的优势，但随着中国经济的腾飞，中国的低成本优势已从要素的低成本升级为规模化的智能制造能力，自动化、信息化、数字化逐渐在制造业普及，推动传统制造向智能制造转型。制造业的科技含量不断提升，中国成本优势的底层逻辑也悄然改变。

2010 年之前，中国制造的低成本优势主要来自人口红利下低成本的劳动力、低廉的土地成本以及政策支撑等条件。当然，还有作为世界工厂的规模优势。全世界同一个细分品类都集中在中国的某座城市进行生产，形成很强的规模效应，从而降低了成本。2010 年之后，国产供应链替代成为中国制造低成本的优势来源。核心零部件通常占产品物料成本的很大比

---

①智东西. 外媒独家揭秘：苹果供应链八大内幕 [EB/OL].（2023-01-30）[2024-10-31]. https://finance.sina.com.cn/tech/csj/2023-01-30/doc-imycxmyt4662405.shtml.

例，国产供应链的崛起使得许多核心零部件在质量方面达到国际水准的同时，还具备很强的成本竞争力。

中国供应链为中国智造打下坚实的基础，为他们提供了巨大的成本优势。传音之所以能够在消费能力有限的新兴市场立足，为新兴市场用户提供物美价廉的手机产品，离不开国内成熟的电子信息产业供应链的支持。大疆在无人机的国际竞争中除了技术优势，中国制造带来的成本优势也让美国对手难以招架。

相比于海外供应商，中国的优质供应商具有更快的响应速度和更好的服务。这种快速响应能力不仅缩短了产品创新的周期，同时也让快速的产品迭代成为可能。相同的语言和文化背景让产业链上下游的沟通更加顺畅，地理距离上的优势让彼此合作更加紧密，这不仅提高了创新的协同效率，也让重新定义产品的深层次创新得以实现。

敏捷创新已经成为中国智造的一大优势。技术专利数量的快速增加，同一系列的产品的研发周期越来越短，企业的品类扩张越来越多且速度加快，差异化定位的子品牌不断增加，都体现着创新的中国速度。安克旗下有六大子品牌，涵盖多个品类，每个品类的平均研发时间是 6 个月，在 SKU 众多的同时，安克还保持研发的敏捷性，配合电商平台的促销活动和产品发布的节奏。

如今，敏捷创新已经成为许多中国智造品牌的基本功，激烈的市场竞争迫使他们不断加快产品迭代的速度。全景相机、运动相机、扫地机器人等多种多样的智能硬件产品都展现出了消费电子的快速迭代节奏。创新的中国速度让很多海外竞争对手招架不住，原本在细分市场占据领先地位的海外品牌稍有不慎，便可能在中国品牌的激烈创新竞赛中掉队。

中国改革开放以来形成的制造能力是实现新质生产力转型的基础。强大的制造能力让中国商业人才专注于客户需求洞察，技术人才专注于新技术研发，创新企业专注于产品创新，将制造环节外包给那些经历过国际竞争的中国供应商。全球产业分工带来的规模效应、核心零部件的国产替代，使中国智造延续了中国制造的成本优势。低成本的能力、完备的产业链、庞大的高质量供应商集群、优质的服务和快速响应，为中国智造实现高质量的产品创新和快速创新提供了有力的支持，为实现新质生产力转型打下了坚实的基础。

二、客户经营领先一步

消费电子是一个快速迭代、生死更替的行业，新品类的诞生和老品类的消亡，可能就发生在短短数年之间。21 世纪以来，电子产品就经历过好几波小浪潮，从 VCD、DVD 到 MP3、MP4 再到智能手机等。然而，脱胎于步步高的几家企业却能够在这些浪潮中屹立不倒，从 VCD、DVD 到 OPPO 手机，从 MP3、MP4 到 VIVO 手机，从点读机到"小天才"电话手表。OPPO和 VIVO 在竞争激烈的手机品牌中各具特色，而且都能占据一席之地。"小天才"深得小朋友喜爱，构建起也许是平均年龄最小的网络效应。

OPPO 和 VIVO 的
成功模式

步步高系的成功依靠的是一套早年的深度分销体系，覆盖全国各地，深入村镇乡里，扎扎实实完成客户经营。中国幅员辽阔，区域发展不均衡，深度分销模式将渠道重心下沉，能够触达更广泛的消费者。

深度分销模式①最早可以追溯到一百多年前洛克菲

---

①关于深度分销模式，中国人民大学包政教授的《营销的本质》有详细的介绍。包政教授当初是TCL 的顾问，帮助 TCL 采用深度分销模式赢得与长虹的竞争。参考文献：包政.营销的本质[M].北京：机械工业出版社，2019.

勒旗下的美孚公司在中国市场的开场。这种模式在 20 世纪 90 年代之后被多家中国企业采用，并在商业竞争中赢得胜利。深度分销从 90 年代 TCL 和长虹的家电大战开始闻名；之后在 21 世纪帮波导手机在与国际品牌的竞争中成功突围，最终被步步高系企业发扬光大，穿越周期沿用至今。

即使是在电商渠道兴起之后，深度分销依旧发挥着重要的作用。大城市基础设施发达，很快就完成了互联网的普及，电商覆盖率较高。城市消费者的受教育程度较高，也见识过各类商品，在产品选择上能够很好地自主决策，因而很快就可以转向电商渠道。然而，广袤的农村地区则相对落后，信息闭塞，依旧需要实体店来赢得消费者信任，由导购提供购前决策建议、使用过程中的指导和售后服务。

基于深度分销模式建立的"天罗地网"，步步高系"敢为天下后"，他们不像破坏性创新者那样要成为第一个吃螃蟹的人，他们的目标是那些已经被验证过的市场，而且是规模巨大、还没有被巨头垄断的市场。在产品研发上，他们以消费者为导向，推出的产品有独特的卖点，回应目标用户的痛点，而不是追求最前沿的科技。消费电子产品的浪潮一浪接一浪，步步高系模式则是**在剧烈的市场和产业变化中找到了不变的关键——经营客户和聚焦客户创新。**

在广袤的新兴市场，消费者分布也具有中国农村市场相似的特征，因而传音可以将这套经营客户的深度分销模式复制到非洲市场。这是中国市场相对非洲市场在商业实践上的先发优势。

事实上，经营客户和聚焦客户创新是更为基本的原理，在中国市场可以成功，在其他市场、其他渠道也同样适用。安克虽然以线上渠道为主，但其本质与步步高系的模式也有异曲同工之妙。

线上渠道和线下渠道不是非此即彼的模式，本质上都是连接消费者，从而实现经营客户的方式。这就是为什么到了移动互联网时代，在电商发达的情况下，深度分销模式依旧能够帮助步步高系企业获得市场空间。同样，安克一开始利用电商模式直接触达消费者，但当他们达到一定规模和形成品牌影响力后，就积极进行线下零售店的布局。①

如今，中国企业把客户经营从线下渠道拓展到线上，实现线上线下融合的模式。中国快速发展的移动互联网已经重塑了中国的商业社会，也全方位地改造了消费者的客户旅程。

在互联网时代，中国已经顺利搭上了快车，那个时代诞生了腾讯、阿里巴巴、百度等互联网巨头。到移动互联网时代，中国几乎是与硅谷并驾齐驱，甚至有过之而无不及。在互联网时代，中国在搜索、社交、电商等领域起步时是跟随者。在移动互联网时代，中国在客户经营方面开始走在前面。

中国庞大的互联网用户群体为移动互联网创新提供了无与伦比的优势。根据 QuestMobile 的统计数据，截至 2024 年 3 月，中国移动互联网活跃用户规模达到 12.32 亿。②2022 年，中国数字经济规模突破 50 万亿元（为50.2 万亿元），占中国 GDP 比重达到了 41.5%。③

庞大的用户群体意味着软件开发者能够更快实现规模效应，提高创业的存活率，同时也让软件服务更加多样化。软件服务提供商也能获得更多用户反馈，从而快速完成产品迭代。更多的数据还有利于开展用户需求洞察，为客户提供更贴心的服务，以及扩充产品线，提供更多延伸服务。

微信超越了社交产品的界限，集成了资讯、生活、购物、金融、游戏等多种服务。信息类产品今日头条会基于数据挖掘的推荐引擎向用户推荐

---

① 反观世界品牌耐克，近年来在 DTC 转型上过于激进，后来由于竞争对手抢占渠道终端而陷入增长困境。

② QuestMobile 研究院 . QuestMobile2024 中国移动互联网春季大报告 [R/OL]. （2024-05-07） [2024-10-31]. https://www.questmobile.com.cn/research/report/1787753953225707522.

③ 董建国、王思北 .2022 年我国数字经济规模达 50.2 万亿元 [EB/OL]. （2023-04-28）[2024-10-31].https://www.gov.cn/yaowen/2023-04/28/content_5753561.htm.

文章，改变了以往"人找信息"的逻辑。之后的抖音开启了短视频时代，抖音的海外版 TikTok 风靡全球，甚至让国际互联网巨头都倍感压力，反过来纷纷推出相似的产品，比如 Meta 的 Instagram 和谷歌的 YouTube 平台都推出了短视频。

电商平台在中国本土已经成为人们日常生活中离不开的基础设施。国内电商巨头从中国走向世界，加速海外布局，形成了明显的领先优势。2024 年 1 月，全球月活用户量排名前十的电商平台中有 7 家来自中国。[①]

表 6-1 2024 年 1 月全球月活量排名前十的电商平台

名次	App 名称	运营和创建企业的国籍
1	Shopee	新加坡（中国的企业出资）
2	亚马逊	美国
3	Flipkart	印度（美国的企业出资）
4	Temu	中国
5	SHEIN	中国
6	Meesho	印度（美国的企业出资）
7	Lazada	新加坡（中国的企业出资）
8	淘宝网	中国
9	全球速卖通	中国
10	小红书	中国

数据来源：日经中文网。

[①] 美国调查公司 Sensor Tower 根据从监测机构和合作伙伴的软件中收集的数据，将每月至少打开 1 次 App 的人数作为月均活跃用户量进行推算，排出名次。统计了使用应用商店服务"Google Play"和"App Store"的用户。

互联网巨头创造了涵盖消费者生活方方面面的生态，电商、社区、短视频、KOL 直播带货，中国从传统的线下渠道迅速发展到线上线下的渠道融合。传统的零售业态已经进入数字时代，也重构了客户旅程。消费者现在刷着短视频，就能同时进行购物，短视频主播就像线下门店的导购一样，能够提供详细的商品讲解，甚至展示使用方法和效果，引导顾客完成交易。

从消费者洞察、产品定义与研发设计，到制造环节与物流，再到营销和广告，最后再到线上线下销售、客户消费以及售后服务，整个流程都被数字化贯穿。安克为我们展示了一种新型的组织形态——数字原生创新品牌。安克的客户需求洞察 VOC 来自电商、社交媒体平台的数据分析，具有类似消费电子品牌的数字化供应链管理能力，销售渠道则主要依靠亚马逊等平台，运用搜索优化、多种社交媒体传递品牌价值，运用人工智能提高办公效率。更令人感慨的是，安克是一家硬件产品创新公司，而不是电商贸易公司或互联网公司。

三、被忽视的软件能力

中国供应链优势让传音手机做到非洲用户都能消费得起的低价，却不足以完全赢得竞争，构建起"护城河"。要知道，低价可不止传音能做到。传音最令人称道的是其本土化创新，尤其是手机的深肤色拍照技术。传音不仅打造了拥有海量深肤色影像的数据库，还开发了针对深肤色人像数据的定制算法。这其实是一种软件创新，而智能手机之所以智能，就在于其软件服务。

针对非洲市场，传音不仅为当地用户定制了操作系统，还为他们带去了在中国市场验证过的成熟软件应用服务，比如 Phoenix 浏览器、即时聊天工具 Palmchat、新闻聚合平台 Scooper、音乐流媒体平台 Boomplay、短视频平台 Vskit、移动支付产品 Palmpay、社交媒体 MORE、音频分享平台 Soundi 等日常生活中常用的 App。这些服务增强了当地用户对传音的黏性，帮助传音构建起本地化的移动互联网生态。

以手机为主的消费电子产品是软硬件一体化的产品，完整的手机研发和制造涵盖了硬件的工业设计、芯片技术、自动化技术、屏幕显示技术、生物识别技术、硬件驱动等技术，以及软件的操作系统、软件开发、计算机算法、人工智能等技术。

中国是全球第一的手机生产国，也是全球最大的手机出口国家。**作为世界电子信息产业的主要推动力量，中国的能力不再局限于低成本、快速的硬件制造能力，还有对消费电子产业、移动互联网产业的理解和大量商业实践，从而积累起来的软硬件结合的能力。**

如今，除了手机等消费电子产品，软件服务已经成为大部分硬件产品的标配，即使是安克的充电宝，也可以通过手机连接 App，提供远程控制和更多个性化、人性化的服务。

安克为 TWS 耳机开发了一项 HearID 手机 App，能够智能分析用户独特的听力特征，从而为每个人的耳朵量身定制声音设置。用户可以通过手机 App 选择 22 种预设的 EQ 声音配置文件，完全控制声音，从而体验不同模式的音乐效果，比如低音增强、古典、舞蹈、嘻哈等。

大疆的无人机可以通过连接手机 App，快速预览拍摄的素材，并通过智能剪辑一键成片，此外，App 还提供海量模板，帮助用户轻松创作航拍大片。

比亚迪推出的 DiLink 是全球首个开放式车载智能网联系统，基于安卓生态提供地图、音乐、播客等服务，打造智能座舱体验；还能通过蓝牙、网络信号对车辆实现远程控制和车况监测等功能。

产品的智能化是新质生产力时代产品的普遍特征。软件已成为关乎用户核心体验的关键，软硬件结合带来的是丰富的内容、生活便利和全新的交互体验。软件拓展了硬件产品的功能，提供友好的交互体验，通过软件OTA升级，还能延长硬件产品的生命周期。

构成中国智造的不单是硬件产品的优势，还有软件的创新。在新质生产力转型中，面向C端用户的应用软件能力已成为中国能力的重要组成部分，中国智造也因此形成了独特的竞争优势。这是中国新质生产力中容易被忽略的比较优势。

软件能力不仅为消费者提供便利性的服务，还为中国智造带来更深层次的影响——软件重新定义了产品。软件成为决定核心体验的关键，而硬件则成为数据采集器、传感器和服务器。产品使用中产生的数据会被用于用户需求洞察。智能化的硬件产品能够自主感知、决策和执行，服务用户，解决生活中的问题。

所谓软件，是指计算机中的无形部分，是一系列按照特定顺序组织的计算机数据和指令的集合，负责执行特定的任务，从而提供特定的服务。简单地说就相当于人与计算机之间的翻译，将人类的指令转变为机器（计算机、手机的芯片）能够理解的0和1二进制数字，机器看到对应的数字串后，就能在极短的时间内输出对应的结果，比如开、关。

由于计算机半导体产业发展迅猛，计算机芯片的处理速度达到了惊人的飞跃，因此处理这些0和1数字的速度快到让人难以想象。以苹果iPhone的A17 Pro芯片为例，这款芯片拥有190亿晶体管，每秒可处理高达35万亿次操作。只要处理速度足够快，0和1的数字串再多再复杂也不在话下，这意味着再复杂多样的指令也能执行，并在现实中输出为屏幕上的计算结果、画面变化，以及硬件产品上的反馈和机器动作。

这是计算机的基本原理，基于这个基本原理，可以在现实世界中完成各种各样的复杂任务。当工程师通过编程设定了一系列的指令后，机器可以自动执行这些任务，实现自动化，进一步走向智能化。

以无人机为例，早期的无人机没有软件架构，更多依赖人工控制，缺乏自主性，飞行距离受限于操作者的视野。飞控系统的出现实现了无人机的自主飞行。

飞控系统的主要原理是通过多种传感器获得位姿信息，反馈到微处理器进行控制系统运算，然后输出控制指令到各个子系统，比如机电系统、伺服作动，从而自主调整，实现悬停。

飞控软件系统就是组织导航算法和飞行控制算法，协调各个模块有效开展工作，属于嵌入式软件。飞控系统相当于给无人机装上了"大脑"，是大疆在无人机领域的突破式创新。

随着硬件的升级，比如传感器的升级、新传感器的加入，飞控的软件系统就要进行相应的升级。到大疆精灵 4 的时候，大疆已经对飞控进行了两次迭代，软件也进行了大规模的重构。2014 年的第二代飞控中加入了对光流测速模块的支持，以及 SDK、限飞区和新手模式等功能。2016 年的第三代飞控支持双目立体视觉，设计出了避障功能和智能返航功能。[①] 一次次的软硬件升级让大疆无人机的智能化水平不断提升，为用户带来更多意想不到的惊喜体验。

软件能力在产品创新上还能弥补硬件能力的不足，在硬件配置有限的情况下达到想要的效果，以低成本的方式实现。 消费级无人机体积较小，制约了电池续航和机器散热表现，因而在硬件配置上很难选择高性能却高

---

① 杨硕. 详解多旋翼飞行器上的传感器技术 [EB/OL].（2016-12-29）[2024-10-31]. https://zhuanlan.zhihu.com/p/21276204。

功耗的零部件。大疆的 Mavic Pro 通过算法优化，只采用 2D 摄像头和联芯的芯片就实现了手势识别这种复杂功能。由于缺乏深度信息，2D 摄像头比起 3D 摄像头更难实现手势准确识别。深度学习设备一般采用英伟达芯片，其算力是大疆使用芯片的 700 倍。大疆通过神经网络设计的优化，在硬件配置较低的情况下实现了手势识别，同时提升了续航表现和整机成本。

汽车领域在完成新能源转型之后，下一步是走向智能化和网联化。"软件定义汽车"的概念已成为行业趋势。比亚迪最早提出"电动化是上半场，智能化是下半场"，是"软件定义汽车"最早的实践者之一。比亚迪车的智能化从最早的车载系统逐步深入到动力系统、车身控制、自动驾驶，逐渐走向整车智能。

在中国智造涌现的当下，我们需要重新审视中国新质生产力的比较优势。中国和美国是 21 世纪以来信息技术浪潮中最大的受益者。在制造业发达的国家中，德国和日本并没有像中美两国一样享受到信息技术革命的巨大红利。在互联网和移动互联网的创业浪潮中，中美两国都诞生了不少千亿级的巨头，却鲜有德国、日本公司的身影。

制造业同样非常强大的德国和日本在软件人才数量、软件应用实践和生态上远远不如中国。软件能力最为发达的美国，虽然制造业的技术实力也很强，但在大规模制造上跟中国相比稍逊一筹。至于软件从业者众多的印度，则在制造业上还难以跟中国相提并论。

中国的比较优势不仅在于单纯的制造能力，更在于以制造能力为基础的软硬件结合优势。这种比较优势逐渐表现为中国智造的涌现。基于中国制造的基础，许多互联网行业从业者也开始投身硬件创业。这种硬件创业的浪潮不是结构简单的小产品，而是进入万亿级的汽车赛道，比如蔚来、小鹏、理想等造车新势力。

在人工智能时代，AI Agent 将成为每个人的私人助理，能够理解用户的个性化需求，能够自主学习和决策，并且能够跨平台调度，具有更强的通用性，能够执行复杂的任务，将进一步提升工作和生活的便利性。人形机器人是 AI Agent 落地的硬件产品，在这一领域的创新中，已经出现了不少中国创业家的身影。也许在不久的将来，我们每个人都能像拥有手机一样拥有自己的智能机器人管家。

中国智能硬件创业波澜壮阔，不断涌现出一批批创新性强、产品力突出的智能化产品。中国的制造能力叠加软件创新能力使得中国企业能够推动并加快智能化浪潮，再造传统产品，走向更高层次的新质生产力。

四、新时代的人口红利

人口老龄化是中国正面临着的问题，人口红利已经不再是中国的优势，而是南亚大陆和东南亚国家的发展契机。如果只是把人口红利界定为廉价的体力劳动者，那么中国在这方面的优势早在 2010 年左右就已逐渐消失。从年龄结构和人口增长情况来看，中国的人口红利时代也确实一去不复返。

然而，在复盘传音、安克、大疆和比亚迪等企业的成长后，我们对人口问题又不是那么悲观了。从比亚迪创新的"人海战术"、安克的创造者平台、传音开拓非洲市场的年轻人，以及大疆的机器人大赛中，我们看到知识经济时代需要关注的是技术人口，而不再是体力劳动者人口。

中国的人口红利早已不是那些从事产品组装的体力劳动者，而是受过训练的技术人才和商业人才，比如软件人才、硬件工程师、产品经理等，这些人才在绝对数量上仍然庞大。从这个意义上讲，中国还是有人口红利的。这也是苹果 CEO 蒂姆·库克依旧看重中国供应链的原因。

谈到苹果供应链移出中国的可能性时，富士康劳工研究院认为苹果很难在其他地方找到类似中国的规模化人才优势。

"从受过中等教育、技术熟练的工人，到提供前沿知识专长的、真正高水平的工程师和博士，中国的优势太多了。苹果想要找到与中国规模相当的人力资源和基础设施，太难了。"[①]

产业工人在推动新质生产力的转型中扮演重要角色，他们"是工人阶级的主体力量，是创造社会财富的中坚力量，是实施创新驱动发展战略、加快建设制造强国的骨干力量"。[②]党和国家高度重视对大国工匠、高技能人才、知识型技能型创新型产业工人的培养。[③]

软件能力是中国新质生产力被忽视的能力，中国的**软件工程师**数量庞大。根据工信部的官方数据，截至 2022 年年底，中国全国软件和信息技术服务业从业人员达到 737.59 万人，[④]排在美国和印度之后，位列全球第三。

相比其他发达国家和软件大国，中国的工程师不仅数量庞大，而且性价比很高。根据日本人才派遣公司 Human Resocia 公布的调查报告，2023年中国的 IT 工程师数量为 328.4 万名，排在美国（445.1 万名）、印度（343.1 万名）之后，位列全球第三。[⑤]与日本、德国两个制造业大国相比，中国的 IT 工程师数量则大幅领先，日本的 IT 工程师人数为 144 万人，位

---

① 智东西 . 外媒独家揭秘：苹果供应链八大内幕 [EB/OL]. （2023-01-30）[2024-10-31]. https://finance.sina.com.cn/tech/csj/2023-01-30/doc-imycxmyt4662405.shtml.

② 中共中央 国务院关于深化产业工人队伍建设改革的意见 [R/OL]. （2024-10-12）[2024-10-31]. https://www.gov.cn/gongbao/2024/issue_11686/202411/content_6985162.html.

③ 同上。

④ 数据来源：工信部《2022 年软件和信息技术服务业年度统计年鉴》，https://www.miit.gov.cn/rjnj2022/rj_index.html. 从活跃的软件交流平台 GitHub 公布的数据看，2023 年中国的软件开发者超过 900 万人，数据来源：https://innovationgraph.github.com/global-metrics/developers#count-of-developers.

⑤ 中国评论新闻网 .IT 工程师薪资：日本降至 26 位，被中国超越 [EB/OL]. （2024-04-02）[2024-10-31].https://gb.crntt.com/doc/1069/1/5/1/106915197.html.

居世界第四，德国则位列第五。在薪酬水平上，中国 IT 工程师的薪酬水平则远远低于欧美许多发达国家，2023 年，中国 IT 工程师的平均年收入为 3.6574 万美元，排名世界第 24 位。[①]

除了技术人才，中国还有**许多行业一流的国际化人才**。改革开放 40 多年来，世界知名的跨国公司在中国设立分公司，加入外资企业的中国青年才俊也逐渐成长为企业骨干，甚至高层管理者。另一方面，中国本土也诞生出一批世界级的优秀企业，比如腾讯、阿里巴巴、华为、美的等，这些企业也成为中国创新人才和创新管理者的"黄埔军校"。

随着对外交流的日益频繁，许多中国学子走出国门，在海外世界级的顶级名校学习先进技术，并学成归国，投身创新创业。此外，中国本土一流高校也开始出现不少成功的**大学生技术创业案例**，涌现出一批像影石、追觅、云鲸等年轻的创业企业。这些公司的领导者和创新骨干大多是 90 后技术人才。中国智造可以说是"江山代有才人出"。

中国新质生产力要实现更高水平的提升，关键在于让更多的年轻技术人才参与到创新活动中。这就是为什么像王传福、汪滔、阳萌、竺兆江等这样的企业家显得无比重要和珍贵，他们愿意给年轻人提供发挥才能的机会，为技术人才打造创新创造的平台。

这些企业成功地吸引了许多年轻人加入他们的事业，并愿意跟随他们坚守长期主义，持续技术创新，推动新质生产力转型。下一代创新者，很多就在这些年轻人之中！

[①] 中国评论新闻网 .IT 工程师薪资：日本降至 26 位，被中国超越 [EB/OL].（2024-04-02）[2024-10-31].https://gb.crntt.com/doc/1069/1/5/1/106915197.html.

第四节　撬动战略的杠杆

一、中国式企业家精神

创新的意愿和执念是中国企业成功实现新质生产力转型的前提。创新需要靠企业家来完成，企业家是中国智造实现创新的主体。**推动从中国制造走向中国智造新质生产力转型的，是一批具有中国式企业家精神的企业领导者。他们自强不息，在技术上不断突破，在产品上持续创新，改变世界对中国制造的看法。**

王传福创业时，更多是为了争一口气，打破日本人在电池产业的垄断。"大而不强"是当时人们对中国的评价。王传福认为中国人很勤劳且聪明，完全有能力把一个产业做大。家电、高铁、手机等领域，中国都可以做到很大的市场份额，为什么汽车不可以？王传福认为中国也能打造世界级的品牌，尤其是在庞大的汽车产业。二十世纪八九十年代的企业家充满了家国情怀，迎着改革开放的春风奋起直追，希望通过自己的创新和努力实现民族复兴。

为中国制造正名，是汪滔、阳萌等年轻企业家投身创业的追求，他们的家国情怀让人印象深刻。这些企业家伴随着中国的改革开放成长起来，看到了中国制造常常被贴上"低价""山寨"的标签。短视的商家和粗制滥造的产品确实损害了中国制造的名声。

大疆的汪滔更是对"跟风""仿制"深恶痛绝，他希望中国也能打造出真正优秀的产品，让消费者感到惊喜。创新成了大疆的灵魂，大疆让全世界重新审视"中国创新"。

传音的竺兆江看到了日韩品牌在新兴市场的影响力，也看到了中国山寨机贸易思维的短视。他下定决心深耕非洲，打造受人喜爱的国际品牌。传音的长期主义换来了新兴市场广大用户的高度认可。

安克以"弘扬中国智造之美"为使命，在全球市场重新塑造中国消费电子品牌。安克聚集了一批创造者，他们对产品创新充满热情，对产品品质有着极致的追求。

企业家是中国新质生产力中最为宝贵的，也是最为稀缺的资源。 创新需要天赋，这些创业家除了自身具有很强的技术实力外，还有非常敏锐的需求洞察力。这种能力是很难后天培养的，掌握技术的人是科学家，而懂得如何用技术满足消费者需求、解决消费者问题的，则是天生的企业家。

企业家是推动中国新质生产力转型的持续动力。 创业需要过人的胆识，创新需要充足的勇气，创新的过程充满艰辛、挑战和挫败感，成功者寥寥无几。能被人们看到的成功企业家，通常是万千人中坚守到最后的幸存者，更多的人可能倒在创新的道路上。这也是为什么我们需要拿着放大镜，逐年逐月地梳理企业的发展历程，寻找成功关键的蛛丝马迹。

企业家应该得到培养、支持和保护，这些支持来自政府政策、资本和社会舆论。 对于那些破坏性创新的创业者，更加需要社会的包容和理解，因为他们的想法和坚持往往异于常人。如果没有李泽湘的慧眼和支持，汪滔后来的发展道路不知道又会怎么样？如果没有王传福表哥的支持，早已在体制内研究机构前途无量的王传福，还能在深圳顺利创业吗？为什么查理·芒格在千里之外的美国能够发现王传福是"杰克·韦尔奇和爱迪生的结合体"，而国内的投资者却对王传福造车充满质疑和反对？那时的他已经在手机电池领域证明过自己。当然，历史不容假设，但后来者总该从过往中学到什么。

中国有完备的产业链，还有软硬件人才优势，但这些都还不足以打造出伟大的产品和创建伟大的企业。只是追求财富的创业者可能只会做出山寨机，或者在出海的浪潮里从事贸易，而**具有中国式企业家精神的创业者，追求的是打造极致的产品，他们洞察客户需求，将技术创新转为受人喜爱的中国品牌，在艰难险阻中依旧苛刻地追求高品质，渴望让世界感受到中国的新质生产力。**

二、撬动战略的杠杆

改革开放以来，中国的高速发展为中国企业实现创新发展，走向新质生产力提供了创新发展的平台。中国的比较优势主要包括：1. 独特的制造能力，比如规模化的低成本能力、完备的产业链、数量庞大且高质量的供应商集群、优质的服务和快速响应能力；2. 人口庞大、幅员辽阔的中国市场造就独特的客户经营方式，包括深度分销模式和移动互联网下的线上线下结合的新零售模式；3. 构成智能化产品的软件能力，这种能力不仅在于为软硬件一体化的产品提供个性化的服务，还在于改变产品定义的内在逻辑；4. 知识型人才是中国新时代的人口红利，比如规模化的软件人才、硬件工程师、产品经理、中高层管理者和高素质工人等。

能力是抓住战略机遇的基础。始于技术的破坏性创新是先建立起独特的能力去创造、获得市场机遇。围绕客户的渐进性创新则是不断洞察机遇，围绕机遇构建能力。无论是渐进性创新还是破坏性创新，**中国国家平台的比较优势成为中国企业撬动战略的杠杆，构成了他们赢得国际竞争的核心能力。**

我们选择的 4 家企业展示了新质生产力转型的不同模式，每家企业都有其独特性，从不同方面展现了新质生产力转型的中国式创新。当我们谈论新质生产力转型中的创新模式时，我们不能脱离企业自身的战略追求和发展情境，尤其要把企业放到各自所处的产业动态中去思考其创新模式的有效性。每种模式都有其特定的产业条件和竞争环境。

有意思的是，安克和传音的实践涵盖了迈克尔·波特提出的三种经典的战略选择：低成本、差异化和集中战略（利基市场）。波特战略被后来者质疑的地方在于忽视了产业环境的动态变化，而大疆和比亚迪的破坏性创新刚好补充了在急剧变化的产业结构（产业导入期和产业变革期）中的战略选择和布局，以及快速变化的竞争环境中企业竞争的成败关键。

面对不同的挑战，这些中国企业家都善于利用中国国家平台的比较优势，抓住历史机遇，成就创新事业。这四家企业进入市场所处的产业发展阶段，恰好覆盖了一个完整的产业生命周期，能够为不同产业阶段的企业创新管理，实现新质生产力转型提供对应的参考。

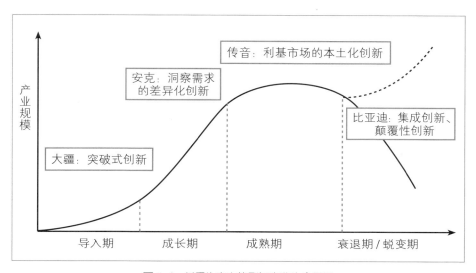

图 6-9　新质生产力转型与产业生命周期

大疆开始创业时，无人机产业还处于发展早期，市场处于导入期。大疆在无人区创业，市场没有实力非常强大的竞争对手，纯粹是技术创新的竞赛。在这种破坏性创新的竞赛中，找到PMF，快速实现产品化，实现规模降本是竞争的关键。深圳的硬件能力让大疆能够快速将产品创意变成产品原型，中国的供应链优势为大疆提供了快速规模化和成本优势，从而推动大疆无人机产业从导入期迈向成长期。在后续的竞争中，中国制造为大疆带来的成本优势让海外竞争对手难以望其项背，而且这种优势是长期持续的。

安克选择的赛道大多都处于市场成长期。市场前景充满想象力，但竞争也非常激烈和无序。此时的市场处于洗牌阶段，动不动就打价格战，或者是进行技术的军备竞赛，又或者比拼产品的迭代速度。市场中时不时有新的对手冒出来，也有一些同行被淘汰。

安克一方面抓住了电商模式的渠道红利，通过直面消费者的模式缩短了从品牌到客户的链条，降低了中间成本，既能让利给消费者，也能更直接地经营用户。另一方面，安克追求高质量的产品，而高质量的产品通常意味着高价格，此时走向高质量的中国制造为安克带来成本优势，让安克能够以性价比策略快速切入发达国家市场的新赛道。

此外，中国本土的数字化营销和新零售模式也为安克提供了经营客户、打造品牌的实践借鉴和专业人才。中国的新人口红利使安克独特的数字原生创新品牌模式成为可能。

在之后的竞争中，随着渠道红利消失，性价比策略也很难长期持续，安克靠的是差异化的产品创新和技术创新。持续的产品创新离不开创新人才。安克从事的是消费电子行业，是软硬件结合的智能化产品。中国在消费电子领域的人才优势为安克提供了追求极致创新的创造者。在阳萌看来，中国不仅有工程师红利，未来还有设计师红利。[①]工程师红利能够满足功能价值，而工业设计师、视觉设计师、创意设计师等则能够提供审美的情感价值，让消费者产生自我认同价值。

传音在产业的成熟期开始创业，此时市场格局已基本成形。传音面对的手机市场是一片红海。在拥挤的赛道中，非洲市场是一片竞争相对不那么激烈的蓝海，为传音打造品牌提供了可能。非洲市场本身具有不错的增长潜力，同时国际品牌不愿意花心思深耕，而中国山寨品牌则只想赚快钱，这非常符合利基市场的定义。传音选择深耕非洲市场，其实就是一种利基市场战略。

非洲市场国家众多，许多地区发展落后，类似于中国广袤的农村，中国手机品牌的深度分销策略恰好可以移植到非洲市场。覆盖广大非洲消费者的渠道网络提供了接触和理解当地消费者的机会，也为服务和影响当地消费者创造了条件。这些是市场洞察，获得利基市场专业知识的基础，也为后来的本土化产品创新提供了可能。

软件创新成为传音本土化创新的重要组成部分。软件创新也需要专门的人才进行定制化开发。然而，非洲缺乏软件领域的开发者。传音利用中国本土的工程师红利和中国手机应用市场的先发优势，为新兴市场提供本土化定制软件服务。

比亚迪进入汽车产业时，汽车产业正处在变革的前夜。克里斯坦森的《创新者的窘境》发表于20世纪90年代，书中也对电动车的发展进行了探讨。随着电池技术的成熟，电动汽车的可能性得到越来越多的讨论，特斯拉的电动车也以一种高端产品的姿态问世。作为手机电池领域的龙头企

---

① 杨轩. 专访安克创新阳萌：年销百亿，从工程师红利到设计师红利 [EB/OL].（2022-01-11）
[2024-10-31]. https://www.163.com/dy/article/GTD9RJ7A0538902X.html.

业，比亚迪早已洞察到电池技术的发展趋势，毅然从手机行业跨界到汽车产业，推动传统汽车产业进入蜕变期，实现从燃油车向新能源汽车的转型。

在世界范围内，汽车工业已有百年的发展史，比亚迪进入汽车产业的机会微乎其微，因为发达市场的国际品牌竞争格局已定。然而，比亚迪的顺利入局，首先得益于中国本土市场的快速发展，为其提供了难得的进入市场的战略机遇期。中国市场与发达市场全然不同，汽车产业在中国市场其实仍处于成长期。本土市场的蓬勃发展为比亚迪入局汽车创造了机会，使其能够熟悉汽车产业的运作规律，并完成营销网络的布局。

另一方面，党和国家对于新能源汽车产业的重视也为比亚迪后来的发展提供了大量的政策支持。比亚迪进入的汽车产业竞争激烈，其推动的汽车新能源转型更是高风险的破坏性创新。国家政策和深圳当地政府都为比亚迪创新提供了有力的支持。

人口红利成了比亚迪撬动战略的杠杆，比亚迪在不同时期都充分利用了中国的人口红利。作为中国走向世界工厂的参与者和推动者，比亚迪在手机电池阶段就利用了中国低劳动力成本的优势，创新采用了半自动化机器＋人工的模式，并通过低成本的研发人才投入自主研发，在电池技术变革中打败了采用全自动化设备的日本企业。之后比亚迪从手机电池扩展到其他手机零配件，将手机电池取得成功的能力用于手机产业内的多元化，实现了手机产业的垂直整合，掌握了管理庞大产业链的能力。

比亚迪从早期就重视人才培养，很早就从中国高校大批量地招揽人才，为他们提供施展创新才能的机会和平台。这些人后来成长为比亚迪重要的研发力量。比亚迪对人才的吸纳、培养和使用其实是其创新模式和制造能力的重要组成部分。垂直整合和创新的人海战术，需要将大量的技术工人和研发人才组织在一起，实现长期协同合作，这对于企业的管理能力是非常大的考验，不是一般企业能够模仿的。在手机产业练就的垂直整合能力和规模化制造的管理能力，都为后来新能源汽车的垂直整合集成创新和快速扩张打下了基础。

电池技术是比亚迪在汽车产业实现弯道超车、推动产业变革的关键。比亚迪对电池技术的深入理解和对技术趋势的洞察，让他们看到了新能源汽车兴起的可能性。比亚迪一开始通过模仿创新的方式进入汽车领域，这与韩国车企此前摸着石头过河探索的路径相似。然而，汽车技术毕竟有上百年的发展史，汽车的核心技术内燃机经过多年的发展，其能量转化效率的改善空间早已逼近极限。在这种情况下，模仿创新是行不通的，必须寻找新的路径，而不是沿着前人的技术路线进行创新。动力电池技术的进步让新能源汽车成为比亚迪弯道超车的关键，而中国恰恰是世界动力电池产业发展的主要推动力量。

在一个完整的产业生命周期里，我们看到在产业发展导入期大疆的突破式创新，在产业成长期安克基于用户需求洞察的差异化创新，在产业成熟期传音聚焦利基市场的本土化创新，以及在产业蜕变期比亚迪的垂直整合集成创新带来的颠覆力量。无论在产业发展的哪个阶段，中国企业都能够成功发起创新，为客户创造更高、更独特的价值，实现新质生产力转型，并在国际舞台上展现全新的中国力量。**在走向新质生产力的过程中，中国式企业家精神是新质生产力转型的动力之源，而中国国家平台的比较优势则为这些企业家提供了撬动战略的杠杆。**

参考文献

[1] 艾尔弗雷德·D. 钱德勒. 战略与结构：美国工商企业成长的若干篇章 [M]. 昆明：云南人民出版社，2002.

[2] 劳伦斯·英格拉西亚. DTC 创造品牌奇迹 [M]. 汤文静，译. 天津：天津科学技术出版社，2021.

[3] 彼得·德鲁克. 创新与企业家精神 [M]. 北京：机械工业出版社，2007.

[4] 詹姆斯·P. 沃麦克，丹尼尔·T. 琼斯，丹尼尔·鲁斯. 改变世界的机器 精益生产之道 [M]. 北京：机械工业出版社，2015.

[5] 曾鸣，彼得·威廉姆斯. 龙行天下：中国制造未来十年新格局 [M]. 北京：机械工业出版社，2008.

[6] 阿德里安·J. 斯莱沃茨基. 价值转移：竞争前的战略思考 [M]. 凌郓，等，译. 北京：中国对外翻译出版公司，1999.

[7] 包政. 营销的本质 [M]. 北京：机械工业出版社，2019.

[8] 克莱顿·克里斯坦森. 创新者的窘境 [M]. 胡建桥，译. 北京：中信出版社，2018.

[9] 克莱顿·克里斯坦森, 迈克尔·雷纳. 创新者的解答 [M]. 李瑜偲, 林伟, 郑 欢, 译. 北京: 中信出版社, 2010.

[10] 克里斯·安德森. 长尾理论 [M]. 乔江涛, 译. 北京: 中信出版社, 2006.

[11] 雷军, 徐洁云. 小米创业思考 [M]. 北京: 中信出版社, 2022.

[12] 陈赋明. 安克创新: 跨境电商里跑出的品牌创造者 [EB/OL]. (2021-07-29) [2024-10-01]. https://www.ebusinessreview.cn/newsinfo/1755514.html.

[13] Laine Nooney.The Apple II Age: How the Computer Became Personal[M]. Chicago: University of Chicago Press, 2023.

[14] Eric Von Hippel.The Sources of Innovation[M].New York: Oxford University Press.1988.

[15] 刘涛. 王传福 "技术派的力量" [J]. 中国企业家杂志, 2007 (22): 50-62, 64-65.

[16] Mark J.Greeven,Katherine Xin,Geogre S.Yip.How Chinese Retailers Are Reinventing the Customer Journey Five Lessons for Western Companies [J]. Harvard Business Review, 2021.99 (5): 84-95.

[17] Marco IansitiI,Jonathan West.Technology integration: Turning great research into great products[J].Harvard Business Review, 1997, 75: 69.